中华好茶

首届中华好茶国茶专家团队推介活动推出的产品目录

华鼎国学研究基金会国茶文化专项基金管理委员会

华鼎国学研究基金会国茶专家委员会　　编

·

中国商业出版社

图书在版编目（CIP）数据

中华好茶 / 华鼎国学研究基金会国茶文化专项基金
管理委员会，华鼎国学研究基金会国茶专家委员会编
. -- 北京：中国商业出版社，2015.7
ISBN 978-7-5044-9052-0

Ⅰ. ①中… Ⅱ. ①华… ②华… Ⅲ. ①茶叶 - 介绍 - 中国
Ⅳ. ① TS272.5

中国版本图书馆 CIP 数据核字 (2015) 第 163696 号

责任编辑：刘毕林
平面设计：丁筱

中国商业出版社出版发行（100053 北京市西城区报国寺 1 号）

北京市玖仁伟业印刷有限公司印刷　全国新华书店经销
2015 年 9 月第 1 版　2015 年 9 月北京第一次印刷

889mm × 1194mm　1/16　24.75 印张　300 千字
定价：258.00 元

本书编委会 ·

主　任　　陈进玉　刘 坚

顾　问　　陈宗懋　翟虎渠　张天福

副主任　　陈捷延　施济人

主　编　　张永立

委　员（按汉语拼音排序）

包小村　陈金水　陈世登　陈书谦　陈兴华　程 军

程启坤　杜 晓　付光丽　杲占强　龚淑英　龚自明

顾公新　郭雅玲　黄建璋　蒋俊云　刘 伦　刘勤晋

刘秋萍　刘 新　刘仲华　沈 红　石中坚　舒 曼

童启庆　王亚兰　王振霞　危赛明　吴雅真　严建红

杨贤强　杨秀芳　姚国坤　余 悦　张传新　张瑞端

张星显　张为国　张义丰　郑廼辉　郑文佳　郑宗林

朱泽邦　周斌星　周红杰　周星娣

协作单位 陆羽茶交所·陆羽会

支持单位 汉中市茶业协会　汉中市茶产业办公室

中华好茶

茶品人生

陈进玉

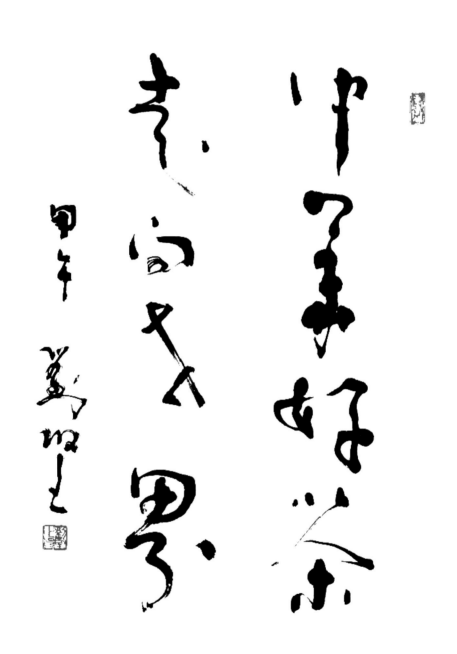

中华好茶 走向世界
刘坚

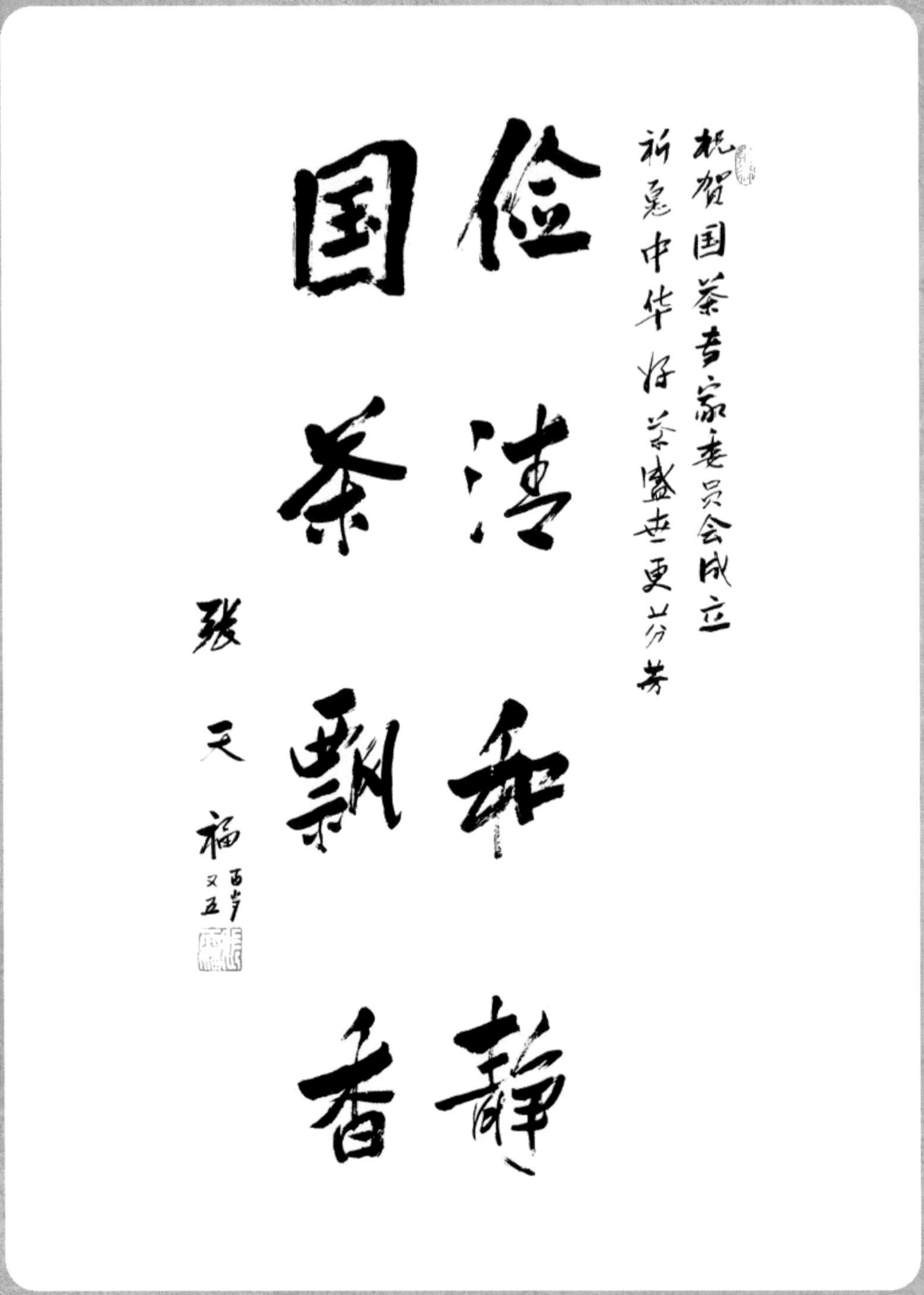

俭清和静 国茶飘香

国茶飘香

俭清和静

张天福

恭贺国茶专家委员会成立
祈冕中华好茶盛世更芬芳

张天福百岁又五

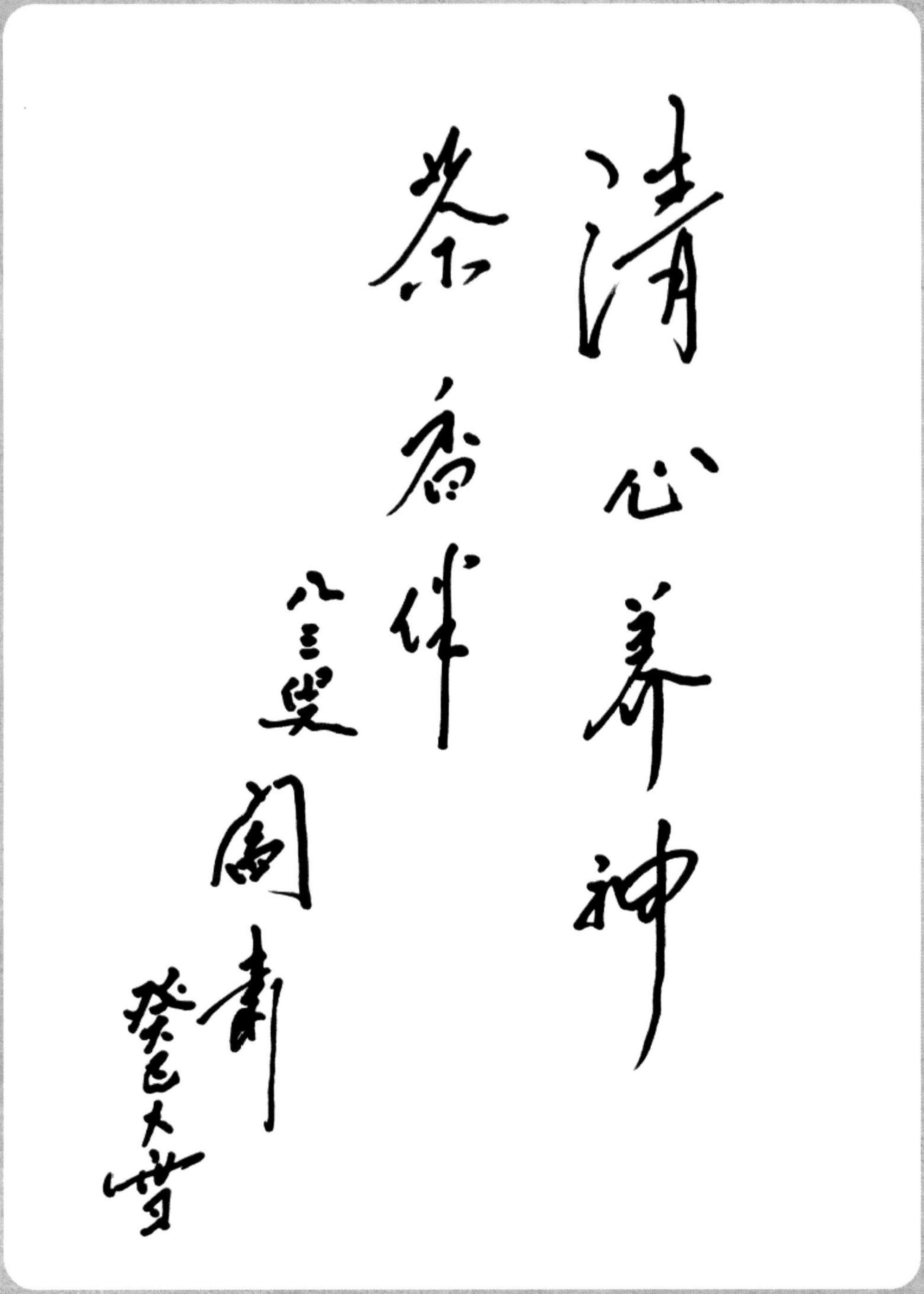

清心养神 茶香伴

八三叟 阎肃

癸巳大雪

清心养神 茶香伴
阎肃

陈进玉：
中国国学中心主任
华鼎国学研究基金会理事长

陈进玉，男，1946 年 2 月出生，浙江苍南县人。1970 年毕业于北京大学哲学系，编审。现任中国国学研究与国际交流中心（简称中国国学中心）主任，第十二届全国政协常委。
曾任中共中央办公厅调研室主任，全国政协副秘书长，宁夏回族自治区党委常委、自治区常务副主席，国务院副秘书长，国务院参事室主任、党组书记等职。

刘坚：华鼎国学研究基金会国茶专家委员会主任

1944 年 10 月生于江苏省南通市。现任华鼎国学研究基金会国茶专家委员会主任，中国国际扶贫中心理事长，中国农药发展与应用协会会长。曾任国务院参事，国务院扶贫办主任，农业部副部长，江苏省副省长等职务。长期从事农业、扶贫等工作，在农业科技、政策管理及扶贫战略等诸多方面均有一定成就。
他还是中国书法家协会会员，文化部中国艺术研究院特聘研究员，中央国家机关美术家协会艺术顾问，在绘画、书法等方面均有一定造诣。

陈宗懋：华鼎国学研究基金会国茶专家委员会顾问

浙江省海盐县人，1933年10月1日生，植保、茶学专家。1954年毕业于沈阳农学院植保系。现任中国农业科学院茶叶研究所研究员，博士生导师。曾任中国茶叶学会理事长和国际茶叶协会副主席。中国共产党党员。第五届、第六届全国人大代表。2003年当选为中国工程院院士。

主要从事茶树植保和茶叶中农药残留和昆虫化学生态学研究。在农药MRL残留标准的制定上提出用茶汤中农药残留的水平作为茶叶中农药残留的MRL原标准制定依据，改变了目前国际茶叶标准的制定中过高估计农药残留的风险，成功修订和制定6项国际茶叶中农残MRL标准，使标准放宽100倍，有利于我国茶叶出口。

获国家科技进步奖5项，省部科技进步奖6项，专利2项。主编《茶树病害的诊断与防治》（1990）、《中国茶经》（1992，2011修订版）、《中国茶叶大辞典》（2000）、《茶树害虫的化学生态》（2013）、《中国茶叶词典》（2013）、《茶叶的保健功能》（2014）等著作10部，在国外学术刊物上发表论文60余篇，在国内学术刊物上发表论文150余篇。培养博士研究生13名、硕士研究生8名。

翟虎渠：华鼎国学研究基金会国茶专家委员会顾问

1950年生，江苏涟水人，江苏农学院农学学士，南京农业大学农学硕士，英国伯明翰大学遗传学博士。曾任南京农业大学校长、中国农业科学院院长，现任全国人大农业与农村委员会委员、中国作物学会理事长、中国农业国际合作促进会会长等职。中共十六、十七届中央候补委员。长期从事作物遗传育种和农业科技管理工作，先后主持科技重大专项、"863"、自然科学基金等国家科技计划课题。提出并推动国家农业科技创新体系建设，推动转基因生物新品种培育重大专项立项和组织实施，组织农作物基因资源与基因改良国家重大科学工程建设与运行管理，取得重大进展和成效。获国家科技进步奖一等奖1项，省部级一等奖3项、二等奖2项、三等奖2项。

张天福：华鼎国学研究基金会国茶专家委员会顾问

我国当代著名茶学家、制茶家、审评家和教育家。长期从事茶叶教育、生产和科研工作，特别在培养茶叶专业人才、创制制茶机械、提高乌龙茶品质等方面都取得了很大成绩，对福建省茶叶的恢复和发展作出重要贡献。1910 年 8 月 18 日出生于上海名医世家。1935 年 8 月创办福建省第一所茶校——福建省立福安农业职业学校和福安茶叶改良场（现福建省农科院茶叶研究所前身），任校长兼场长。1940–1942 年，在崇安创办福建示范茶厂，任厂长兼苏皖技艺专科学校副教授。1941 年，研制成功我国第一台"九一八"手推揉茶机。1942–1946 年，在协和大学农学院任副教授、教授，兼该校附属高级农业职业学校校长。1946–1949 年，任南京国民政府中央农业实验所技正兼崇安茶叶试验场场长。1952 年调福建省农业厅茶叶改进处、特产处任茶叶科长、副处长，享受教授级待遇。1957 年至 1980 年，长达 23 年的逆境中，以常人难以想象的坚强毅力为恢复和发展福建茶叶做出了突出贡献。1982 年，退休后受聘于福建省农业科学院茶叶研究所任技术顾问，1989 年主持《乌龙茶做青工艺与设备研究》中试成功，获福建省科技进步二等奖。1999 年创办并主持"福建茶人之家"。2007 年 12 月，福建省民政厅批准"福建茶人之家"登记注册。2008 年9 月，由张天福倡议，经福建省民政厅批准，成立福建张天福茶叶发展基金会。如今，百岁茶人张老仍然与时俱进，饱含"生命不息，探索不止"奋斗精神，为福建茶产业的发展与繁荣呕心沥血，不遗余力。

陈捷延：华鼎国学研究基金会秘书长

陈捷延，笔名江南、纪延、洁岩。安徽怀宁人，研究生学历。作家、诗人。现任国务院参事室国学研究基金会秘书长，兼任文化部中国文化管理协会副主席、文化部东方文化艺术院副院长。

20世纪70年代初参加工作，先后在冶金部十七冶医院、安徽省马鞍山市人民政府、北京电视台、北京音像公司等单位任医生、创作员、特邀撰稿、特邀编导、联络处主任等职；90年代初调全国政协研究室，任地方处、综合处副处长、处长；21世纪初调中共中央统战部欧美同学会、中国留学人员联谊会、中国留学人才发展基金会任副秘书长（副局长）、秘书长（局长）。曾先后创作发表（包括上演、播出）小说、诗歌、散文、戏剧、影视剧作等各类文学作品约三百多万言。其中小说《心在坟墓里》、理论文章《劝君莫奏前朝曲》、话剧《不该收留的病人》等曾在全国引起争鸣。大型电视专题系列片《毁灭与生存》在全国各大电视台播出后引起社会强烈反响。三大册二十一卷咏史长卷《过客吟－捷延咏史诗存》咏颂古今历史人物五千五百余人，长达六千多首，创古今咏史诗之最，被誉为"诗评千古第一人"。系中国作家协会会员、中华诗词学会会员。

施济人：
华鼎国学研究基金会国茶文化专项基金管理委员会
执行主任兼秘书长

浙江省地质调查院地球物理勘查工程师
浙江省房产测绘专业委员会理事
长兴富硒谷农业科技有限公司董事长
杭州大茗堂生物科技有限公司董事长
杭州新源环境工程有限公司董事
杭州一桶金互联网金融服务有限公司合伙人
"中华好茶"创意人

张永立：华鼎国学研究基金会国茶专家委员会秘书长

华鼎国学研究基金会国茶文化专项基金管理委员会副秘书长，《国茶简报》主编，《中华合作时报·茶周刊》原主编，2012 年获中国茶行业最佳传媒人陆羽奖。从业新闻出版工作 30 余年，编著图书、杂志上百种，编审报纸 500 多期，撰写刊发稿件 300 余篇，拍摄茶事照片数万幅。2012 年 12 月应深圳茶博会之邀举办了个人茶区风光摄影展。2004-2012 年，策划组织了颇有影响力的外交使节凤冈行活动、长达八个月评茶说韵活动、北京交通台长达半年"听百姓 Taxi 喝中华好茶"节目、老舍茶馆五环茶甄选活动、新中国 60 周年茶事功勋推荐活动画册制作。作为策划人，与 CCTV7 乡土栏目联合拍摄并播出 20 多部《清明问茶》专题电视片。创办了《老舍茶馆》、《大益普洱茶》、《张一元》、《凤冈锌硒有机茶》、《筠连茶产业》、《世博茶》、《云茶飞天》等数十个专刊特刊。2014-2015 年组织落实"首届中华好茶国茶专家团队推介活动"，并主编《中华好茶》大型画册。

序

　　作为"首届中华好茶国茶专家团队推介活动"的重要成果，《中华好茶》在此与大家见面了，正式宣布中华好茶走向千家万户、走向世界扬帆起航。本书不仅是这一推介活动的见证，是中华好茶的集萃，更是茶文化传播的窗口，是茶叶制作技艺档案，是茶叶营销导航工具书，是中国茶产业发展的新蓝图。

　　中国地大物博，茶树品种丰富。几千年来，优越的生态环境和风俗民情，孕育了中华茶文化，造就了六大茶类，也造福于华夏子孙。书中展示的异彩纷呈的中华好茶产品，凝聚了我国世世代代茶农的智慧，表达了当代人的新理念，蕴含着科技融合文化的强劲能量。

　　2014 年，我国茶叶种植面积和茶叶产量仍位居世界第一，但茶叶消费市场面临各种挑战和考验。市场格局转型，大众消费成为新常态。茶叶质量安全、价格合理是消费者关心的重中之重，也成为茶企研发、生产、销售产品的突破口。中华好茶国茶专家推介活动的初衷，就是希望在食品安全的原则下，通过国茶专家的专业视角把中国的好茶推荐给广大消费者，弘扬茶文化，引导茶消费，推动中国茶产业健康可持续发展。一方面通过顶层设计搭建宽广平台，由国茶专家联手各地茶社团客观公正地推出既符合国家质检标准又具特色的好茶，让全国消费者都了解这些茶；另一方面，督导广大茶企生产好茶，确保茶叶质量的稳定性，让消费者喝上放心茶。从做好一款茶、推一款好茶开始，进一步做好一个企业，推动一个行业，推行一种"人人饮茶，日日饮茶"的健康生活方式。

　　活动自 2014 年 2 月启动，历经长达 1 年的国茶专家联手各地茶社团推介、国茶专家投票评选、本活动评委会评委最终投票评选三个阶段，程序严谨，运行透明规范。最终入选的中华好茶，对生产企业来说，不仅是一种荣誉，更重要的是一种责任担当。如何关注百姓生活、产品适销对路、确保质量安全、满足消费者物质精神双重需求，如何与时俱进、深化改革、寻求企业新的增长点，如何传承创新、从优秀传统文化中汲取实现中国梦的精神力量，是我们当前面临的重大理论和实践课题。

　　中华好茶国茶专家推介活动是一次意义深远的探索，中华好茶为我国数以万计的茶叶产品树立了榜样，本书是给广大茶企、茶商和所有爱茶人的一份特别礼物。祝中华好茶持久发挥正能量，助力茶叶市场繁荣，走进千家万户，给广大消费者带来精神愉悦、身体健康，并在走向世界、"一带一路"的伟大战略构想中，不断做出新贡献！

刘 坚

二〇一五年九月

国茶专家推介中华好茶要义

中华好茶，顾名思义，是中华民族的好茶。华鼎国学研究基金会、国茶文化专项基金管理委员会、国茶专家委员会、中国国学基金会网、中国国茶基金网联合推出"中华好茶国茶专家团队推介活动"，将中华好茶定义为：在中国种植、生产、加工的，经我国省级以上质检部门检测合格的，外形内质兼优的，在市场上销售且受百姓喜爱的，具有中华民族文化底蕴的，国茶专家推介的茶叶。

中华好茶定义的内涵，包含了从茶园到茶杯的六大要素：

1. 地理要素。中华好茶的原料茶菁，一定采摘于中国的茶区，包括四大茶区。（1）江北茶区。位于长江中下游北部，包括河南、陕西、甘肃、山东等省和皖北、苏北、鄂北等地。（2）江南茶区。位于长江中下游南部，包括浙江、湖南、江西等省和皖南、苏南和鄂南等地。（3）西南茶区。位于我国的西南部，包括云南、贵州、四川三省，重庆市和西藏东南部等地。（4）华南茶区。位于广东、广西、福建、海南、台湾等地。

2. 制作要素。茶叶由中国企业采用中国现代工艺（含六大茶类制作工艺）或中国传统手工制作技艺，在中国生产、制作（包括初制和精制），以及出厂前包装、储存。

3. 质量要素。茶园通过无公害以上认证。产品必须通过我国省级以上质检部门或国家认可的质检机构检测合格，重金属和农残指标、理化指标达标；必须通过专业专职人员感官审评，外形内质口感兼优；包装物符合国际食品卫生有关要求；产品质量可追溯。

4. 市场要素。产品被产地及周边消费者认可，大众喜爱，价格合理，在全国有一定的覆盖面和影响力，并经得起市场监督考验。

5. 文化要素。蕴含中华民族历史文化，彰显不同地貌特色和良好（无公害、无水土污染）生态环境，沉淀世代经验智慧，表现不同地区传统制作工艺。

6. 国茶专家推介。（1）国茶专家，指华鼎国学研究基金会国茶专家委员会成员——来自我国茶界、 文化界、地质界、医药界的百余位一流专家。在长期的理论研究和科研项目实践中，他们深入一线，涉猎了茶叶全产业链的方方面面，非常了解我国各地茶产品情况，有推介话语权。（2）国茶专家的推介，是引导市场茶消费、推动茶产业发展、促进茶叶市场结构调整和转型升级的利国利民利行业具体行动，是对消费者、市场、企业负责的责任担当。

中华好茶定义的外延，包含了中华好茶是促进人们身体健康之茶、促进社会和谐之茶、承载"助推茶产业、复兴中华茶文化"使命之茶三个层面。

1. 促进人们身体健康。茶叶本身富含 700 多种成分，六大茶类茶又各自含有主要特色成分，中华好茶因其本身的健康（品质优异、质量安全、制作科学），更多更好地分别保留了这些特有的有益成分，可更好地发挥其功效。喝中华好茶更安全，更有益于对人体补充营养、增强抵抗力、预防疾病、降低三高、抗癌防辐射。

2. 促进社会和谐。六大茶类是中华民族独有的宝贵历史财富，喝中华好茶有民族自豪感，有家国情。其各具特色的汤色、滋味，使人精神愉悦，身心和谐。以茶待客，以茶交友，品茶品味品人生，其乐融融。人们互敬互助，相互包容，进而促进家庭和睦、民族团结、社会安定。

3. 助推茶产业，复兴中华茶文化。中华好茶负有传播中华茶文化的历史使命，担当走进我国千家万户、走向世界的责任。从而助力提升中华茶文化软实力，促进茶产业结构调整，推动创出具有中华民族特色的立足于世界的茶叶品牌。

推介推广中华好茶的目的是：通过顶层设计，由国茶专家推出中华好茶，协调组合力量，达成共识，畅通需求，共同引导市场茶消费；并积蓄力量，创新品牌，弘扬中华茶文化。中华好茶推介活动意义深远，通过展示中华好茶的特色优点，普及茶知识，提高大众综合文化素质；用中华好茶激发中国力量，激发茶企奋发向上、为民服务的热情和创新活力，推动中国茶产业健康可持续发展；提升大众生活品质，倡导健康生活方式，让大众成为中华好茶发展的体验者、见证者、建设者；凝聚智慧，走中国特色道路，提供中华茶文化复兴正能量。

中华好茶推介的出发点：梳理当下我国优秀茶产品，尊重创造精神，把创意和行动集中到促进发展上来。落脚点：国茶专家出实招谋实策，动员大家行动起来，从茶园到茶杯，上上下下一起干，共同做好茶，卖好茶，喝好茶；助力企业在生产经营中及时调整决策，产品顺民意合实际达标准，形成科学的管理机制和市场氛围，让百姓获益得实惠。

我们相信，中华好茶的未来会更美好。

中华好茶将成为茶叶优秀品质的象征，严把产品质量关，恪守质检标准，并通过市场随机抽检、消费者调查、国茶专家跟踪指导等措施确保其持久含金量。中华好茶将成为中国茶企共同发展的平台，本推介活动主办方将同步组建中华好茶企业发展联盟，协调成员企业相互勉励，发挥各自优势，分享经验，携手共进，让中华好茶得到多渠道广泛推广。中华好茶将成为中国茶叶品牌走向世界，展示中国特色，讲述中国故事，诠释中国茶好味道。

中华好茶推广任重道远，其传承中国茶文化、打造中国茶品牌，是一个功在当下利在千秋的伟大事业。它将以茶文化、茶科技为依托，促进茶经济发展，助农增收，促进茶产业良性循环和茶市场繁荣；它将增强中华文明在世界文明对话中的声音，为实现中华民族茶叶伟大复兴而贡献智慧和力量。

华鼎国学研究基金会国茶文化专项基金管理委员会

华鼎国学研究基金会国茶专家委员会

二〇一五年九月

华鼎国学研究基金会国茶专家委员会在京成立

2013年12月8日上午，中国国茶发展战略专家研讨会暨华鼎国学研究基金会国茶专家委员会成立大会在国务院参事室举行，国务院参事室副主任方宁（前排中）出席会议。图为会议代表合影。

大会现场。

著名词曲家阎肃（中）作为国茶专家委员会顾问出席大会。　　　　　　　　　　　　　大会预备会现场。

华鼎国学研究基金会秘书长陈捷延主持会议。

方宁向刘坚（左）颁发国茶专家委员会主任聘书。

刘坚、阎肃与会很高兴。

方宁向翟虎渠（左）颁发顾问聘书。

陈捷延与战略合作方代表签约。

国茶专家在会上建言献策。1韩驰、2刘勤晋、3杨江帆、4郑宗林、5郑酒辉、6舒曼、7杨贤强、8杨秀芳、9于富春、10张丽霞。

·目录·

第一部分

中华好茶及生产企业

安徽大业茗丰茶叶有限公司

　　安徽大业茗丰茶叶有限公司，系安徽茶叶进出口有限公司（总公司）控股子公司，集茶叶种植、生产、包装、销售、科研、茶文化传播为一体。作为当今时代的新徽商，扎根皖山皖水，依托总公司的雄厚实力，按照总公司确立的"以外带内，以内促外，内外并举"和"立足省内、辐射全国，立足当前、着眼长远"的发展战略，"进出口一体化，内外贸一体化，贸工农技一体化，连锁、配送、物流一体化"经营的总体思路，围绕实施内贸"百·亿·千"工程（百家连锁店，亿元销售额，千万利润）目标，专注于国内茶叶市场的开发和销售。

　　公司旗下名品荟萃，拥有迎客松、国礼徽茶、国茶6+1、大业、茗丰等品牌。推出的迎客松牌国礼徽茶、金典徽茶、和韵徽茶等系列名优内销产品，获得了良好的社会反响。"迎客松"品牌为全国十大放心茶畅销品牌、安徽省著名商标，品牌价值超过十亿元人民币。

　　公司秉承"弘扬茶文化、发展茶经济，兴大业力效国家、创效益回馈社会"的企业宗旨，恪守以人为本、相互促进、共谋发展，不断强化和优化自身建设，顺应知识经济时代潮流，立足优越基础，整合优势资源，组建专业化品牌运作及销售团队，大力推行品牌战略，推广优异茗品，适时提出发展新思维和新战略，引导行业发展，塑造百年品牌，着力打造中华名优茶品集大成的高端展销平台，创造和谐生活，奉献自然、健康、纯正茶品，让徽茶之芬芳绽放于四海。

企业联系方式

地址：安徽省合肥市祁门路 1777 号合作经济大厦 10 层
邮编：230022
电话：0551-63542148
传真：0551-63452459
邮箱：1489709@qq.com
网址：dymftea.com
购买热线电话：400-066-9608
电商平台：天猫、一号店、京东

茶款名称：迎客松牌祁门红茶

茶类：红茶

产品特点：本产品商标迎客松，产地安徽省祁门县，品质特征条索紧细苗秀、色泽乌润、金毫显露、汤色红艳明亮、滋味鲜醇酣厚、香气清香特久。

祁门红茶，至今已有100多年历史，是红茶中的佼佼者。向以"香高、味醇、形美、色艳"四绝驰名于世，特别是其香气酷似果香，又带兰花香，清鲜而且持久。似花、似果、似蜜的"祁门香"闻名于世，位居世界三大高香名茶之首，被奉为"茶中英豪"、"群芳最"。公司在祁门红茶的原产地祁门县建有茶叶生产加工基地，年产优质名茶1万千克以上，公司销售的茶叶均来自原料基地。

茶款名称：迎客松牌霍山黄芽

茶类：黄茶

产品特点：本产品商标迎客松，外形条直微展、匀齐成朵、形似雀舌、嫩绿披毫，香气清香持久，滋味鲜醇浓厚回甘，汤色黄绿清澈明亮，叶底嫩黄明亮。

霍山黄芽产于安徽省霍山县，为中国名茶之一，历代都被列为贡茶。2006年4月，国家质检总局批准对霍山黄芽实施地理标志产品保护。公司在安徽省霍山县霍山黄芽原产地落儿岭、磨子潭等地建有原料生产加工基地，年产优质名茶3000千克以上，公司销售的茶叶均来自原料基地。

茶款名称：迎客松牌六安瓜片

茶类：绿茶

产品特点：该品是一种片状烘青绿茶，是绿茶中唯一去梗去芽的片茶。外形平展，茶芽肥壮，叶缘微翘，叶质柔软，大小匀整。色泽翠绿有光，香气清高，滋味鲜醇，回味甘美，汤色清澈晶亮，叶底嫩绿。原料采自安徽省六安县当地特有品种，是经扳片、剔去嫩芽及茶梗，通过独特的传统加工工艺制成的形似瓜子的片形茶叶。

六安瓜片为绿茶特种茶类，是国家级历史名茶，中国十大经典绿茶之一。产地安徽省六安县，获地理标志保护产品质量认证。公司在六安瓜片的原产地齐山建有"齐山有机茶厂"，生产加工"内山"六安瓜片。

推介专家 / 社团：

顾公新（国茶专家委员会委员，安徽省茶叶行业协会会长，高级经济师）/ 安徽省茶叶行业协会

推荐理由：

安徽大业茗丰茶叶有限公司为安徽茶叶进出口有限公司控股子公司，其围绕"百·亿·千"工程大力开拓全国经营网络。目前已建设直营店近50家、加盟店和销售网点500多个，并通过统一改造，实现了统一风格，统一标识，树立起了整体形象。推出的"迎客松"牌"国礼徽茶"、"金典徽茶"、"和韵徽茶"等系列名优内销产品，获得了良好的社会反响。

该公司经营的迎客松牌祁门红茶为中国十大名茶之一，产品外形条索紧结，苗秀显毫，色泽乌润，"祁门香"持久浓郁；迎客松牌霍山黄芽为中国名茶之一，产品外形条直微展、形似雀舌、香气清香持久，滋味鲜醇浓厚回甘，汤色黄绿清澈明亮；迎客松牌六安瓜片为中国十大名茶之一，产品形似瓜子、自然平展，色泽宝绿，大小匀整，不含芽尖、叶梗，清香高爽，滋味鲜醇回甘，汤色清澈透亮，叶底绿嫩明亮。这三款茶均为茶中精品，特此推荐。

安徽国润茶业有限公司

安徽国润茶业有限公司，是安徽省唯一保持了 64 年平稳经营历史，从事茶叶种植、加工、品牌运营和国际贸易为一体的茶叶老字号企业，是祁门红茶国家级标准化示范基地、国家农产品加工业示范企业、安徽省农业产业化龙头企业和中国最大的祁门红茶生产商。旗下"润思"商标被评为中国驰名商标，润思系列茶产品被评为安徽名牌产品，并多年荣获安徽省质量奖。公司坚持走"以祁门红茶为主，红绿茶兼营、内外销并举"的发展之路。产品外销到英、德、美、俄、日等 30 个国家和地区，内销市场覆盖东北、华东、华南、西南及华北。

公司高度重视产品质量安全，早在 2000 年就建立了安徽首家有机茶专业合作社，并由此创新运作出了一条以合作社为主要载体的"企业 + 基地 + 农户"安全基地模式。公司建立了以商检为主导的质量控制管理制度，通过关键控制点管理、实时监控、溯源管理等制度。在率先引入 HACCP 食品安全管理体系、ISO9001 质量体系的基础上，有 2400 亩高山茶园通过瑞士 IMO 有机茶认证，全面通过了 GAP（良好农业规范）认证。

2010 年获"新中国 60 周年茶事功勋茶企"；2011 年荣获苏浙皖赣沪地区质量工作先进单位；2012 年 12 月被国家工商总局授予中国驰名商标；2013 年被国家工商行政管理总局授予守合同重信用企业；2014 年荣获国家质检总局中国出入境检验检疫协会颁发中国质量诚信企业；连续多年荣获"中国茶叶行业综合实力百强企业"称号。

企业联系方式

地址：安徽省池州市池口路 33 号
邮编：247000
电话：0566-3229688
传真：0566-2121717
邮箱：fsh@runsitea.com
网址：www.runsitea.com
购买热线电话：0566-2121717　400-887-6917
电商平台：
天猫：http://runsi.tmall.com/index.htm
京东：http://mall.jd.com/index-42467.html
一号店：http://shop.yhd.com/m-65485.html

茶款名称：九五至尊 工夫红茶

茶类：红茶

产品特点：九五至尊是传统工夫茶（祁红）的巅峰之作。其外形锋条紧秀，匀整乌润，美轮美奂，且几乎每一片茶叶都相同；内质清芳蕴含兰花香，汤色琥珀光泽，滋味甘鲜醇厚。64年来，润思祁红均严格按照传统工艺制作，符合国际标准，充分体现了祁红的典雅风格。

茶款名称：国润·和 毛峰

茶类：红茶

产品特点：国润·和是2013年研发的新品，纯手工制作。条索紧细匀整，锋苗秀丽，色泽乌润，金毫显露，汤色红亮，天香高长，滋味甜润，叶底红明。

茶款名称：润思仙针 仙针

茶类：红茶

产品特点：润思仙针是2001年创制的祁红新品，荣获2001年中国芜湖国际茶业博览会最高奖，并获国家专利。原料全部来自牯牛降余脉仙寓山最高峰仙聚峰茶园，选料严格、发酵适度、工艺复杂。这款茶的特点是花香幽长，造型独特，韵味天成。

推介专家：

杨庆（国茶专家委员会委员，安徽省农业委员会特色农产品开发处高级农艺师、副调研员）

推荐理由：

安徽国润茶业有限公司前身是贵池茶厂，是国有茶叶精加工企业。后为安徽省茶叶进出口公司红茶统一拼配点，承担了全省红茶出口的拼配任务。2003年改制后，成为集红茶生产、加工、内外销于一体的茶叶企业。其原料基地分布于祁门、贵池、石台和东至等县。10余年来，其创立的"润思"牌茶叶的知名度不断上升，"润思"红茶已成为安徽红茶中一颗冉冉升起的新星。本次推荐的红茶产品，除"九五至尊"是按传统功夫红茶加工工艺加工，保留了祁红特级的品质特征外，其他款均是为开拓国内市场而创制的纯手工红茶新产品。创制成功并面市销售后，市场反响良好。

新产品的品质特征为：1.国润·和 毛峰。条索紧细匀整，锋苗秀丽，色泽乌润，金毫显露，汤色红亮，花香高长，滋味甜润，叶底红明。2.润思仙针 仙针。条索紧细扁直，色乌润，汤色红亮，花香悠长，滋味醇厚，叶底红明。

上述"润思"红茶产品均属红茶中的极品，值得作为"中华好茶"推荐。

黄山甘白香白茶生态园

　　黄山甘白香白茶生态园注册成立于2007年，是一家集品种选育、苗木繁育、产品研发、生产加工、市场销售于一体的综合型民营企业，与中国茶叶研究所、安徽农业大学等单位建立了技术合作关系，独家拥有黄山白茶自主知识产权。法人代表曹月红1998年就开始黄山白茶单株选育、提纯复壮、示范推广等工作，2004年在郑村镇、富堨镇、长陔乡通过土地租赁形式，流转山坞田和荒山688亩，已建成规模化、标准化、规范化生态茶园338亩（含母本园50亩），规模化、标准化苗圃基地近50亩，新建占地面积600平方米清洁化、标准化、机械化生产加工厂房一座，设备若干台套。2008年，企业成功申报黄山市乃至安徽省白茶类唯一的"甘白香"品牌商标，并专门设计制作了7套礼品盒包装，产品畅销上海、合肥、北京、西安等大中城市。2009年，"甘白香"牌黄山白茶一举夺得歙县首届农产品包装设计大赛包装设计一等奖和产品实物一等奖，为迅速提升"甘白香"品牌知名度和美誉度，提高产品附加值和市场竞争力奠定坚实基础。"甘白香"牌黄山白茶连续荣获2009年第八届、2011年第九届"中茶杯"全国名优茶评比特等奖，2010年第八届国际名茶评比银奖，2013年第十届"中茶杯"全国名优茶评比金奖。

　　"黄山白茶"又名"徽州白茶"，民间俗称"白叶茶"，是茶树的温度敏感型突变体，是通过基因突变产生的一个新的茶树变种，有别于福建、广东、台湾等地采用多毫的绿叶茶的鲜叶为原料，按照特殊加工工艺制成的"加工型白茶"。黄山白茶（徽州白茶）在歙县已有800多年的历史。中国唯一茶院士陈宗懋先生品饮黄山白茶后，特提写"甘白香黄山白茶"；中国国际茶文化研究会副会长程启坤先生饮后，欣然题下"黄山甘白香，徽州贡品茶"。

企业联系方式

地址：安徽省黄山市歙县璜田乡六联村
邮编：245200
电话：13013126959
邮箱：754444311@qq.com
网址：www.hsbaicha.com
购买热线电话：0559-6695375

茶款名称：甘白香牌黄山白茶1号

茶类：绿茶

产品特点：甘白香牌黄山白茶1号产自皖南山区海拔600—800米的高山茶园，所谓高山云雾出好茶，"甘白香"黄山白茶富含氨基酸、铁、锌、硒等微量元素。经中国茶叶研究所检测，"甘白香"黄山白茶氨基酸含量达到10%，其中茶氨酸超过60%。其硒元素含量更是远远高于同类产品。

推介专家 / 社团：

夏涛（国茶专家委员会副主任，安徽农业大学副校长）/ 安徽省茶叶学会

推荐理由：

黄山白茶又名徽州白茶，自宋代便入选贡茶，素为茶中珍品。因茶树品种特异、生长环境优越、采制技术精湛、产品品质优异，备受消费者青睐。该款茶连续获第八届、第九届"中茶杯"全国名优茶评比特等奖及第十届全国名优茶评比金奖。鉴于该款茶优异的品质特色和良好的市场声誉，特予推荐。

安徽弘毅堂茶叶研究院有限公司

　　弘扬茶话，毅传天下。安徽弘毅堂茶叶研究院有限公司是合肥茶叶行业知名企业，是一家集产、供、销为一体的大型茶叶公司，总经理王荣琼。安徽自古就名茶、好茶迭出，中国十大名茶中出自安徽的就占了四成。公司坐拥优越的地理优势，通过最理想的的原生态茶基地、最专业的技术团队，为客户提供最好的产品、最优秀的技术支持和健全的售后服务。公司的茶原料来自黄山歙县大谷运、太平猴村肖坑和六安的霍邱县大化坪、金寨县响洪甸，产品达到国家茶叶生产标准，拥有一流的茶园、技术和管理。在生产制作工艺上，传承保留着最好的手工制作工艺。通过采摘、摊凉、杀青、整形、摊凉、毛火、摊凉、足火八道工序制作完成，以达到最佳的品质。公司主营有六安瓜片、黄山毛峰、太平猴魁、岳西翠兰、霍山黄芽、祁门红茶等诸多世界知名茶叶品牌。公司的宗旨旨在励志发展成为国内一流的的茶叶研究院，弘扬茶文化，让更多的人能够真正认识中国好茶，品鉴得起好茶，争取将茶文化推向更广的人群。

企业联系方式

地址：合肥市蜀山区天鹅湖路天鹅湖 9 号 4 幢 1 楼西
邮编：230000
电话：0551-65581298
邮箱：hongyitangter@163.com
网址：http://www.ahhytcy.com

茶款名称：弘毅堂六安瓜片

茶类：绿茶

产品特点：其成品叶缘向背面翻卷，呈瓜子形，汤色翠绿明亮，香气清高，味甘鲜醇。用开水（一般80摄氏度）沏泡，其形如莲花，汤色清澈晶亮，尤以二道茶香味最好，浓郁清香。春茶的叶比较嫩，待茶汤凉至适口，以小口品饮，慢慢吞咽，可以从茶汤中品出嫩茶香气。茶品分为名片与一、二、三级共四个等级。六安瓜片有清心明目、提神消乏、通窍散风等功效。

六安瓜片产制历史近百年，目前生产上规模，技术精熟。采摘季节较其他高档春茶迟约半月以上，高山区则更迟一些，多在谷雨至立夏之间。六安瓜片工艺独特，长期流行手工生产的传统采制方法，生产技术带有明显的地域特色。这种独特的采制工艺，形成了六安瓜片的独特风格。

推介专家：

张永立（国茶专家委员会秘书长）

推荐理由：

六安瓜片产自安徽，是中国历史名茶之一，是中国绿茶中唯一去梗去芽的片茶。其采摘、扳片、炒制、烘焙技术皆有独到之处，品质也别具一格。"弘毅堂"在生产制作工艺上，传承保留着优秀的手工制作工艺，以专业的技术团队为客户提供优秀的六安瓜片产品，致力于让更多的人能够真正认识中国好茶。

猴坑茶业
HONG KING TEA

黄山市猴坑茶业有限公司

　　黄山市猴坑茶业有限公司位于美丽的黄山脚下，是生产、加工、经营猴坑牌系列茶的重点龙头企业，黄山区国家级标准化太平猴魁有机茶示范区和国家星火计划——太平猴魁茶产业开发项目承建单位，安徽省农业产业化龙头企业，中国茶叶行业百强企业，全国农产品加工业示范基地，国家级守合同重信用单位，太平猴魁茶叶企业中唯一的中华老字号企业。2012年4月，国家工商总局认定"猴坑"商标为中国驰名商标。

　　"猴坑"品牌先后荣获安徽名牌产品、安徽名牌农产品、安徽省十大品牌名茶、安徽省著名商标、中国绿茶十大品牌、2010苏浙皖赣沪名牌产品50佳等多项殊荣。历年来，猴坑牌太平猴魁一直是高档礼品茶的定点生产单位。2007年3月，公司生产的猴坑牌太平猴魁被选为"国礼茶"之一，在俄罗斯开展"中国年"活动时，由中国国家领导人赠送给俄罗斯总统普京。

　　公司目前拥有固定资产6000余万元（不含无形资产），在猴坑、颜家、猴岗、东坑、汪王岭等地建成5大太平猴魁生产基地，在桃源建成黄山毛峰机械化加工生产基地。2009年，在安徽黄山工业园区投资8000多万元，兴建了太平猴魁茶产业示范园，占地60余亩，总建筑面积4.28万平方米，包括太平猴魁净化包装车间，标准化、清洁化生产厂房，综合办公楼和茶文化楼，其中茶文化楼展示了太平猴魁渊源的历史文化。公司的销售网络遍及北京、上海、深圳、济南、太原、包头、天津、合肥、芜湖、马鞍山、铜陵、阜阳、淮北、宿州等全国几十个城市，2014年实现销售额1.7亿余元。2010年，公司与深圳市红筹和深圳市天玑星投资公司正式达成合作协议，计划利用5年左右的时间，将公司发展成为国家级农业产业化龙头企业，实现上市目标。

企业联系方式

地址：安徽黄山工业园区
邮编：245700
传真：0559-8536388
邮箱：TPHKtea@126.com
网址：www.taipinghoikui.com
购买热线电话：0559-8533829

电商平台：
京东商城：http://taipinghoukui.jd.com/?cpdad=1DLSUE
1号店：http://list.yhd.com/c27366-0/b982547-47049?tp=15.27512854.561.0.5.KgF6M1`
天猫：http://hongkingtea.tmall.com/?spm=a1z10.1.0.28.VV4mCu

茶款名称：猴坑牌太平猴魁茶

茶类：绿茶

产品特点：猴坑牌太平猴魁茶继承了方先柜、方南山等方氏先人创制的方氏传统植茶和制茶工艺。其形两叶抱一芽（俗称"两刀一枪"）、平扁挺直、魁伟重实，有"猴魁两头尖，不散不翘不卷边"之称，色泽苍绿匀润，素有绿金王子的美誉，白毫隐伏，叶脉绿中隐红，俗称红丝线。入杯冲泡，缓缓开展，或沉或浮，犹如"刀枪云集、龙飞凤舞"，叶底嫩绿匀亮，芽叶成朵肥壮，汤色清绿明净，兰香高爽，滋味甘醇，有独特的"猴韵"，品饮时能领略到"头泡香高，二泡味浓，三泡四泡幽香犹存"的意境。

推介专家：

夏涛（国茶专家委员会副主任，安徽农业大学副校长）

推荐理由：

太平猴魁是中国历史名茶，1915 年在巴拿马万国博览会上获得金奖；1955 年入选全国十大名茶。本款茶的生产企业黄山市猴坑茶业有限公司，是黄山区国家级标准化太平猴魁有机茶示范区和国家星火计划"太平猴魁茶产业开发项目"承建单位，安徽省农业产业化龙头企业，中国茶叶行业百强企业。该企业始终重视茶资源保护、品牌打造和茶文化推广，"猴坑"牌太平猴魁茶传承传统制茶工艺，品质优异，"猴韵"独特，是世界上稀有珍品茶，多次被选为"国礼茶"馈赠外国元首。2012 年"猴坑"商标被认定为中国驰名商标。特此推介。

2015年意大利米兰世博会中国企业联合馆入选品牌
Designated Service Provider of Expo Milano 2015China Corporate United Pavilion

安徽省六安瓜片茶业股份有限公司

安徽省六安瓜片茶业股份有限公司，是安徽省农业产业化龙头企业、省级扶贫龙头企业。公司自2002年创立以来，就以打造中国茶产业的顶级品牌为己任，采用徽六高标准、高要求的制作工艺精制名茶。现有员工268人，是一家集生产、加工、销售、科研为一体，涉及茶叶研发生产和销售、基地建设、旅游、茶文化传播等相关产业的现代化大型企业。先后荣获中华老字号、中国茶叶行业百强企业、中国名牌农产品、国宾礼茶供应商、世博指定生产商等荣誉称号。现已通过有机茶认证、ISO9001质量管理体系认证、AAA级标准化良好行为认证及出口自主经营权，使公司的各种产品在品质方面得到了保障。

公司拥有2万亩六安瓜片有机茶叶基地及良种育苗基地，已建成三处标准化、机械化六安瓜片生产基地，拥有科技研发加工中心、仓储物流检测中心、电商运营中心、六安瓜片营销中心。重点打造的六安瓜片茶文化生态园位于六安市独山镇29公里处，规划面积近千亩，总投资2亿元。公司现代化六安瓜片生产厂房于2013年建成投产，拥有的六安瓜片加工流水线可日处理10万斤鲜叶。该流水线集茶叶杀青、揉捻、理条、烘干、成型于一体，实现茶叶加工全过程流水线作业。不仅为该公司茶叶生产加工能力、茶叶生产机械化和清洁化水平及茶叶质量安全提供了可靠的保障，还带动了名优茶清洁化加工设备的研建，推动"徽六茶业"向新能源、新工艺、新技术的方向发展，带动独山镇及其周边数万茶农增收致富。

公司积极与中国农业科学院茶叶研究所、安徽农业大学茶与食品科技学院建立合作关系，致力于"六安瓜片"科研开发、生产加工、物流商贸、茶文化研究与推广。并在积极开拓国内市场的同时向国际市场寻求发展，努力在中国茶叶走向世界的进程中发挥积极作用。

企业联系方式

地址：安徽六安裕安区龙河西路口
邮编：237000
电话：0564-3309000
网址：http://huiliutea.com

茶款名称：徽六牌六安瓜片

茶类：绿茶

产品特点：成品为外形似瓜子的单片，自然平展，叶缘微翘，色泽宝绿，大小匀整，不含芽尖、茶梗；清香高爽，滋味鲜醇回甘，汤色清澈透亮，叶底嫩绿明亮。是唯一无芽无梗的茶叶，去芽不仅保持单片形体，且无青草味；梗在制作过程中已木质化，剔除后可确保茶味浓而不苦，香而不涩。六安瓜片每逢谷雨前后十天之内采摘，采摘时取二三叶，求"壮"不求"嫩"，在鲜叶加工中尤其讲究火工。

推介专家：

杨庆（国茶专家委员会委员，安徽省农业委员会特色农产品开发处高级农艺师、副调研员）、欧阳道坤（国茶专家委员会委员，茶叶市场研究专家）

推荐理由：

徽六牌六安瓜片，保持了六安瓜片的传统风格，以单片叶制成。独特的加工工艺成就了独特的品质。其外形较为平展，形如瓜子状；汤清绿而明澈，回味甘甜清凉；香气浓郁若兰似蕙，沁人心脾，实为茶中佳品，且具有悠久的历史底蕴和丰厚的文化内涵。

黄山市祁门县百年红茶叶有限公司
（祁门县金东茶厂）

　　黄山市祁门县百年红茶叶有限公司，是一家以加工、生产、销售祁门红茶为一体的专业公司。公司下辖祁门县金东茶厂、上海百年红茶行、上海祁门红茶专卖店。工厂在祁门占地20亩左右，生产设备齐全，技术先进，年可产祁门红茶1万担左右，百年红茶行在上海从事国内外销售。企业生产的"伟诺"牌、"祁之国香"祁门红茶，是采制槠叶种茶树芽、嫩茎为原料，经萎调、揉捻、发酵、干燥等工艺加工成红毛茶，再经过多道特殊的精加工程序制作，分级拼装成精制祁门红茶。产品经中国农科院茶叶研究所和浙江省、安徽省商检局检测，质量符合欧盟标准。企业通过QS认证，连续多年被评为"重合同，守信用"单位。

　　企业及生产的祁门红茶获多项荣誉：是2003年上海首届全国茶道表演大赛暨中国名茶品牌推荐会指定用茶，2005年被上海市茶叶行业协会评为祁门红茶优秀供应商，2006年第十三届上海国际茶文化节中国名茶评比中荣获金奖。公司纯手工制作的"祁红香螺"在2008年第十五届上海国际茶文化节"中国名茶"评选中获得金奖。2010年荣获上海世博会特许生产商。

企业联系方式

地址：黄山市祁门县祁山镇新岭乡
邮编：245600
电话：021-51000678
传真：021-56970911

茶款名称：祁红金芽（祁门红茶）

茶类：红茶
产品特点：全手工制作。每年3月底至4月初，采摘祁门县境内特种树种（槠叶种）生长的一芽二叶鲜叶，按照祁门红茶传统工艺经萎凋、揉捻、发酵、理条、烘焙、精拣等工序精心制成。此茶外形卷曲细长，嫩芽金毫，汤色黄亮，滋味鲜嫩，香气持久似花果，是世界公认的高香茶之一。

茶款名称：祁红香螺（祁门红茶）

茶类：红茶

产品特点：全手工制作。每年3月底至4月初，采摘祁门县境内特种树种（楮叶种）生长的一芽二叶鲜叶，按照祁门红茶传统工艺经萎凋、揉捻、发酵，人工揉捻做形，烘干等工艺制作而成。此茶外形卷曲螺旋，金毫显露，汤色红亮，滋味鲜嫩醇甜，香气如花似果胜蜜，是世界公认的高香茶之一。

茶款名称：祁门红茶（国礼茶）

茶类：红茶

产品特点：采用祁门县境内特种树种（楮叶种）生长的一芽二叶鲜叶，严格按照祁门红茶传统工艺制作，被选送至中央成为国宾礼茶。此茶条形紧秀乌润，锋毫显露，汤色红艳明亮，滋味鲜甜，香气高醇持久，似花果胜蜜，是世界公认的高香茶之一。

推荐专家：
刘秋萍（国茶专家委员会委员，中国高级茶艺师）
推荐理由：
该企业在上海从事祁门红茶专卖多年，是生产加工、批发、零售、外贸为一体的有信誉的企业，品质优良，价格合理，深受消费者欢迎。

安徽天方茶业（集团）有限公司

　　安徽天方茶业（集团）有限公司位于皖南茶乡石台县。这里东接黄山，北邻九华山，是首批国家级生态经济示范区。

　　企业创建于1997年，主要从事茶叶、茶叶代用品、茶食品、茶文化用品、旅游产品的生产、加工和销售。企业下辖12个分（子）公司和10个加工场，是农业产业化重点龙头企业、国家茶叶加工技术研发中心、国家星火计划龙头企业技术创新中心、全国食品安全示范单位、中国茶行业百强企业。企业拥有的"天方"商标和"雾里青"商标双双荣获中国驰名商标。

　　企业拥有23.2万余亩原料生产基地，通过了ISO9001：2008国际标准质量管理体系认证、保健食品良好生产规范认证、食品质量安全市场准入认证，被列为全国农业旅游示范点。天方万吨生态茶项目被列为安徽省861行动计划重点工程，公司年生产加工能力为6000吨，拥有进出口自主经营权。集团公司于2012年成立了安徽天方茶苑有限公司，并联手深圳曜达投资公司对其增资扩股，借助资本市场引资引智，以稳健的步伐朝着上市的目标迈进。

企业联系方式

地址：安徽省石台县秋浦东路22号
邮编：245100
电话：0566 - 6024888
网址：www.teatf.com

茶款名称：古黟黑茶

茶类：黑茶

产品特点：黟县，自古盛产茶叶，因关山难越，茶叶不能及时运出山外而堆积一处缓慢发酵，在自然与岁月的作用下成为"黑茶"。古黟黑茶色泽乌黑，汤色红润，陈而不霉，越陈越香浓，渐成黟人所爱。古黟黑茶，最具徽州色彩。 黟者，黑多也，即黑茶多产之地。

茶款名称：祁毫

茶类：红茶

产品特点：这款茶是祁门红茶中的新贵。采自祁红茶乡新春嫩芽，木炭焙火、遵古制法，纯手工加工制作而成，因芽毫显露而得名祁毫；条索细整，嫩毫显露，长短整齐，色润泽；香气高醇，有嫩香甜味，有独特的"祁红"风格，汤色红艳明亮，叶底嫩芽叶比礼茶较少，色鲜艳，匀整。

推介专家：

昊占强（国茶专家委员会委员，创业镐头创始人）

推荐理由：

安徽天方茶业在茶采制环节都下功夫做好品质保证，符合中华好茶推介要求，特别推介。

谢裕大茶叶股份有限公司

谢裕大茶叶股份有限公司是国内首家茶叶上市企业，是一家集生产、加工、销售、科研为一体，涉及茶叶（黄山毛峰、太平猴魁、祁门红茶、六安瓜片、花茶等）、茶食品的研发、生产、销售、基地建设、茶油、旅游等茶文化相关联产业的现代化大型企业，致力于打造成为中国优质历史名茶的制造商。

公司及其"谢正安"品牌被国家商务部认定为中华老字号，注册商标"谢正安"被国家工商总局评为中国驰名商标，同时，谢裕大公司还被评为国家级高新技术企业、全国生态文化示范企业、安徽省农业产业化省级龙头企业、安徽省茶产业博士后科技创新基地，并连续多年被评为中国茶叶行业百强企业。

公司前身是光绪元年（1875）古徽州漕溪人谢正安创立的谢裕大茶行，至今已有 140 年历史；由谢一平于 1993 年在徽州区富溪创立的黄山市徽州漕溪茶厂历经二次股份制改革，光复"谢裕大"百年品牌，成长为一家现代化、可持续性发展的谢裕大公司。

通过近些年的努力和发展，公司于 2014 年 1 月 24 日成功在"全国中小企业股份转让系统"（即新三板）挂牌上市（股票代码：430370、股票名称：谢裕大），成为中国上市茶企第一家！

企业联系方式

地址：安徽省黄山市徽州区城北工业园文峰西路 1 号
邮编：245900
电话：0559-3584199
邮箱：xieyuda@xieyudatea.com
网址：http://www.xieyudatea.com

茶款名称：谢裕大黄山毛峰

茶类：绿茶

产品特点：

1. 品质特征：主要栽培品种为黄山种。黄山种：有性系，灌木型，大叶类，中生种。该品种在1985年被全国农作物品种审定委员会认定为国家品种，编号GS13021-1985。主要特征：植株较大，树姿半开张，分枝密度中等，叶片水平状着生；叶椭圆形，叶色绿，有光泽，叶面微隆起，叶身背卷，叶缘平或微波，叶尖钝尖，叶质厚软；芽叶黄绿色，尚肥壮，茸毛多。

2. 外观品质：谢裕大黄山毛峰干茶外形美观，成茶细嫩扁曲，每片长约半寸，尖芽紧偎在嫩叶之中；状如雀舌，尖芽上布满绒细的茸毛，色泽油润光亮，绿中发出微黄，似象牙色。

3. 风味特征：香气嫩香高长，带幽雅的兰香之韵；滋味鲜醇爽、回甘；汤色嫩黄绿、清澈鲜亮；叶底嫩黄、匀亮、鲜活。

推介专家：

张永立（国茶专家委员会秘书长）

推荐理由：

谢裕大公司是国内首家新三板茶叶挂牌上市茶企，被评为"国家级高新技术企业""全国生态文化示范企业"。黄山毛峰是全国十大名茶之一，谢裕大黄山毛峰是其中佼佼者。主要栽培品种为有性系黄山种，品种优秀，为国家级茶树良种。干茶外形美观，品质优异。成茶细嫩扁曲，状如雀舌。香气嫩香高长，带幽雅的兰香之韵；滋味鲜醇爽回甘；汤色嫩黄绿、清澈鲜亮。故特此推介。

祥源茶业股份有限公司

祥源茶业股份有限公司(以下简称"祥源茶业")是一家专业化的高品质茶叶产品及相关服务供应商,运营总部位于安徽省合肥市,以生产、运营"祥源茶"系列茶品为核心。当前覆盖茶叶品类包括:原产地正宗安徽祁门红茶系列、以易武茶区为代表云南小产区精品普洱茶系列。

祥源茶业核心发展思路在于:以市场为导向、工业化为基础、研发为支撑、资本为手段,通过组建价值链联盟,专业化经营,着眼于客户、股东和员工共同价值的最大化,致力于成为拥有覆盖广泛的渠道体系和知名品牌的中国茶行业领先企业。

目前,祥源茶业旗下包括安徽省祁门县祁红茶业有限公司、西双版纳祥源易武茶业有限公司、云南天地祥源茶业有限公司、北京天地祥源茶文化传播有限公司、安徽省祁红博物馆等成员企业、机构。在安徽祁门与云南易武,通过大力度建设生态茶园基地,广泛占据核心产区优质原料资源;通过高起点兴建清洁化、现代化生产加工与研发中心,打造区域茶叶生产规模及标准的标杆;通过完整的历史工艺传承及"非物质文化遗产"展示保护体系,弘扬传统手工精制精髓与祁门红茶、云南普洱茶厚重历史文化。

以"正宗原产地,核心小产区"为产品定位策略的祥源茶业,自上市以来,通过全国性行销网络布局与优势品牌塑造,截至 2014 年 10 月,已在国内重点市场拥有 40 家城市级渠道合作商、60 家品牌授权专营店、300 多家终端销售网点,产品深受广大茶叶消费者喜爱,成为行业新兴推动力量的代表。

企业联系方式

地址: 安徽合肥市高新区望江西路 800 号创新产业园 A3 楼 11 层
邮编: 230088
电话: 0551-65379919
邮箱: sunrivertea@126.com
网址: www.sunrivertea.com

茶款名称:祥源·祁红金色庄园伍

茶类:红茶(祁门红茶)
产品特点:金色庄园伍——国礼祁红,原料选取祁门红茶特定核心小产区明前高等级春茶一芽一叶,由祁红制作技艺非遗传承人领衔全手工制作而成。干茶条索纤紧秀丽,金毫显露,色泽乌黑油润,显宝光;汤色红艳明亮,香气馥郁,为玫瑰花、蜜糖的复合香气,滋味浓醇鲜爽,回味甘甜,叶底叶质柔软,多嫩茎和嫩芽,呈现古铜色。
整体包装由香港设计师李永铨设计,彰显别致风格,具有极高的鉴赏价值。

茶款名称：祥源·祁红锦上花

茶类：红茶（祁门红茶）
产品特点：精心选择原产地安徽省祁门县南乡、西乡小产区优质茶园一芽一叶、二叶楮叶种茶树鲜叶为原料，传统祁红制茶工艺与现代精制工艺完美结合，确保稳定优异品质；工夫红茶条索细嫩紧结，金毫秀美；祁红毛峰借鉴毛峰之外形特点，锋苗尽露；经典香气与新派祁香特点各自彰显；口感则一重甜醇、一重鲜爽。

"锦上花"取自古代词牌名，得"锦上添花"之美意；秀雅祁红，红醇酽丽之美，亦为增福添喜之礼；祥源·祁门红茶锦上花，精心组合传统祁门工夫红茶与名优产品祁红毛峰，两芳并赏，各擅胜场；典雅红色系，喜庆不失时尚；佳节馈赠，经典之选。

茶款名称：祥源·普洱茶藏锋

茶类：黑茶（普洱茶）
产品特点："藏锋"是祥源茶业2013年精心酝酿推出之品鉴级佳作。甄选百分百易武核心茶区生态茶树鲜叶加工而成。饼形厚实圆润，银毫显露，茶条完整，茶芽肥厚；香气鲜嫩持久，具典型易武优质春茶品质特征，茶汤金黄明亮；滋味鲜爽醇厚，柔滑细腻中蕴含丰厚与力度。锋芒内蓄，甘韵绵长，陈化后尤为值得期待。

茶款名称：祥源·普洱茶大典

茶类：黑茶（普洱茶）

产品特点："大典"是易武普洱茶高端产品的标杆，祥源茶倾力呈献，打造标杆品质，诠释易武大树醇美之味。选取易武山纯正百年大树鲜叶原料，悉心采择，叶叶甄选，制法有度，成品自然，茶饼完满厚实，油润度好，茶芽肥厚，银毫显露；茶汤杏黄明亮，香气鲜嫩持久，还原经典易武至远纯香，滋味醇厚甘甜，余韵悠远，柔和甘甜之味萦绕唇齿间，甘韵绵长。

推介专家：

杨庆（国茶专家委员会委员，安徽省农业委员会特色农产品开发处高级农艺师、副调研员）

推荐理由：

祥源·祁红金色庄园伍，是一款不可多得的高品质祁红。此款红茶，外形紧致乌润，锋苗显现，金毫特显；冲泡后，茶汤红艳明亮、晶莹剔透，且金圈显露；滋味鲜甜醇厚，花蜜香中带成熟水果的甜香，真实再现百年国事礼茶风范。

祥源·祁红锦上花，为"传统祁门工夫红茶"和"一级祁红毛峰"的组合装，是内外兼修的高品质祁红产品。传统祁门工夫红茶经典"祁门香"香气显著，汤色红艳，滋味甜醇；名优祁红外形条索完整紧结，甜花香明显。两款茶品的组合套装，是为经典祁门香和新派祁门香的完美组合。

祥源·普洱茶藏锋，云南农业大学普洱学院副院长周红杰教授认为，"藏锋"不仅外形条索肥硕，色泽油润，而且汤色黄亮，滋味醇厚，甜爽回甘，香气馥郁高扬，为普洱生茶上品。知名茶叶专家王顺明特别强调："'藏锋'加了某种记忆，不管是生态环境的记忆，还是树的记忆，都存在。这款茶厚重，在生普中的回甘度非常强。它的香气纯正，让人闻了还想闻，喝了还想喝，这就是天然、纯正的香气。"

祥源·普洱茶大典，这款用料十分纯正，"茶底很好"，口感风格有明显的易武茶山落水洞、麻黑小区域特质，汤色明亮、香气浓郁芬芳，回甘明显悠长。就整体品质来说，称得上易武大树茶品中一款佳作。

北京吴裕泰茶业股份有限公司

吴裕泰创立于 1887 年，是中国商务部首批认定的"中华老字号"。吴裕泰立足中华文化，锻造全球化的茶业金字招牌为愿景，推动中国茶和茶文化走向世界；秉持厚德诚信、务实严谨、热情自信、开拓创新的核心价值观，定义好茶标准，传承好茶文化，创造好茶生活。吴裕泰率先通过质量、环境、食品安全和职业健康安全"四标一体"管理体系认证；公司的产品质量完全符合国家质量标准，在行业内处于领先地位。吴裕泰茉莉花茶的窨制技艺也已被列入国家级非物质文化遗产名录，是中国茶文化的光荣与骄傲。

2008 年，吴裕泰作为茶行业代表，为北京奥运会独家提供 150 万袋袋泡茶，并在奥运媒体村建立"中国茶艺室"，为各国官员、运动员、新闻记者奉上了优质的茶叶及服务，成为奥运会赛场之外的一道绚丽风景。2010 年吴裕泰再次亮相世界，凭借品牌影响力和产品品质成为上海世博会特许生产商及零售商，为世博特别研发了 17 款产品，让中国茶走向世界。2012 年，吴裕泰成立"China Tea"俱乐部，以保护中国茶为己任，探寻茶道之源，守护中华之心。2013 年吴裕泰作为中国茶唯一代表受邀参加沙特"杰纳第利亚遗产文化节"，沙特王子亲临吴裕泰展位品尝茉莉花茶，一时间众多市民汇集于此争相品尝"王子喝的茶"。同时，吴裕泰成为 2013 北京园博会特许产品生产商。2014 年吴裕泰老北京四季茶成为 APEC CHINA 第三次高官会指定茶礼。

吴裕泰秉承百年老字号所独有的文化内涵与核心竞争力，不断探索与实践，从一家茶栈成长为享誉全国的茶叶专营企业，经济效益在业内名列前茅。近年，吴裕泰从百年专业制茶的经验出发，将时尚理念融入传统文化，努力实现茶产业的多元化发展。开拓创新、厚德诚信的价值观，使吴裕泰在竞争激烈的市场中，始终保持着崭新的发展活力。

企业联系方式

地址：北京市东城区交道口东大街 4-17 号
邮编：100007
电话：010-84049766
传真：010-84049766-6089
网址：www.wuyutai.com
购买热线电话：400-610-1887
电商平台：http://wuyutai.tmall.com

茶款名称：翠谷幽兰

茶类：花茶

产品特点：吴裕泰独创的兰花花茶。外形隐翠显毫；汤色嫩绿明亮；滋味鲜爽醇和；香气清雅悠长、兰香明显。用当地种植的兰花，与制作好的茶坯进行数次分离窨花，通过茶叶吸收花香来达到窨花效果。既吸取了兰花的幽香，也保留了绿茶的特点及汤色。茶坯选自明前的优质绿茶为原料，外加高品质的鲜花，无论是茶的外形、滋味、香气还是口感都是广大消费者，尤以年轻白领为最爱。并且冷热饮均可，是现今快速消费市场的主流趋势。

茶款名称：翠谷茉莉

茶类：花茶

产品特点：翠谷茉莉不同于传统的茉莉花茶，是采摘高山优质绿茶、手工精选高洁茉莉鲜花，采用分离窨制工艺，花香和茶香自在交融。细品翠谷茉莉，靓丽的汤色，鲜灵持久的香气，醇爽回甘的滋味，沁人心脾！翠谷系列，是吴裕泰推出的"明星"系列产品，无论是茶叶的原料、滋味、外形还是汤色，都突破了以往的固化手段。此款茶叶冷热饮均可。

茶款名称：精品茉莉茶王

茶类：茉莉花茶

产品特点：此款茉莉花茶，肥壮全芽茶坯，经人工挑选，匀整度极高，嫩香明显，香气鲜灵持久，鲜甜爽口。其外包装清新高雅，加之内赠的小茶勺，都让消费者感到温馨。其简洁的罐装形式，既方便于日常饮用者又方便于送礼者。

推介专家：

龚淑英（国茶专家委员会委员，浙江大学茶学系教授）

推介理由：

"吴裕泰"是中国商务部首批认定的"中华老字号"，企业秉持厚德诚信的价值观不断开拓创新，将时尚理念融入传统文化，生产营销管理先进。所推荐茶叶的窨制，应用茶、花分离窨制技术，在传统再加工的熏花工艺上进行了创新。制成的茶叶与传统工艺产品相比，品质上有很大的提升，花香和茶香自在交融，茶叶原料质优，滋味、外形和汤色俱佳，深受消费者喜爱，尤其受到年轻人的青睐。

张一元

北京张一元茶叶有限责任公司

　　"张一元"茶庄，创始人张昌翼，字文清，祖籍安徽歙县。于清光绪二十六年（1900年）在花市创建首家茶庄，取名"张玉元"。1908年后张昌翼在前门外增设两家茶庄"张一元"、"张一元文记"，后统称"张一元"，取"一元复始，万象更新"之意。

　　张昌翼经营有道，在开办茶庄的同时，又在福建自办茶厂，自行采摘、收购当年的新茶，自行熏制，成本低，质量好。张昌翼常说"不怕没人买，就怕人买缺"，所以品种齐全是张一元的又一大特点。

　　百余年来，张一元始终坚持自主生产、加工及品种齐全的特色，在全国各名茶产区均设有生产基地，销售经营绿、红、白、青（乌龙茶）、黄、黑等各大类共400多个品种。其茉莉花茶更是以"汤清、味浓、入口芳香、回味无穷"的特点享誉京城，现已成为中国茉莉花茶领导品牌。1993年、2006年分别被国内贸易部、国家商务部评定为"中华老字号"称号。2007年其茉莉花茶制作技艺被列入国家级非物质文化遗产保护名录。2008年，张一元作为北京奥运村中国茶艺室的独立运营商，接待了来自欧、美、亚、非、澳等大洲的150多个国家的国际友人，为中国茶走向世界做出了新贡献。2009年，张一元天津分公司正式成立，2010年，杭州张一元生态旅游开发有限公司暨茶文化休闲园"憩心亭"盛大开业，这些都标志着老字号张一元在多元并举、创新发展的道路上又迈出了坚实的一步。2010年，张一元茉莉花茶成功入选上海世博会"中国世博十大名茶"，并成为2010年"上海世博会联合国馆指定用茶"。2013年张一元金桥项目正式启动，张一元金桥茶叶有限公司、金桥物流有限公司和金桥科技发展有限公司三家新公司正式投入运营，自此"张一元"实现了从设备改造升级向标准化生产迈进，产品结构调整向市场化发展的历史性跨越，致力在生产研发、仓储物流、理化检验三方面实现优化升级。百余年的风雨历程，铸就了"张一元"金般品质；百余年的春华秋实，见证了中国茶香飘世界。

企业联系方式

地址：北京市西城区菜市口西砖胡同2号院7号楼
邮编：100052
传真：010-83512713
邮箱：zyy@zyy365.com
网址：www.zyy365.com
购买热线电话：400-650-6651
电商平台：http://zhangyiyuan.tmall.com

茶款名称：张一元茉莉金茗眉

茶类：花茶

产品特点：茉莉金茗眉，茶如其名。外形色泽金黄，满身披拂白毫，芽头肥壮而挺实；冲泡品啜，香气鲜灵浓郁而持久，汤色清澈而明亮，滋味鲜爽而醇厚。用透明的玻璃杯冲泡，可见颗颗肥壮挺实的茶芽悬空竖立于杯中，茉莉花清幽醉人的香气扑面而来，正所谓"春芽初绽细嫩采，万朵茉莉溢茶香"。

茉莉茗眉曾为张一元茶庄的当家茶。自上世纪80年代淡出市场并失传了20年之后，张一元国家非遗代表性传承人、高级评茶师王秀兰又把这种老味道带给广大茶客。在研制期间，张一元还特聘了福建宁德茶厂著名老茶人、制茶专家张斯芳作为技术指导。区别于其他茉莉花茶，该茶从原料茶到加工转窨的过程中，全部在低温保鲜库中完成，使得该茶香气更加鲜灵而持久。

茶款名称：张一元茉莉玉芽

茶类：花茶

产品特点：茉莉玉芽，传承张一元百年窨制工艺，采用蒙顶山区海拔近千米山脉的群体小叶种茶为原料，在张一元广西花茶生产基地加工制作，采用优质伏花，经过九窨一提而成。茉莉玉芽外形细嫩卷曲，白毫密布，色泽银白，内质香气鲜灵浓郁持久，滋味鲜爽、浓醇，汤色黄亮清澈，叶底细嫩、匀亮、柔软。

茶款名称：张一元茉莉毛尖

茶类：花茶

产品特点：张一元茉莉毛尖以其极高的"鲜灵度"，成功入选2010年上海世博会，同时也受到广大消费者的好评。茉莉毛尖外形匀整平伏、细紧匀直多毫，多锋苗，色泽绿润匀亮。香气鲜灵浓郁持久，汤色黄绿明亮清澈，滋味浓醇鲜爽，叶底匀亮细嫩柔软。

推介专家：

刘新（国茶专家委员会委员，中国农业科学院茶叶研究所研究员）

推荐理由：

"张一元"是京城著名的老字号，秉承"诚信为本"的古训，以"金般品质、百年承诺"为经营理念。"张一元"成为国内茶叶界著名的茶叶品牌，公司成为国内享有盛名的公司，其品质和诚信受到消费者的好评。公司在茉莉花茶的选料和窨制工艺方面有独特之处，产品以"汤清、味浓，入口芳香，回味无穷"的特色赢得消费者的喜爱，深得国内外茶客的欢迎。张一元茶叶公司开展了ISO9001质量管理体系认证和ISO22000食品安全管理体系认证，在质量和安全方面提供了保证机制，在国家质检部门的历次抽查中保持了全部合格的业绩，2001年被中宣部、国家质量检验检疫总局等单位授予"百城万店无假货示范店"荣誉称号，2008年张一元茉莉花茶窨制技艺被列入国家级非物质文化遗产保护名录。公司生产的茉莉金茗眉、茉莉玉芽和茉莉毛尖产品具有良好的品质和独特的风格，深得消费者的好评。

北京更香茶叶有限责任公司

北京更香茶叶有限责任公司成立于 1998 年。在浙江武义、广西横县、云南普洱、福建安溪、江西修水等地建立 5 大茶叶基地，拥有茶园 10 万多亩，其中有机茶园面积 6 万多亩，有机茶产销量居全国前列，直接带动 10 万多山区农民增收致富。在全国拥有 230 多家连锁店，是一家集产、供、销、研于一体的综合性茶叶集团，产品远销英、美等国家。

公司拥有国家茶叶专利 11 项，其中发明型专利 9 项，实用型专利 2 项。专利均实际应用于浙江武义更香生产流水线。公司先后获得中国驰名商标、农业产业化国家重点龙头企业、国家茶叶加工技术研发分中心、全国青年文明号、中国茶叶行业百强、有机茶行业冠军品牌、中国商业名牌企业、农业产业化行业十强企业、中国优质产品等荣誉，2014 年更香品牌价值为 7.57 亿元。

宁红集团是中华老字号及农业产业化国家重点龙头企业。2010 年 5 月，由"北京更香"重组为江西省宁红集团有限公司。"宁红"制作始于清代中叶，声名显著于清道光年间。至 19 世纪中叶，宁红畅销欧美，成为中国名茶，曾获 1915 年巴拿马万国博览会甲级大奖章。宁红珍茶贡品和极品太子茶，屡创茶界价格新高。曾获俄太子"茶盖中华、价甲天下"的奖匾，并在上海和香港等茶业贸易界有着"宁红不到庄，茶叶不开箱"的声誉。当代茶圣吴觉农在多次考察宁红茶的历史渊源、自然禀赋、茶叶品质后欣然挥毫题词："宁州红茶、誉满神州"、"宁红、祁红并称世界之首"。宁红茶先后 31 次获得国际、国家及省部级表彰。在 2012 年中国茶叶区域品牌价值评估活动中，"宁红工夫茶"获评 7.24 亿元品牌价值。

企业联系方式

地址：北京西城区马连道甲 10 号
邮编：100055
电话：010-63340311
邮箱：gxtea@163.com
网址：http://www.gx-tea.com

茶款名称：有机毛峰

茶类：绿茶

产品特点：有机毛峰又名雾绿，产自中国有机茶之乡——浙江武义。800米以上的高山，有机茶园周边植被丰富，远离公路、城市和工业污染。在种植及加工过程中，茶树杜绝使用任何人工合成的化肥、农药、生长剂等。更香有机茶全程实施严格检测及权威管理体系控制，其有机质含量丰富，具有香久、味醇、鲜爽、回甘的特点。有机茶属于绿茶中的一种，凭其"健康、有机"的概念成为绿茶中独树一帜的精品。

茶款名称：精针王

茶类：花茶

产品特点：精针王是茉莉花茶的一个种类，产自广西横县。是将茶叶和茉莉鲜花进行拼和、窨制，使茶叶吸收花香而成。外形秀美，毫峰显露，香气浓郁，鲜灵持久，泡饮鲜醇爽口，汤色黄绿明亮，叶底匀嫩晶绿，经久耐泡。

茶款名称：宁红金毫

茶类：红茶

产品特点：宁红金毫是红茶中的精品，产自景色优美，人杰地灵的江西修水。宁红金毫是发酵茶，以适宜的茶树新芽叶为原料，经萎凋、揉捻、发酵、干燥等典型工艺过程精制而成。外形条索紧结肥壮多毫，色泽乌润，内质汤色红浓，香气高而鲜甜，滋味浓厚，叶底肥壮尚红。

推介专家：

刘新（国茶专家委员会委员，中国农业科学院茶叶研究所研究员）

推荐理由：

"更香"公司是我国茶叶著名企业，在我国较早从事有机茶生产和销售，大力推广有机农业，是我国茶界有机生产的典范，对产品质量管理十分严格。其有机毛峰坚持有机理念行销全国市场，花茶产品精针王凭其浓、强、鲜的品质特点在北方市场大受欢迎；收购了宁红集团，在红茶产品上有良好的品质。因此特别推荐。

北京时代国馨商贸有限公司

　　北京时代国馨商贸有限公司，在开拓市场要打造中国茶叶品牌的前提下，2008年在各级政府的政策扶持下，选址于闽东茶乡、中国十大产茶大县市、蜚声中外"坦洋工夫"发祥地福安市。公司种植基地属武夷山脉区域的天尾山（福建福安市上白石镇小洋村），海拔超过800米。基地常年云雾缭绕，基地土地是从未使用过农药的原生态土地，比邻山泉水，有为基地专门铺设水泥路。公司投资开垦500多亩现代茶叶、生态茶园基地，建立标准化厂房900平方米，拥有众多专业茶叶技师、企业管理人才和固定工人。还在生态茶园基地套种四季桂花、油茶、太子参等生态作物，种植绿色牧草、放养山羊等畜牧家禽，创造性地开发出一套以树固土、以花伴茶、护坡挡风、以草养牧、以牧积肥、以肥养茶的现代化生态农业新模式。

企业联系方式

地址：北京市丰台区太平桥东纸库1号（茶缘茶城A2-01）
邮编：100055
电话：010-51809393

茶款名称：国馨坦洋工夫红茶

茶类：红茶
产品特点：国馨坦洋工夫红茶的文化内涵是：生态、和谐、健康、高贵。以生态环境独特的白云山麓原生态茶叶鲜叶"坦洋菜茶"为主要原料，引进先进设备，继承和发扬了历史名茶坦洋工夫茶的工艺，经晒、揉、酵、焙、筛、拣、覆、堆等复杂工序和精湛工艺研制而成。其外形条索紧结、色泽乌润，桂圆香气清纯、口感细腻回甘醇和，汤色明亮呈玫瑰金色、滋味甘醇，花果香较为明显，茶叶持久耐泡，色香味俱全。

推介专家/社团负责人：
张永立（国茶专家委员会秘书长）/付光丽（北京市茶业协会常务副会长）
推荐理由：
该茶精心制作，品质优异，在2014北京春茶节坦洋工夫斗茶大赛中获得创新奖，在2014北京国际茶业展举办的坦洋工夫红茶斗茶赛中获优质奖。

北京市武夷山老记茶业有限责任公司

中国老记茶业集团有限公司，是全球 TOP10 的免税品运营商——皇权集团（香港）的全资子公司。皇权集团（香港）雄厚的资金实力、丰富的品牌产品运营经验是"老记"品牌的强力背书。公司品牌运营及营销中心（北京市武夷山老记茶业有限责任公司）成立于 2009 年 7 月，公司全面借鉴和引入了皇权集团国际化的营销理念和品牌管理模式进行运作，并通过皇权集团遍布世界的渠道把老记产品推向全世界。公司现在在北京、河北、福建等地设立十余家直营门店，在国内十余省市拥有经销商 100 多家。

公司的生产团队由武夷山大红袍制作技艺传承人、武夷山大红袍制茶工艺大师曹春城先生领衔，产品均严格执行国家非物质文化遗产——武夷岩茶（大红袍）传统制作技艺标准。高端产品坚持公司独有工艺——荔枝木炭焙火、文火九焙、禅音窖藏，工序虽繁必不敢省人工，物力虽贵必不敢省时间。公司有独立的产品研发团队，注重科技创新，并与国家植物功能成分利用工程技术研究中心、清华大学中药现代化研究中心等五家国家级权威科研机构合作，共同进行新品研发，产品储备，将科技元素不断注入公司的创新产品以飨世人。

公司目前在福建省武夷山核心景区上游拥有千余亩优质茶园。茶园基地土壤为火山砾岩风化而成，富含各种矿物质元素。位于平均海拔 800 米左右的山间地带，气候温和，冬暖夏凉，年平均温度在 18-18.5 度之间；有幽涧流泉，年平均相对湿度在 80% 左右。茶园四周皆有山峦为屏障，把太阳的直射光转变成漫射光，更利于茶叶的光合作用，提高茶叶中有机物质的积累。日照较短，更无风患及病虫害，优越的自然条件孕育出优质的茶王大红袍。公司通过生产基地的建设，引进、开发、推广先进的制茶技术，从茶叶的良种选育，有机化栽培，标准化生产与管理等各个环节全面发展茶产业，并先后通过 ISO9001 质量管理体系和 QS 认证。"老记"大红袍产品品质优异，多次荣获国际、国内茶业评比金奖、银奖及国际茶王称号，获准使用"中华人民共和国原产地域标识"。

企业联系方式

地址：北京市东城区朝阳门南小街 8 号一层 101 室
邮编：100010
电话：010-58646140
网址：www.laojitea.com

茶款名称：老记正红程大红袍

茶类：乌龙茶
产品特点：
1．五十年树龄；
2．品质特点：干茶色泽油润，具有淡淡的乳香，汤色金黄清澈明亮，滋味醇厚鲜爽。喻意：前程似锦，吉祥如意，升官晋职，财源广进。香型：乳香型；焙火度：中焙火。

茶款名称：老记故官贰号大红袍

茶类：乌龙茶

产品特点：

1.五十年树龄；2.故宫文化，贡茶品质；3.正宗产区，精选五月春茶为原料；4.传统工艺炭焙制作而成；5.品质特点：口感顺滑，回甘好。香型：蜜糖香；焙火度：中焙。

茶款名称：老记洞藏伍年大红袍

茶类：乌龙茶

产品特点：

1.五十年以上树龄；2.年份茶，久藏不坏；3.中国红瓷罐包装，精致典雅；4.茶品特点：岩韵凸显，滋味醇厚；焙火度：重焙；香型：蜜韵香。

茶款名称：老记岩派大红袍
　　　　　（足火、中足火）

茶类：乌龙茶
产品特点：
足火：1.五十年以上树龄的珍稀大红袍树种；2.品质特点：滋味醇厚、回甘润滑、
焦糖香馥郁；3.曾荣获"2014年春茶节"质量合格、质价相符产品。
中足火：1.三十年以上树龄；2.传统工艺及现代工艺相结合；3.品质特点：果香味
明显。香型：果香型；焙火：中焙。

茶款名称：老记暖香大红袍

茶类：乌龙茶
产品特点：
1.三十年年以上树龄；2.传统工艺及现代工艺相结合；3.品质特点：入口清香。香
型：清香型；焙火：轻焙。

推介专家：
刘仲华（国茶专家委员会副主任，湖南农业大学茶学博士点领衔导师、茶学学科带头人）
推荐理由：
公司目前在武夷山拥有核心景区"上游"千余亩茶园，秉持大红袍制作技艺传承人精湛的采
制工艺，同时也注重科技创新，集现代生产技术与传统制茶工艺于一体，通过建立茶叶生产基
地，引进、开发、推广先进的种茶制茶技术，从茶叶的良种选育，有机化栽培，标准化生产
与管理等各个环节全面发展茶产业。老记大红袍产品品质优异，多次获得国际、国内茶叶评
比金、银奖及国际茶王的称号，并获准使用"中华人民共和国原产地域标识"。

北京茗正堂茶业有限公司

　　北京茗正堂茶业有限公司位于北京西城区"京城茶叶第一街"马连道，前身北京富香岭茶行成立于2002年4月。经过十几年的奋斗拼搏，在同行中已树起较好口碑，连续多年被评为"诚信商户"。主要经营：茗正堂牌安吉白茶、梅龙虎牌西湖龙井、宜兴紫砂壶和龙泉青瓷等。公司以"货真价实、薄利多销"为宗旨，"茗茗白白做事、堂堂正正做人"的企业精神，始终坚持"诚信经营、童叟无欺"，对待客人就像老朋友一般，亲切、自然。努力营造一种宾至如归、祥和温馨的氛围，使大家在品茗之余身心得到充分的舒展与放松，竭诚为新老客户提供优质服务。

　　企业之心：风云砥炼，茗正堂全力打造集茶叶初制生产，精制加工，产品研发为一体的经济实体，营销网络遍布北京、上海、天津等国内一线城市，并深受俄罗斯、法国等海外客人的青睐。

　　品牌之心：茗正堂以"安吉白茶专家"的身份，凭借"正宗、专业"的形象进入大众市场，不仅仅确立了自身独特鲜明的营销策略，也改变了整个白茶行业的产品营销模式，一举成为业内的领跑者。

　　产品之心：从夯实基础到创新发展，茗正堂不忘本基，一直用恒心追求完美的产品品质，励志为大众历练尚好茶芯。十余载的企业发展，茗正堂用自身严苛精细的制茶工艺生产好茶，也提炼了自身特有的企业精神——"正气"，其"茗之正、品之正、路之正"的深刻内涵，不但成了企业之本，也化作了制茶之道。

企业联系方式

地址：北京市西城区马连道15号院4号楼一层D2（兵团大厦对面）
电话：010-52690899,63367754
邮箱：lzm_64@126.com
微信：

茶款名称：茗正堂牌安吉白茶　明珠

茶类：绿茶

产品特点：茗正堂安吉白茶系列产品之明珠，产地浙江安吉，精选一级，干茶为深米黄色。外形细紧凤形，色如玉霜，光亮细润，冲泡后叶肉玉白，茎脉翠绿，香气清高馥郁，具有嫩竹香，滋味鲜爽略浓、甘甜、醇厚，叶底鲜活，汤色鹅黄，清澈明亮。包装简洁，富有民族文化特色，是2014北京春茶节斗茶大赛获奖产品。

推介专家/社团负责人：
张永立（国茶专家委员会秘书长）/付光丽（北京市茶业协会常务副会长）
推荐理由：
此款茶产自群山环绕，雨水充沛、有机质丰富，生态环境绝佳的浙江安吉县溪龙乡，是高品质的绿茶；采于四月四系明前茶。经检测符合国家标准，质优价廉，性价比高。包装简洁，富有民族文化特色。此款茶是2014北京春茶节斗茶大赛获奖产品。

天月集团

天月集团始创于 1996 年，是中国茶行业"大型卖场"业态首创者，拥有国内最大、最先进的茶叶茶具购物中心，同时成功投资运作了大型现代化茶城。是国规模最大、最具影响力的集团化茶企之一。

茶产业链布局者　立足茶行业，天月集团在数十年的发展中实现了产业链的延伸与商业模式的升级，建立起以科研、生产、销售、投资、物业管理、文化交流等为一体的全产业链，商业模式不断升级扩充，在大型茶叶茶具购物中心运营、现代化茶城投资运作、加盟连锁机构经营管理方面拥有成功的经验和科学的体系。集团业务范畴涉及茶及周边产品生产、销售，现代化卖场运营、加盟连锁、物业管理、资本运作、文化传播等各个领域。

业态变革引领者　天月集团于 2000 年首创"一站式"购物模式，将大型超市商业模式成功引入茶行业。在数十年发展中，天月全面整合茶生活周边领域，进一步提出"茶生活体验式购物"理念，致力于为消费者提供全面的茶生活解决方案。到目前为止，天月集团已在北京马连道拥有占地 5000 平米茶生活体验式购物中心，在广州、深圳、宜兴等地同样打造了高端茶生活体验中心，在重庆成功运作了占地 25000 平米现代化茶城——天月茶城，同时，全国各主要城市的商业体正在进一步紧密筹划中。希望通过茶城等大型商业平台的构建，促进消费者、茶商、茶产品及茶文化资源的对接，做最具价值的商业平台，在传统文化及茶文化复兴浪潮中，助推商业与文化的共荣。

茶文化倡导者与传播者　天月以一个资深茶人的专注与敏感，立足行业前沿，感知并传递着行业最新风尚。天月关注中国传统文化的传承，推崇"慢生活"，倡导东方式智慧与生活方式，以茶行业为立足点，广泛涉猎茶道、香道、紫砂艺术、传统服饰等领域，倡导东方式智慧与生活方式，与各界大师、学者、艺术家形成密切互动，融合传统文化要素并推陈出新，打造了天月普洱博物馆、天月沉香堂、天月名壶馆等等一系列体验交流平台，在业内外广受好评与关注。

目前，天月集团旗下已拥有：北京天月盛世投资有限公司、北京天月盛世茶叶有限责任公司、北京天月东方紫砂艺术品有限公司、北京天月茶超市连锁加盟管理有限公司、云南天月茶叶进出口有限公司、宜兴天月紫砂艺术研究中心、杭州天月茶业有限公司、重庆天月茶城有限公司、安溪天月盛世茶厂、广州天月窖藏中心等成员企业，同时拥有知名茶品牌——"天月茶"品牌。

走在行业前沿，引领行业趋势，天月集团致力于成为全球茶行业最具影响力的资本运营商、产品及服务供应商以及传统文化践行者与倡导者。

企业联系方式

地址：北京市西城区马连道路 11 号马连道茶城 3 层天月茶业
邮编：100055
电话：010-63342692
网址：tianyuetea.com

茶款名称：龙腾山涌

茶类：黑茶（普洱茶生茶）

茶品特点：龙腾山涌，俗称"布朗之巅"，系布朗山古树生茶，源自树龄300年、海拔2000米的古茶树。干茶条索肥壮显毫；汤色橙黄透亮；香气独特，有板栗香；口感浓烈，滋味醇厚，回甘生津快；叶底黄绿；是一款品饮及收藏价值都非常高的古树茶。此茶采用大胆务实市场化的选料原则，将茶样请专家、客户、同行、玩家收藏家以及在天月公司卖场采取随机让客人盲测以获得最原始、最直接、最客观、最准确的品质和口感的认可。聘请资深普洱茶专家负责组织古树茶原料基地的生产加工制作，邀请天月公司有收藏和品饮古树普洱茶的客商协助和监督原料的生产、收购和加工，确保原料的真实和产品的品质保证。

茶款名称：1917乔木大叶古树茶（生、熟茶）

茶类：黑茶（普洱茶）

茶品特点：采用经典制茶工艺、健康制茶标准倾力打造。9项茶叶原料筛选程序：原料来自云南勐海茶区优质大叶种晒青毛茶，精挑细选，原料精纯。亚热带立体气候，赋予茶叶无与伦比的气质；26道制茶生产标准：保证每一饼茶得以在标准条件下进行烘干和发酵；17条口味配方标准：成就独特迷人口感；23项成品检测标准：绿色、安全、健康的饮茶保障。外形：生茶，条索清晰匀整，条索肥壮，偏青褐色；熟茶，其形细长，条索清晰，偏深褐色。汤色：生茶，橙黄明亮；熟茶，酒红透亮。口感：生茶，香气清爽，茶气足，回甘生津；熟茶，滋味醇厚，口感顺滑，茶气十足。叶底：生茶，鲜活肥壮，深栗色；熟茶，鲜活肥壮，乌黑发亮。滋味鲜爽、浓醇，汤色黄亮清澈，叶底细嫩、匀亮、柔软。

推介专家：
张永立（国茶专家委员会秘书长）

推介理由：
天月集团于2000年首创"一站式"购物模式，将大型超市商业模式成功引入茶行业，在二十年的发展中实现了产业链的延伸与商业模式的不断升级，成为集科研、生产、销售、投资、物业管理、文化交流等为一体的集团公司。所推茶品，注重品质和口感，采用大胆务实市场化的选料原则，以及经典制茶工艺和健康制茶标准。

福建八马茶业有限公司

  八马茶业是中国最大的铁观音生产商、销售商、乌龙茶出口商。截止 2014 年 3 月，全国连锁店近千家；每年出口乌龙茶近 3000 吨，占安溪县总出口的 60% 以上，同时为 6 家世界 500 强企业的合作伙伴。2013 年度在安溪茶行业纳税第一，占茶行业总纳税额 1/3。

  八马茶业是国家茶叶标准化技术委员会委员单位、国家标准"地理标志产品——铁观音"起草制定单位。八马茶业及所属子公司相继取得了"中国驰名商标"、农业产业化国家重点龙头企业、国家农业部乌龙茶 GAP 示范基地、"深圳老字号"称号；通过 ISO9001 ：2008 国际质量管理体系、ISO14001 ：2004 国际环境管理体系和 HACCP 体系认证及 QS 体系认证、绿色食品认证、有机茶认证等多项认证。

  八马茶业旗下"赛珍珠"浓香型铁观音，凭借着"闻干茶炒米香、闻茶汤果味甜香、品滋味兰花香"的独特口感和通过日本肯定列表 276 项农残与微生物检测的超强安全性，赢得众多意见领袖和富豪名流的喜爱，八马赛珍珠已成为安踏、七匹狼、九牧王、三安光电等众多知名企业的专属定制礼品，铸就浓香型铁观音领导品牌。

企业联系方式

地址：安溪县经济开发区龙桥园
邮编：362422
电话：0595-23012345
网址：www.bamatea.com

茶款名称：赛珍珠铁观音

茶类：乌龙茶

产品特点：赛珍珠，传统浓香铁观音的极致之作，"用恒心，造永恒"。作为八马的明星产品，赛珍珠是浓香铁观音中的臻品，在广大铁观音茶友中享有极高的声誉，制作技艺被评为国家级非物质文化遗产。因其产量极其稀少，粒粒如珍珠一般珍贵，故名赛珍珠。八马赛珍珠独一无二，原料采自海拔 800—900 米、2—5 年新枞铁观音茶树，于春秋两季晴日午后，精采正午新枞嫩芽，300 年传承技艺，历经八马二十四定律的严苛制作，方能成就一份铁观音史上的永恒经典。

赛珍珠有三大亮点：

1. 独特口感：三香。一香：闻干茶，炒米香；二香：闻茶汤，果味甜香；三香：品滋味，兰花香。

2. 国际标准：安全。建立全程可追溯体系，通过日本肯定列表 276 项农残与微生物检测。

3. 浓香经典：暖胃。独特的发酵焙火工艺，使得茶性温和、暖胃养胃。

推介专家：
刘新（国茶专家委员会委员，中国农业科学院茶叶研究所研究员）、林荣溪（高级农艺师）

推荐理由：
八马茶业明星产品——赛珍珠自从 2009 年正式推出市场以来，受到业界和广大爱茶人士的认可和喜爱，迅速在业界兴起一股浓香型铁观音的潮流，并不断引领这股潮流，最终成为浓香型铁观音领导品牌。1. 质量安全：通过 276 项日本严苛检测决定赛珍珠的健康；2. 保健作用：抗癌、抗衰老和提高智力等决定赛珍珠的功效；3. 暖胃耐泡：丰富的茶色素和协调的内含：物配比决定赛珍珠的秉性；4. 身份象征：意见领袖和富豪名流的追捧决定赛珍珠的品位。

福建春伦茶业集团有限公司

　　中国·福建春伦集团，原名"中国·福州春伦茶业有限公司"，成立于1985年，是农业产业化国家重点龙头企业、"世界最具影响力品牌"企业、"中国茉莉花茶传承品牌"企业、中国茶业行业百强企业，"春伦"商标为中国驰名商标，集团位于闽江沿岸城门经济开发区。目前春伦集团已经发展成为拥有3.3万多平方米的现代化厂房、先进的自动化洁净化茶叶生产线、优质服务的销售网络的现代企业，产品从原来的单一化走向系列化、多元化。主要生产各种"春伦"牌福州茉莉花茶、绿茶、铁观音、大红袍、红茶、白茶、茶饮料、保健茶，以及高、中档礼品茶和茶食品等，年生产量约330多万公斤，年销售量在300万公斤以上。在福州地区设有800亩的生态旅游观光生态园、春伦茉莉花茶文化创意产业园、福州茉莉花茶科普示范基地和7000亩的春伦茉莉花生态种植基地，在闽东、闽北、闽南等高山地区建立了4万多亩的绿色茶园基地。全国范围内拥有200多家直营店与春伦名茶会所。

企业联系方式

地址：福州市仓山区城门城山路84号
邮编：350018
电话：0591-83495218
网址：www.chunlun.com

茶款名称：春伦茉莉白龙珠

茶类：花茶

产品特点：春伦茉莉白龙珠，采用云雾缭绕、气候温和、雨量充沛等高山地区孕育出来的早春嫩芽为原料，经手工揉捻成珍珠状的优质烘青绿茶茶坯。其外形毫显、圆结重实，紧直匀称，色泽绿润，满披银毫。拌和高洁清香的上等茉莉花，经福州茉莉花茶传承大师结合传统工艺与新工艺通过"七窨一提"窨制而成。既有烘青绿茶的香高味爽，又有茉莉花浓郁花香，茶引花香，花增茶性，相得益彰。香气鲜灵浓郁，滋味浓厚，叶底肥厚匀齐。该产品在2009—2013年历届茶王评选赛上荣获金奖茶王称号。

茶款名称：春伦茉莉龙芽

茶类：花茶

产品特点：本茉莉龙芽是利用优良福鼎大白、福云七号、福安大白等优质茶品种，采其清明前后的一芽二叶为原料，经手工制作而成的优质烘青绿茶。其外形芽壮重实显毫，匀整平伏。拌和高洁清香的上等茉莉鲜花，经福州茉莉花茶传承大师结合传统工艺与新工艺通过"六窨一提"窨制而成。既有烘青绿茶的香高味爽，又有茉莉花浓郁花香，香气鲜灵浓郁，滋味浓厚，泡后汤色黄绿明亮，叶底匀整嫩亮。该产品于2010荣获福州茉莉花茶茶王大赛金奖，于2012年荣获第九届中国国际茶业博览会名优茶评选金奖。

茶款名称：春伦茉莉针王

茶类：花茶

产品特点：春伦茉莉针王，是采自云雾缭绕、气候温和、雨量充沛的鼓山鲜嫩单芽，经传统手工制作而成的优质烘青绿茶。拌和含苞待放、高洁清香的上等福州茉莉鲜花，经传统工艺与新工艺相结合，通过"九窨一提"窨制加工而成。外形芽头肥壮挺直、满披毫毛、形如针直，其色泽金黄油润，香气鲜灵浓郁，细而持久，汤色黄绿明亮，滋味爽口且有甜味，叶底芽头肥壮厚实。一杯在手满屋茉莉花香，有"可闻春天气味的花茶"之美誉。两万亩有机茶园中，年产仅有90公斤。该产品在2008—2013年多次荣获由国家商务部举办的中国国际茶业博览会金奖茶王。

推介专家 / 社团：

陈金水（国茶专家委员会委员，高级工程师，国家一级评茶师）/ 福州海峡茶业交流协会

推荐理由：

福建春伦茶业集团有限公司是福州茉莉花茶产业的骨干企业之一，是国家级重点龙头企业，拥有国家级驰名商标和福州茉莉花茶地理标志证明商标。制作的福州茉莉花茶品质优异，多次获得评茶赛金奖。商品市场占有率高，信誉好，深受消费者欢迎。在福州茉莉花茶传统制作技艺传承与创新方面贡献突出，其茉莉花茶文化创意园成为全球重要农业文化遗产——福州茉莉花与茶文化系统示范园之一。该企业在带动花农、茶农致富，承担社会责任方面表现突出，被国务院扶贫办列为优秀扶贫单位之一，受到表扬。

FUJIAN
DINGBAI
TEA

福建鼎白茶业有限公司

　　福建鼎白茶业有限公司是一家集茶叶研发、生产、销售为一体的茶叶专业企业，中国茶业行业百强企业，福建省著名商标企业。公司前身为福鼎市福东茶厂，创建于 1995 年。现有高山无公害茶叶种植基地及农户合作共 6000 多亩，基地位于福建省福鼎市前岐镇武阳村，海拔 800 多米的高山上。现有茶叶加工厂房一万多平方米，位于福建省福鼎市小岳食品工业园区，环境优美，地理位置十分优越，交通非常便利；茶叶加工设备 80 余台套，总投资 5000 多万元。

　　目前，公司自有三家直营店，分别是福鼎市江滨、点头茶花市场二楼及北京马连道店。拥有员工 265 人，其中具有高级农艺师、高级茶师、茶艺师等中高级职称的茶叶技术人员 72 人。此外，鼎白公司在福州、福鼎、浙江、山东、上海、西安、辽宁等各大城市拥有十多家加盟店及专柜。多年来，公司始终坚持"开拓创新、诚实守信、质量第一、信誉至上"的经营宗旨。公司主要经营福鼎白茶、红茶，还有部分其他茶类。在茶叶加工数量、品质、种类和茶叶销售等方面取得了长足的进步，茶叶加工白茶数量从原来的年加工量 45 吨，增加到目前的年加工量 600 多吨。在茶叶品质上，由于进行了一系列加工工艺的改革创新，同样标准的鲜叶原料，茶叶品质有了明显的提高；加工品种从原来加工单一的绿茶向目前加工白茶、红茶及名优茶等多茶类发展，并推出了系列小包装产品。茶叶销售产值逐年增长，从原来的年销售额 500 多万元左右，增加到目前的年产值达到 8000 多万元左右。

　　为创新争优，保证产品质量，公司特别聘请了有关知名权威茶叶专家，研制出了以"鼎白"为品牌的系列产品获得多项荣誉。

企业联系方式

地址：福建省福鼎市前岐小岳食品工业园区 1 号
邮编：355200
电话：0593-7777786
网址：www.dingbaitea.com

茶款名称：鼎白牌白毫银针

茶类：白茶

产品特点：白茶属自然轻微发酵茶。因古时制法独特，山林采制茶菁不炒不揉，全由自然日光铺晒干燥制作，成茶外表满披白毫呈银白色而得名。其中的白毫银针，更是中国名茶之一。

鼎白牌白毫银针，其工艺自然而特异，以福鼎大白茶为原料经日光萎凋和文火足干，形成了形态自然、芽叶完整、茸毫密披、色白如银的品质特征。此茶取茶树单芽，经传统工艺加工而成。成茶芽头肥壮，遍披白毫，挺直如针，色白似银，茶芽茸毛厚，色白富光泽，汤色浅杏黄，味清鲜爽口。

茶款名称：鼎白牌白牡丹

茶类：白茶

产品特点：本白牡丹，取茶树芽叶相连的一芽一叶至二、三叶制成。叶张肥嫩，叶态伸展，毫心肥壮，色泽灰绿，毫色银白，毫香浓显，清鲜纯正，滋味醇厚清甜，汤色杏黄明净。其绿叶夹银白色毫心，形似花朵，冲泡后绿叶托着嫩芽，宛如蓓蕾初放，故得美名白牡丹茶。

茶款名称：鼎白牌老白茶

茶类：白茶

产品特点：白茶素有"三年陈、五年药、七年宝"的说法。白茶讲究年份，鼎白老白茶因其制法特异，不炒不揉，最大程度保留茶叶中的活性成分，使之具有出色的保健作用。

推介专家/社团：

郭雅玲（国茶专家委员会委员，福建农林大学园艺学院茶学系教授、副主任）、陈兴华（国茶专家委员会委员，福鼎市人大主任，福鼎市茶业发展领导小组组长）/福鼎市茶业发展领导小组

推荐理由：

福建鼎白茶业有限公司，采用"农户＋基地＋公司"的产业良性发展模式，生产白茶花色品种多样，"鼎白"为品牌的系列产品获得多项荣誉：2012年白毫银针荣获宁德市第五届茶王赛中白茶类茶王；2013年荣获第十届"中茶杯"全国名优茶评比白毫银针特等奖和白牡丹一等奖；2013年荣获福建省农业厅白毫银针茶省名茶；2014年白毫银针荣获宁德市第五届茶王赛中白茶类金奖；2014第二届福鼎白茶斗茶赛中，选送的白毫银针、白牡丹、寿眉均获得优质奖。白牡丹茶呈叶嫩色灰绿，芽叶连枝，毫显茸毫密，略带绿张，香气纯爽，滋味清醇，汤浅黄明亮，叶底软尚亮。

福建大用生态农业综合发展有限公司

　　2009年，几位来自北京大学的校友创办了福建大用生态农业综合发展有限公司，根据生态学理论，探讨应用复合微生物技术，通过改善茶园生态系统、维护茶园生物多样性环境、改良茶树微循环系统等方式，优化茶叶生长效果，以达到新茶园有机化生产、旧茶园品质提高的目的。

　　大用公司在漳平市南洋乡建设了大用山原生态茶产业综合开发示范基地。基地总占地面积5200余亩，按照一分茶园三分养护的理念，以"梅花桩"布局，按照"张天福有机茶系统"理论，依照"等高梯层、心土筑垦、表土回园、保水回沟"等要求，开垦了茶园1200余亩，全部种植正宗水仙茶。公司在开垦的茶园中引用了"茶园套种珍贵林木防治水土流失""复合微生态制剂茶叶种植应用""复合微生物促进茶叶农残降解"等技术，通过先进技术的应用，实现了有机茶叶的高效率、可持续生产。该茶园获选为"张天福有机茶示范基地"，并整体一次性地通过"有机食品生产基地"第三方认定。2013年秋，大用公司在种植第三年的茶园中首次采摘生产漳平水仙茶叶，参评中国茶叶学会"中茶杯"全国名优茶叶评选，成功获评乌龙茶一等奖，创造了最年轻获奖茶园的新记录。茶界泰斗、105岁高龄的张天福先生再次为他们亲自题词"大用山""大用水仙茶"。

　　在做好有机茶园生产管理的同时，大用公司按照有机食品标准要求，结合传统的漳平水仙茶加工工艺和现代化的自动控制技术，建设了高标准的有机茶叶加工厂，形成漳平水仙饼茶以及水仙红茶、水仙白茶等传统和创新品种的规模加工能力，并一次性建成生物技术中心、茶文化展览馆、有机茶技术研究中心、茶叶冷藏库等设施，大用公司茶园是漳平市最大面积的水仙茶园，也是全省唯一的有机漳平水仙茶生产基地。

　　在做好生产的同时，大用公司积极配合当政府做好水仙茶的保种、监测等技术工作，并毫不保留地向当地茶农推广微生物等先进种植技术和有机食品生产理念，作为漳平市水仙茶产业的领导者，大用公司正承担起漳平水仙茶这一优秀品种乌龙茶技艺传承者的任务。

企业联系方式

地址：漳平市南洋乡梧溪村茶坑自然村
邮编：364400
电话：0597-7577666

茶款名称：大用山牌水仙茶

茶类：乌龙茶

产品特点：水仙茶属乌龙茶系列，有水仙茶饼和水仙散茶两种产品。水仙茶梗粗壮、节间长、叶张肥厚、含水量高且水分不容易散发。外形条索紧结卷曲，似"拐杖形"、"扁担形"，毛茶枝梗呈四方梗，色泽乌绿带黄，似香蕉色，"三节色"明显；内质汤色橙黄或金黄清澈，香气清高细长，兰花香明显，滋味清醇爽口透花香，叶底肥厚、软亮，红边显现，叶张主脉宽、黄、扁。

漳平水仙茶饼结合了闽北水仙与闽南铁观音的制法，用一定规格的木模压制成方形茶饼，是乌龙茶类唯一紧压茶。有久饮多饮而不伤胃的特点，除醒脑提神外，还兼有健胃通肠，排毒，去湿等功能。畅销于闽西各地及广东、厦门一带，并远销东南亚国家和地区。

推介专家 / 社团：

郑廼辉（国茶专家委员会副主任，福建省农业科学院茶叶研究所副所长）/ 福建省张天福有机茶技术服务中心

推荐理由：

水仙茶饼是乌龙茶类唯一紧压茶。作为漳平市水仙茶产业的领导者，大用公司正承担起漳平水仙茶这一优秀品种乌龙茶技艺传承者的任务。本茶品质珍奇，风格独一无二，极具浓郁的传统风味。香气清高幽长，具有如兰气质的天然花香，滋味醇爽细润，鲜灵活泼。经久藏，耐冲泡，茶色赤黄，细品有水仙花香，喉润好，有回甘。

福州鼎寿茶业有限公司

　　由创办于 1985 年的福州城门鼎耀茶厂发展而成，是一家集茶叶和茉莉花种植、生产、加工、销售、研发等为一体的有限责任公司。公司占地面积 1 万多平方米，厂房面积约 7000 平方米，拥有 5 条现代化自动茶叶加工流水线、1 条全自动茶叶包装生产线和 8 台高温杀青机、21 台揉捻机，以及 8 台电烧烘干机。公司还设立了茶叶品检室、评审室和研发试验室等科研机构。目前，公司员工 281 人，其中技师 5 人、高级管理技术人员 20 人。公司在海拔 1000 米以上的八闽高山建有绿色茶叶基地 7000 多亩，在闽江南岸种植茉莉花基地 200 多亩，主要生产经营茉莉花茶、绿茶等品种，年生产加工茶叶约 200 吨，主要销往福建、北京、陕西、山西、宁夏、内蒙古、东北等十几个省（市）区市场。

　　公司始终坚持走"绿色生态发展之路"，以秉承和弘扬福州茉莉花茶千年传统工艺为载体，以科技创新为手段，进一步规范企业标准化生产，严控农残、重金属，倾力打造品质高雅、香气浓郁的"鼎寿"牌绿色食品茉莉花茶。先后通过了 ISO9001 质量管理体系、ISO14001 环境管理体系、OHSAS18001 职业健康安全管理体系、ISO22000 食品安全管理体系、QS 国家卫生质量和绿色食品认证，并于 2011 年获准使用国家地理保护标志。公司自创建以来屡获殊荣，"鼎寿"牌茉莉花茶获 2013 年福建省名牌农产品称号；"明前芽峰"获 2013 年福州市茉莉花茶茶王比赛金奖；茉莉花茶、绿茶获 2013 年青岛中国绿博会畅销产品奖；在第六届香港国际茶展茗茶比赛中荣获亚军奖；在 2014 年福州市茉莉花茶茶王比赛中"国韵白针"获茶王奖，"国韵金榄"和"国韵寿圆"荣获金奖；在上海第十五届中国绿博会上"茉莉花茶、绿茶"再次荣获金奖；2014 年公司被授予福州茉莉花茶传统工艺"传承人"称号。

企业联系方式

地址：福州仓山区城门镇城门街 217 号
邮编：350018
电话：0591-83497096
传真：0591-83497880
邮箱：32689856@qq.com
网址：www.dingshoutea.com

茶款名称：鼎寿茶王

茶类：花茶

产品特点：鼎寿茶王，系福鼎大毫。原料选自海拔约 1200—1500 米的福鼎高山无公害天然茶园基地，茶种为芽叶肥壮、多毫的大白茶良种。于首春春分前后茶芽初伸时采其细嫩毫芽，再配用伏天大暑前后采摘的福州优质茉莉花，运用传统手工制作的福州窨花工艺，把两者有机完美结合起来，经过七窨一提而成。其品质独特，外表秀美、毫峰显露，香气浓郁、鲜灵持久，汤色黄绿明亮，叶底匀嫩晶绿，根根如针，经久耐泡，鲜醇爽口，回甘发甜。泡开后如仙女般婷婷玉立，滋味浓郁醇厚，茶韵花香，使人回味无穷。由于清明前气温普遍较低，发芽数量有限，生长速度较慢，能达到采摘标准的产量很少，故明前茶树体内的养分得到充分积累，茶氨基酸的含量相对后期的茶更高，而具有苦涩味的茶多酚相对较低，这时的茶叶口感香而味醇，所以茉莉花茶又有"明前茶，贵如金"之说。

茶款名称：明前白毛尖

茶类：花茶

产品特点：明前白毛尖，系福鼎小叶种茶，原料来自海拔约 1000—1200 米的高山，选用清明前优质烘青绿茶原料与茉莉鲜花经六窨次窨制加工而成。此茶外形圆紧、形似珍珠，白毫显露，叶底肥厚匀嫩，芽条肥壮较长，色泽鲜绿透白，茶香浓郁清高，汤色清黄，滋味清爽甘醇。

推介专家 / 社团：
陈金水（国茶专家委员会委员，高级工程师，国家一级评茶师）/ 福州海峡茶业交流协会
推荐理由：
福州鼎寿茶业有限公司生产的茉莉花茶品质优异，特征明显，在历次评茶赛中荣获大奖。该公司始终坚持做好福州茉莉花茶，开拓市场，打造品牌，是早期的民办茶企之一。

福建福鼎东南白茶进出口有限公司

　　福建福鼎东南白茶进出口有限公司成立于2002年，是福鼎白茶生产的专业企业，是集茶叶种植、生产、加工、研发、销售、出口及茶文化推广于一体的龙头企业。公司主要经营产品有：福鼎白茶、绿茶、茉莉花茶、乌龙茶、红茶、工艺茶及"多奇"牌有机茶、茶具、茶食品等。

　　公司以"公司＋基地＋农户"的运营模式建立了茶叶基地，通过基地示范作用，辐射和带动周边供应商和茶农的茶叶安全生产。从源头开始，为茶叶生产提供了天然、绿色、健康、安全的高品质原料，有力地保障了东南白茶公司产品的卓越品质。

　　公司拥有现代化的茶叶加工工厂4800平方米，并建立茶叶生产示范基地4000多亩。通过了QS、HACCP、ISO9000质量管理体系认证及瑞士IMO、美国NOP、中农质量认证中心（OTRDC）有机茶认证，是白茶原产地——福鼎市专业白茶生产企业之一。作为福建省科委和省农业厅的科技示范基地，承担白茶标准化研究及茶叶萎凋环境研究任务。公司经营的产品多次在全国性茶叶质量评比中荣获茶王、金奖、银奖的称号，其中白毫银针和白琳工夫被评为福建省名茶；荣获香港国际茶展"我最喜爱的名茶"奖；澳大利亚中国茶文化名优茶金奖等。国家质检总局授予"多奇"牌福建白茶原产地产品地理标志证书，中国三绿工程"放心茶中茶协推荐品牌"，并获准成立中华全国供销合作总社杭州茶业研究院特有工种职业技能鉴定福鼎工作站。

企业联系方式

地址：福建省福鼎市桐城街道富海新村 59-60 号
邮编：355200
电话：4006-787-587
传真：0596-7977396
邮箱：duoqi@dnbaicha.com
网址：www.dnbaicha.com
购买热线电话：0593-7977386
电商平台：http://dnbaicha.1688.com

茶款名称：白毫银针
　　　　　（多奇牌东南白茶）

茶类：白茶

产品特点：此款茶叶来自福建福鼎白茶之乡，采用2013年春季优质嫩芽为原料，茶叶外形肥壮，白毫显露。口感清鲜柔和，尚有回甘。适合大众人群的消费饮用。白毫银针具有降虚火、解邪毒的作用，风热感冒或麻疹患者可以多饮。

茶款名称：摩宵玉芽　白毫银针

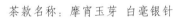

茶类：白茶

产品特点："东南白茶"旗下精品——摩宵玉芽，采自有机生态茶园基地海上仙都太姥山。山中云雾缭绕，土壤肥沃，玉芽吮吸山中灵气，绿如翠玉，白似银针，散发优雅气质，品之清香鲜醇。清明前后的3—5天北风天晴天，选含苞待放精髓采摘，数量极为稀少，堪称茶中凤凰。

推介专家/社团：

郭雅玲（国茶专家委员会委员，福建农林大学园艺学院茶学系教授、副主任）、陈兴华（国茶专家委员会委员，福鼎市人大主任，福鼎市茶业发展领导小组组长）/福鼎市茶业发展领导小组

推荐理由：

福鼎白茶具有地域唯一、工艺天然和功效独特等特性。所推介茶叶来自福建福鼎白茶之乡，引进优良的工艺精选制作。公司拥有标准化的有机茶园基地，通过了QS、HACCP、ISO9000质量管理体系认证及瑞士IMO、美国NOP、中农质量认证中心（OTRDC）有机茶认证，是白茶原产地——福鼎市专业白茶企业之一。福建福鼎东南白茶进出口有限公司生产白茶体现具有规模、规范的质量观，2014第二届福鼎白茶斗茶赛中，东南白茶选送的白牡丹获得优质奖。

福州福民茶叶有限公司

　　福州福民茶叶有限公司成立于2003年，公司经过十几年的磨合壮大，现已成为集茶叶的生产、加工、销售、科研及茶文化传播为一体的现代化制茶企业。通过建立无公害茶园，引进、开发、推广先进的制茶技术，全面发展茶叶产业。公司拥有标准化厂房1.35万平方米，其中生产车间面积8950平方米。2007年起，公司加快推进农业产业化经营工作，加强与基地、农户的利益连接，生产、销售稳定增长，所生产的福民王茉莉花茶系列产品是经过国家质量监督部门多次抽检的优秀产品。2013年公司产值达3.33亿元，固定资产达2.49亿元，带动周边农户5580户。同年公司获全国茶叶行业百强企业、福建省农业产业化龙头企业、福建省名牌农产品、福州市现代农业技术创新基地、福州专家工作站、科普惠农服务站等称号。

　　公司十分重视产品的天然、环保、原生态，在茶叶种植方面注重质量保障建设，在福鼎地区建立了4000多亩生态茶园，在福州地区建有1850亩茉莉花基地，用严格的技术管理和先进的科研成果，保障原料品质和绿色环保。在生产加工方面，导入了ISO质量管理体系，用严格的质量管理制度确保优质原料进入加工生产的各个环节，确保产品质量。通过对原料、生产、售后质量体系的建设，用严格的质量保障体系保障产品提升和产业发展。

　　企业采用"龙头企业＋农户"的经营模式，集中统一管理茶园和茉莉花园，统一提供种苗和肥料，向农户提供种植生产管理技术，保价收购茶叶和茉莉花，公司与农户在分散与集中的利益与责任的统一前提下实现双赢。为进一步提升企业综合实力，企业将加大科研经费投入，不断完善管理机制，加强与农户的合作与沟通，对农户在市场信息、业务培训、技术指导和产品营销等方面加强服务，完善原材料采购和供应，统一生产、统一销售。

企业联系方式

地址：福州仓山区城门镇下洋工业区
邮编：350018
电话：0593-83581683
网址：www.fzfmcy.com

茶款名称：国色天香

茶类：花茶
产品特点：选用优质烘青绿茶，用上等茉莉花伏花经六窨一提制成。该茶芽头肥嫩，形似银针，密披白毫，色泽油润，香气醇正、鲜灵纯爽，汤色黄亮清澈，叶底肥硕嫩黄，花香芬芳、浓郁，冲泡3～4次花香犹存，滋味鲜浓醇爽回甘。

茶款名称：国色麦穗

茶类：花茶

产品特点：精加工的茶叶配以香花窨制而成，茶叶本身的营养成分被保留了下来，还增加了花的功效。国色麦穗外形圆紧，白毫显露，形似珍珠；香气鲜灵，浓厚持久；汤色黄绿明亮，滋味鲜灵。冲泡一杯香香的茉莉花茶，仅需几颗足够。

推介专家/社团：

陈金水（国茶专家委员会委员，高级工程师，国家一级评茶师）/福州海峡茶业交流协会

推荐理由：

福州市福民茶叶有限公司是改革开放后福州最早的民办茶企业之一。福州茉莉花茶制作技艺纯熟扎实，制作的福州茉莉花茶品质优异，在历届品茶活动中表现优秀，获得多种茶王、金奖等。并且该厂花茶加工量大，营业额高，是福州茉莉花茶产业的骨干企业之一，拥有福州茉莉花茶地理标志证明商标，有自己的茉莉花基地。

福建省福州茶厂

　　福建省福州茶厂（中莉茶业）源于 1925 年以福州著名的"何同泰"字号为代表的百余家私营茶行公私合营而成，迄今有近百年的历史。福州茶厂是我国目前专业生产茉莉花茶获得"中华老字号"的企业。当今茶界百岁泰斗张天福先生亲笔为它题赠"第一家茉莉花茶"。2012 年 8 月，荣获由中国商业联合会中华老字号工作委员会授予的"中华老字号传承创新先进单位"。

　　精湛的制茶加工技艺成就了中莉茶业产品独特的品质风格。长期以来，中莉茶业产品深受国内外消费者喜爱，曾内销全国各地，外销 40 多个国家和地区。外事礼茶产品历年被外交部驻外使馆选为我国外事活动用茶，从上世纪 50 年代一直延续至今；2009 年 11 月，在地理标志产品福州茉莉花茶茶王赛上，外事礼茶荣获"金奖茶王"称号；2011 年 10 月，外事礼茶荣获澳大利亚中国文化年——2011 中国茶文化产业博览会名茶评优活动金奖；2012 年 9 月，外事礼茶在"2012 年美国世界茶博会"名茶评优活动中荣获金奖。2011 年 10 月，国宾礼茶荣获福州海峡茶业交流协会、福州市农学会主办的福州茉莉花茶茶王赛"针形"茶王称号；2012 年 5 月，国宾礼茶在 2012"中国名茶"评选中被国家茶叶质检中心等茶界专家组成的"审评委员会"评为特别金奖；同年 6 月，国宾礼茶在中国茶叶流通协会等单位主办的首届北京国际茶业展茶叶评比大赛中被评为金奖。2014 年 6 月，国宾礼茶再次荣获 2014 北京国际茶展茶叶评比大赛花茶类金奖。

　　2010 年 3 月，福州茶厂荣获中国 2010 年上海世博会 DEVNET 馆指定茶供应商，并于同年 10 月获得 DEVNET 馆名茶展示活动企业精英奖。同时，在世博会名茶评优组委会举办的茶叶评比中，"茉莉茶王"荣获金奖，为纪念成功举办世博会而创制的"世博礼茶"在展会期间更是受到了国内外宾客的交口称颂。

企业联系方式

地址：福建省福州市福兴投资区福兴大道 32 号
邮编：350014
电话 / 传真：0591-83661535
网址：www.chisminetea.com

茶款名称：茉莉茶王

茶类：花茶
产品特点：精选早春银针原料与优质茉莉鲜花经过约九个窨次窨制加工而成。外形肥嫩针芽状，满披白毫，色泽洁白，匀整洁净；内质香气鲜灵，芬芳持久，滋味鲜爽醇正，汤色杏黄，清澈明亮，叶底毫芽肥嫩匀亮柔软。

2010 年 10 月在中国 2010 年上海世博会名茶评优活动中"茉莉茶王"荣获金奖；同月在福州市科协、市农学会及福州茉莉花茶产业联盟联合举办的 2010 年福州茉莉花茶茶王赛上荣获金奖茶王称号。2013 年 11 月茉莉茶王被福建省名茶评审委员会评为"省名茶"称号。

茶款名称：闽毫

茶类：花茶
产品特点：选用福建闽东高山茶区优质头春烘青茶坯与福州地区"三伏"优质茉莉鲜花，经过约五个窨次加工而成。其品质特点为：外形条索紧结壮实，匀净显白毫。内质香气鲜浓持久，滋味鲜爽浓厚，汤色黄绿明亮，叶底明亮显芽。

闽毫为福州传统茉莉花茶珍品，由福州茶厂创制于 1973 年，1979 年在全国供销总社优质产品评比会上评为部优产品；1982 年、1986 年和 1990 年度连续三次在商业部举办的第一届、第二届和第三届全国名茶评选会上评为全国名茶。

推介专家 / 社团：
陈金水（国茶专家委员会委员，高级工程师，国家一级评茶师）/ 福州海峡茶业交流协会
推荐理由：
福建省福州茶厂是著名的中华老字号茶企，是福州茉莉花茶的骨干企业，拥有福州茉莉花茶地理标志证明商标。福州茉莉花茶制作技艺技术力量雄厚，为福州茉莉花茶产业培养了众多的优秀传承人。是福州市目前唯一的国有茶企，新中国成立以来它的茶一直作为我国的外事礼茶受到高度赞誉。计划经济时代福州茶厂的茶为凭票供应商品。福州茶厂产品市场占有率高，生产的福州茉莉花茶品质优异，并且对福州茉莉花茶产品质量的标准掌握得很好，固有的福州茉莉花茶品质特征明显。

福建福州鼓楼区积善茶叶商行

　　福州积善茶叶商行旗下的"恒昌泰"品牌，是由山东章丘李氏家族先人李文强先生创建于1911年的百年老品牌。创立之初，李老先生秉承中华民族"茶，即药也"的传统茶文化起源，在多年找茶、制茶的经营过程中，合理运用传统的古法存茶。第二代传人李芷汀先生接管恒昌泰后，将恒昌泰迁至江南，并在经营理念上突破茶叶药用的传统思路，顺应国人对茶冲泡品饮的生活需求，在江南原产地采茶、制茶，广泛销售茶叶。

　　2005年，恒昌泰第三代传人、现任董事总经理李茂鹏先生将总部迁至福州，一方面将茶叶经营品种扩大至红茶、青茶、普洱、绿茶、白茶、再加工茶等多个品类，并将销售区域扩大至北京、上海、江浙、山东、福建等全国众多地区；另一方面努力将恒昌泰茶品牌打造成集茶叶销售、品种研发、茶味禅心、茶文化传播等一体的综合茶产业集团；恒昌泰追求以现代经营理念传承古老的中华茶文化，努力将绿色健康的生活方式传递给大家。

企业联系方式

地址：福建省福州市鼓楼区华大街道北环中路30号
邮编：350001
电话：0591-88085311

茶款名称：雪山红梅 （古树红茶）

茶类：红茶

产品特点：雪山红梅，茶青采摘于云南怒江龙陵地区高海拔地带，冬季常年堆有积雪，当地人称之为雪山茶。该茶在传承福建正山红茶古法手工制作的基础上有了新的突破，结合当今科学的顶尖红茶制作工艺，让最好的原料和精湛的制作工艺完美结合，形成了独有的品质。

主要品质特征：外形，条索粗壮紧实，色泽红、黄、黑相间（红黄色为古树茶芽、黑色为叶）；香气，鲜爽、富有收敛性，沁人心脾，仿佛使人置身于原始的大自然之中；汤色，金黄色，油光透亮，泛宝石光；滋味，香、活、甘、醇，啜一口入喉甘甜感顿生，水中有花味、薯味、蜜味相溶一体，茶味饱满。

茶款名称：蛇印传奇

茶类：黑茶（晒青普洱生茶）

产品特点：采自云南宝山地区百年老树茶的鲜叶为原料，运用传统古法手工制茶工艺——手炒、捻揉、日晒，最后使用原始的石磨手法压制，有效地保存住原生态茶中的菌种。由于制茶手法简单、天然，完整地保留住了它不凡的内质。

主要品质特征：外形，条索壮实、色泽油亮、芽头白毫显露、芽叶色泽墨绿油光发亮；香气，茶香突显、兰花香韵鲜明，杯底挂香持久，新茶明香更加凸显；汤色，橙黄剔透、油光明亮、柔和恬静、氤氲缭绕；滋味，茶气刚烈、口感饱满、两颊生津、回甘持久；叶底，叶片细长且壮实、柔韧、厚实、显毫，色泽匀整。

推介专家：

吴雅真（国茶专家委员会委员，福建省茶文化研究会副会长）

推介理由：

福州积善茶叶商行旗下的"恒昌泰"品牌自创立以来，本着"传承古今、追求卓越、不断发展"为经营理念，以厚重的历史积淀和丰富的茶专业资源为依托，显示出独有的企业文化；企业以最优的质量、合理的价格及良好的专业服务于广大消费者，以"诚信经营"为宗旨，在业内外受到了众多茶友和消费者的青睐和信任。该企业总经理李茂鹏从事茶行业工作近三十余年，祖辈就开始经营茶行业，从小受其熏陶与影响，耳濡目染，对茶的认知有独特的悟性。对绿茶、花茶、乌龙茶、普洱茶等六大茶类的生产、制作、销售都积攒了丰富的经验。

静茶
JING TEA

静茶（福建）茶业有限责任公司

　　静茶自 2009 年创立以来，一直以茶产品为主要经营方向，涵盖茶叶、茶器、茶食这三大领域。以强大的品牌为核心，依托自有茶山和茶厂，通过上下游优质资源的高效整合，来打造强大的销售网络，为客户提供高品质的产品和深具人文情怀的体验。

　　静茶坚持品质与品牌兼重并行的发展战略，不断汲取中国传统文化的精髓，将静文化和礼文化融合，展现出优雅大气的品牌气质。静茶一直所倡导的"心静人淡定"之人文主张，不仅契合了当今追求优雅生活和成功事业的主流人群的深层价值观，更将个人的内在修养与茶文化相结合，通过茶来传播文化。通过多年来的稳健开拓，静茶现已布局福建、上海、江苏、湖南、江西、山西等省，拥有 30 多家高端连锁门店。

企业联系方式

地址：福州市晋安区福新东路君临晋安商业中心 102 室
邮编：350001
电话：0591-88885999
网址：http://www.jing-tea.com

茶款名称：念雪·龙条

茶类：花茶

产品特点：茉莉龙条，取初春新茶为茶坯，配以福州本土茉莉花经八窨而成。白毫显露，香清淡雅。取茶入杯，高冲下，茉莉花茶叶脉伸长，白色毫毛漂浮于水，似初雪轻舞；饮之，清新淡雅、鲜灵持久，独具福州味的淡淡"冰糖甜"弥漫喉间，让人不由神清气爽。该茶获第九届闽茶杯茉莉花评审金奖。

推介专家 / 社团：

陈金水（国茶专家委员会委员，高级工程师，国家一级评茶师）/ 福州海峡茶业交流协会

推介理由：

静茶（福建）茶业有限公司是近年来福州茉莉花茶产业的后起之秀。静茶公司的突出特点在于对茶道文化的继承与发扬，结合我国优秀的传统文化，做好自己的企业文化并且推出的茉莉花茶品质优良。

福建九峰农业发展有限公司

　　九峰茗茶根植福州，辐射全国。 福建九峰农业发展有限公司，是集新品开发、茶叶种植、产品生产、品牌运营和加盟拓展为一体的综合型企业。其凭借职业化、技术型、专家级等高素质团队，凭借雄厚实力，已在全国布局了300多家连锁门店与1000多个销售网点，并发展了100多万优质会员。其产品线涵盖铁观音、大红袍、坦洋工夫、正山小种、绿茶、茉莉花茶及各种茶食品等，并独家研发创新出备受瞩目的九峰茉莉红和九峰金线莲。除此以外，还与数百位紫砂名家长期合作，成功设立"九峰壶满堂"以凸显深厚文化底蕴。其历经十二年发展，荣获了中国特许经营连锁百强、中国茶叶行业百强企业等多种荣誉称号，并成为海峡两岸茶业交流协会副会长单位和福建省农牧业产业化龙头企业。

企业联系方式

地址：福州市晋安区赤桥路 228 号
邮编：350000
网址：www.jiufengtea.com.cn

茶款名称：茉莉红 81150

茶类：红茶
产品特点：
1. 精选顶级茉莉花作为原材料，并采用千年福州茉莉花窨制工艺，独家创新将其产生的茉莉花香窨入到红茶中去；
2. 精准掌控其发酵程度为89度，该发酵度是最佳的茶叶发酵度，既能吸入饱满的茉莉花香，又能呈现红茶的经典风味，同时保留了茶叶中一定鲜叶的营养元素；
3. 其茶叶色泽乌润，汤色红润明亮，叶底细嫩匀齐，口味双重混搭，既有红茶的甘醇又有茉莉的清香，香气鲜灵悠久，滋味甜醇爽口，茶韵鲜浓醇厚。
该产品居于国家专利产品之列，由陈郁榕等五大专家名师亲自审定标准。

茶款名称：茉莉红 81090

茶类：红茶
产品特点：精选上等茉莉花作为原材料，其香气鲜灵悠久，滋味甜醇，茶韵鲜浓醇厚。
其他特点与茉莉红 81150 相同。

茶款名称：茉莉红 81045

茶类：红茶
产品特点：精选优质茉莉花作为原材料，其茶叶色泽乌黑油润，汤色明亮，叶底细嫩
红匀，香气鲜浓，滋味爽口，茶韵醇厚。其他特点与茉莉红 81150 相同。

推介专家 / 社团：
陈金水（国茶专家委员会委员，高级工程师，国家一级评茶师）/ 福州海峡茶业交流协会
推荐理由：
福建九峰农业发展有限公司在福州茉莉花茶产业复兴壮大的过程中，突出其创新性，对茉莉
系列茶的研发具有其品牌和文化优势。推出的茉莉红系列茶品，口感独特，品质优异，受到
广大消费者的喜爱，具有一定的市场占有率。

福州绿茗茶业有限公司

　　福州绿茗茶业有限公司是集种植、加工、销售和技术研发为一体的综合性茶叶企业，1982年建厂至今已有30余年。公司于2011年8月经国家质量监督检验总局批准，为首批获准使用福州茉莉花茶国家地理标志的企业。于2012年11月经福州市农业局、福州市质量技术监督局批准，可以使用福州茉莉花茶金字招牌。绿茗茶业在福清市东张镇华石村拥有花基地500余亩，能够保证窨花所用茉莉鲜花的品质和用量。绿茗白茶、红茶和高山绿茶等都产自企业在福建福安、福鼎和福清等处的茶基地，工艺精良，品质优异。绿茗茶业现拥有厂房面积8000多平方米，拥有现代化的茶叶加工、流水包装设备。

企业联系方式

地址：福建福州市仓山区城门镇龙江
邮编：350000
电话：0591-87144138
网址：www.mrtea.com.cn

茶款名称：茉莉雪猴

茶类：花茶

产品特点：该茶是一款六窨福州茉莉花茶，在保持传统花茶风格的同时不使用玉兰打底，完全采用茉莉鲜花窨制，既具更高的品饮体验也增加了茉莉花茶的健康功效。茶坯为手工采摘的优质春茶，成品条索肥壮，紧卷弯曲如猴，香气韵味浓郁，滋味鲜浓醇厚，汤色黄绿清澈，叶底肥嫩匀整。茶叶一遇热水，蜷曲如螺的茶叶慢慢伸展，似老藤伏地又似新芽破土。茶味花香清新扑面，口感清爽，慢慢回味，喉间淡淡的甜香经久不散。数泡后，清新醇厚依然。

茶款名称：武夷花魁

茶类：花茶
产品特点：该茶是一款九窨福州茉莉花茶，工艺难度极高，耗花总量惊人，全部九窨要用两个多月才能完成。茶坯为手工采摘的极品春茶，产量稀少。成品形若银针，条索肥嫩，干茶匀整美观，香气鲜灵浓郁，滋味醇厚清甜，汤色黄绿清澈明亮，叶底肥嫩晶莹透亮。杯中注入热水后，叶片变得鲜嫩碧绿，亭亭玉立的叶片分别在水面和杯底摆动。茶味花香淡而幽远，入口轻柔，回味时喉间淡淡的甜香经久不散。耐泡度很高，十余泡后香气依旧，并且隐隐透出福州茉莉花茶特有的冰糖甜。

茶款名称：武夷雪芽

茶类：花茶
产品特点：武夷雪芽是一款九窨福州茉莉花茶，茶坯为手工采摘的优质春茶。本品细紧显毫，匀净黄绿，嫩香浓郁，口味鲜爽浓醇，汤色黄绿清澈明亮，叶底嫩软匀齐绿亮。在杯中缓缓注入热水片刻，落叶缤纷，翩翩而下。杯盏中香气袭人，茶味花香醇厚浓郁，口感强劲，茶味慢慢褪去后喉间淡淡的甜香仍经久不散。多泡后，甘甜渐盛，醇厚不失，耐泡度很高。

推介专家/社团：
陈金水（国茶专家委员会委员，高级工程师，国家一级评茶师）/福州海峡茶业交流协会
推荐理由：
福州绿茗茶业有限公司是福州茉莉花茶产业开拓市场的优秀企业之一。在东北茶叶市场，绿茗公司的茉莉花茶占主导地位，所生产的福州茉莉花茶深受消费者喜爱。

福建满堂香茶业股份有限公司

　　1985 年满堂香创建于中国福州，30 年来，已成为农业产业化国家重点龙头企业、中国茉莉花茶十佳企业。"满堂香"是中国驰名商标，所产的茉莉花茶是福建名牌产品，在国内建有 12 个茶叶种植加工基地，还可生产绿茶、红茶、乌龙茶、白茶等。满堂香是国家星火计划实施单位，也是国家"十二五"茶业科技支撑计划研究与示范单位，已取得两次国家发明专利，九项实用新型专利，四项产品外观专利。满堂香创办的京马茶城、北京国际茶城、福建海峡茶都均是全国重点茶市，农业部定点市场。

　　福州的山水灵气，孕育出香味清雅飘逸的满堂香·福州茉莉花茶。满堂香茉莉花茶产于福州、兴于北京，以"汤清、味浓、入口芳香、回味无穷"的特点享誉海内外，茉莉花茶的品种更是从最初的三四个，发展到今天数十个级别。目前满堂香茉莉花茶销售以福州和北京为南北中心点向四周扩散，通过批发和零售辐射华北、华中和东北等地区，主要的大宗客户有二商京华、吴裕泰、稻香村、天津正兴德等中华老字号企业，以及福建省茶叶进出口有限公司、华祥苑茶业股份有限公司等国内知名茶企。"带动茶农共同致富，携手茶企共谋发展，推动闽茶繁荣进步"是满堂香的企业使命。满堂香，以美好为载体，汇聚天下美好之茶，令世界因茶而美，满堂生香。

企业联系方式

地址：福州市仓山区城楼工业区 368 号
邮编：350018
电话：0591-83499211
网址：http://www.mingqianchaye.com

茶款名称：满堂香·鼓岭

茶类：花茶
产品特点：满堂香鼓岭福州花茶，来自鼓岭山脉百年茶园。七窨一提传承工艺，百道严谨工序，成就芬芳清冽，回味绵长。条索紧细，毫锋显露，香气悠长，滋味鲜浓，冰糖回甘，汤色黄绿明亮，叶底肥厚。

茶款名称：满堂香·和美

茶类：花茶

产品特点：茉莉花的秀丽淡雅、洁白芬芳，倘佯于榕城的每一处老街旧巷，老茶师用
之并采用传统五窨一提工艺生产的和美茉莉花茶，清爽幽香拂面而来，条索紧细匀整，
香气鲜灵，滋味醇和爽口，汤色淡黄明亮，叶底匀亮。

推介专家 / 社团：
陈金水（国茶专家委员会委员，高级工程师，国家一级评茶师）/ 福州海峡茶业交流协会
推介理由：
福建满堂香茶业股份有限公司是福州茉莉花茶产业的骨干企业之一，是国家级重点龙头企业，
拥有国家级驰名商标和福州茉莉花茶地理标志证明商标。是市场开拓的先行者，是北京马连
道入驻的第一家花茶企业。生产的福州茉莉花茶品质优良，市场信誉度高。

千年传承
Millennium heritage

闽榕茶业帝封江千亩湿地茉莉花基地
全球重要农业文化遗产 — 福州茉莉花种植与茶文化系统核心区

先祖闽王—王审知
The King of Kingdom Min—Wang Shenzhi
唐僖宗光启元年（公元885年）入闽

闽榕茶业有限公司简介

闽榕茶业有限公司创建于1982年，主产中高档福州茉莉花茶、绿茶等，是中国茶叶行业百强企业、全国农产品加工业示范企业、福建省重点龙头企业，"鉴露"牌被国家工商总局评定为"中国驰名商标，并被评为福建省著名商标、福建省名牌产品。

公司董事长王德星作为唐僖宗光启元年（885年）入闽（福建）"开闽圣王"王审知第39代传人，被福建省政府评定为福建省非物质文化遗产传承人，独创《一种单瓣醇香茉莉花茶的窨制方法》（ZL200910044159.2）被评为福建省科学技术进步三等奖、福州市专利奖。

公司秉承"科技是第一生产力"的宗旨，联合中科院蒋有绪院士建立了"福建省企业技术中心"、"福建省院士专家工作站"、"福建省茉莉花茶精加工企业工程技术研究中心"、并荣获"福建省创新型企业"及"福建省科技性企业"称号，企业科技创新实力雄厚。

公司通过有机茉莉花茶认证；绿色食品认证；ISO9001质量体系认证；ISO14001环境管理体系认证；ISO22000食品安全管理体系认证；GB/T28001职业健康管理体系认证和全国工业产品生产许可证（QS）认证，形成农产品可追溯体系，保障到每一泡产品的质量安全。

公司采用基地+技术人员+合作农户的经营模式，先后在福建福州、霞浦等地海拔八百米左右的山区建立了3万多亩高山云雾纯天然生态无公害、绿色茶园基地，并在福州仓山区闽江浦口湿地开发了近千亩绿色生态福州茉莉花种植示范基地，被世界粮农组织评为全球重要农业文化遗产种植保护核心区。

2010年公司被福建省人民政府参博委选定为"中国2010年上海世博会福建馆唯一指定茉莉花茶"，并荣获"上海世博会最佳茶艺品金奖"，2013年公司产品跻身"中国茶叶博物馆馆藏茶"之列等国内外荣誉，在国际农产品交易会、中国绿色食品博览会及省市各大名茶评选活动中荣获金奖30多项。

世界茉莉花茶文化鼓岭论坛分会场

闽榕茶业总部整体鸟瞰图

花茶宗师
JASMINE TEA GREAT MASTER

福州茉莉花茶窨制大师—王德星
Master of Scenting Workmanship of Fuzhou Jasmine Tea—Wang Dexing

国礼茶名：花吟龙飞（九窨宗师-开宗）；福州茉莉花茶师匠。

产品特点简介：花吟龙飞，亦名"九窨宗师- 开宗"，该茶选用福鼎大白毫的芽头制成的烘青茶胚，再精选茉莉鲜花通过九道窨花工序窨制而成的极品茉莉银针。成茶条索紧细如针，匀齐挺直，满披毫毛，香气鲜灵浓郁持久，汤色清澈明亮，茶汤滋味鲜爽，入口甘甜，带浓郁的老福州味道——冰糖甜香。将茶叶放置于透明玻璃杯里冲泡时茶芽耸立，沉落时雪花下落，蔚然奇观。

花吟龙飞 —— 叶底

花吟龙飞 —— 干茶

推介专家/社团：
陈金水（国茶专家委员会委员，高级工程师、国家一级评茶师）/福州海峡茶业交流协会

推介理由：闽榕茶业有限公司产品质量优异，生产的福州茉莉花茶拥有自己独特的品质特征，历次品茶赛中荣获大奖，茶品表现突出。闽榕茶业有限公司是福州茉莉花茶产业的骨干企业之一，是省级重点龙头企业，拥有国家级驰名商标和福州茉莉花茶地理标志证明商标。该公司帝封江千亩茉莉花湿地基地是全球重要农业文化遗产——福州茉莉花与茶文化系统核心保护区。

国礼茶名：牡丹银球（九窨宗师-承脉）；福州茉莉花茶师匠。

产品特点简介：牡丹银球，亦名九窨宗师- 承脉，该茶采用福鼎大白毫的的早春嫩芽经人工巧制为球状茶胚，再精选茉莉鲜花通过九道窨花工序窨制而成的极品茉莉龙珠。成茶颗粒细紧细如珍珠均匀，表面光润且满披银毫。香气鲜灵浓郁持久，汤色清澈明亮，茶汤滋味鲜爽，入口甘甜，带浓郁的老福州味道——冰糖甜香。将茶叶放置于透明玻璃杯里冲泡时，看龙珠从球形状舒展开来，犹如一个茉莉花蕾慢慢绽放，让观赏者赏心悦目。

承脉 —— 叶底　　　　　　　　　　承脉 —— 干茶

国礼茶名：黄金麦穗（九窨宗师-问鼎）；福州茉莉花茶师匠。

产品特点简介：黄金麦穗，亦名九窨宗师- 问鼎，采用福建上好的高山绿茶，以茶叶的嫩芽为原料，先由人工造形成特定麦穗形状后经福州茉莉花窨制，历经几十道特定窨制工序精制而成。具有干茶条形如穗状饱满且满披白毫，表（花）香鲜灵幽扬，内质醇厚鲜爽回甘茶汤顺滑，香气鲜灵浓厚持久，汤色淡黄亮等特点，该产品属上好的礼茶。花茶属绿茶的再加工茶，由于进一步的氧化作用，保证了花茶对胃的养护作用，且其独特的芳香物质更能缓和神经系统的紧张，进一步达到安神，宁神的作用。

问鼎 —— 叶底　　　　　　　　　　问鼎 —— 干茶

联系方式

地址：福建省福州市仓山区福峡路庐雷工业区浦道街272号　　邮编：350018
电话：0591-83498177　　传真：0591-83493668
邮箱：tea@minrongtea.cn　　网址：http://www.minrongtea.cn
全国统一服务热线：400-8811-661

福鼎市天毫茶业有限公司

  天毫茶业公司占地面积9899平方米，厂区建筑面积1.3万平方米，是一家集茶叶研发、生产、销售及福鼎白茶文化传播为一体的茶企。公司拥有三个有机茶园基地2000余亩，独特的高山平原二元地理气候条件，为茶叶提供了良好的生长环境。公司采用传统工艺与现代科技相结合的理念、全程科学式管理制作的福鼎白茶屡获殊荣。公司先后通过农业部良好农业规范（GAP）认证、ISO9001质量管理体系认证、食品安全许可认证、有机茶及食品生产可追溯认证，并获得福建省农业产业化龙头企业、福建省名牌农产品、福建省企业知名字号、福建省著名商标、全国及福建守合同重信用企业等荣誉。天毫茶业立足福鼎白茶文化，秉承"感恩、回报、传承"的精神和"福至鼎成，物华天毫"的核心品牌理念，始终坚持引进人才，打造一流团队，确保企业与加盟商的合作共赢、和谐发展。

企业联系方式

地址：福鼎市店下镇溪美村
邮编：355200
电话：0593-7298888
网址：www.thcha.cn

茶款名称：天毫2010年白牡丹老茶饼

茶类：白茶
产品特点：此款白牡丹茶叶采摘自海拔600-800米的天毫高标准有机生态茶园，一芽二叶，白毫显露。历经四载之后，茶气十足，茶韵悠长，天毫茶叶独有的梅子香、杯底香足，茶汤绵柔，回甘悠长，汤色橙黄透亮，让人回味无穷！

推介专家/社团：
郭雅玲（国茶专家委员会委员，福建农林大学园艺学院茶学系教授、副主任）、陈兴华（国茶专家委员会委员，福鼎市人大主任，福鼎市茶业发展领导小组组长）/福鼎市茶业发展领导小组
推荐理由：
福鼎市天毫茶业有限公司拥有三个有机茶园基地，加工厂区建筑面积13000平方米，先后通过农业部良好农业规范（GAP）认证、有机茶及食品生产可追溯认证，并获得福建省农业产业化龙头企业、福建省名牌农产品、福建省企业知名字号、福建省著名商标等荣誉。2014第二届福鼎白茶斗茶赛中，选送的白毫银针获得银奖，外形突出银针肥壮匀齐，色银亮的特色。也生产白茶饼型产品，原料选用一芽二叶，香气呈于毫香中似含梅子香。

福建闽瑞茶业有限公司

　　福建闽瑞茶业有限公司创建于 1985 年，公司坐落于福州风光秀丽、盛产茉莉花的南台岛，公司下设生产部、销售部、网络部、行政部、财务部。产品销往全国各地，主销地为福建、北京、天津、河北、山东、东北三省。主营"老君眉"牌正宗福州茉莉花茶、高山绿茶、精品红茶、优质铁观音、白茶、工艺茶，并兼营全国各地茗茶。2006 年通过 QS 认证及 ISO9001 质量管理体系认证。2010 年7 月获使用"福州茉莉花茶"国家地理标志保护产品。2010 年 10 月，翁发水总经理荣获首届福州茉莉花茶传统工艺传承大师，另有两名获福州茉莉花茶传承人称号，茉莉君眉龙井荣获金奖茶王，珍珠王、金耳环、玉蝴蝶、老君眉分别荣获福州茉莉花茶金奖荣誉。且获得福建省著名商标、福建金牌老字号及福州市知名商标，2012 年翁发水总经理获福州市非物质文化遗产传承人。随着企业不断发展，已从原先单一的生产销售发展到如今集种植、开发、生产、加工、销售及科研为一体的企业。公司不断加强连锁品牌建设，正加大布点区域，将与海内外有识加盟之士共同发展。

企业联系方式

地址：福建福州市仓山区城门镇龙江
邮编：350000
电话：0591-87144138
网址：www.mrtea.com.cn

茶款名称：老君眉牌茉莉龙条

茶类：花茶
产品特点：该茶叶属自然形，选用 3-4 月份海拔 600-800 米左右的高山烘青绿茶原料，配上 6-8 月的福州茉莉鲜花经过 8 次（相当于 6 斤福州茉莉花与 1 斤的龙条原料）窨制而成，工期长达半年。茉莉龙条香气清新淡雅，汤色金黄带碧，独具福州味的冰糖甜。2013 年福州茉莉花茶茶王赛"茉莉龙条"获金奖茶王。

茶款名称：茉莉针王

茶类：花茶

产品特点：该茶叶属针芽形，用3—4月份海拔600—800米左右的高山烘青绿茶原料经手工精心细作而成，配上6—8月的福州茉莉鲜花经过10次（相当于8斤福州茉莉花与1斤的单芽烘青绿茶原料）窨制而成，工期长达半年。针王芽针满披白毫，色白如银，细长如针，汤色碧清、茉莉花香气浓郁清爽，独具福州味的冰糖甜。仅需4克即可冲泡7—8遍，仍保持茉莉花茶的清香雅致。

茶款名称：茉莉珍珠王

茶类：花茶

产品特点：该茶叶属珠圆形，选用3—4月份海拔600—800米左右的高山烘青绿茶原料经手工制作而成，因外形球状似龙珠而得名，配上6—8月的福州茉莉鲜花经过10次（相当于9斤福州茉莉花与1斤的珍珠王原料茶）窨制而成，工期长达半年。茉莉珍珠王香气清楚浓爽，汤色金黄清亮，独具福州味的冰糖甜。2012年福州茉莉花茶茶王赛"茉莉珍珠王"获金奖。

推介专家/社团：

陈金水（国茶专家委员会委员，高级工程师，国家一级评茶师）/福州海峡茶业交流协会

推介理由：

福建闽瑞茶业有限公司是福州茉莉花茶产业的优秀企业之一，它的"老君眉"是我国知名品牌，生产的炭焙茉莉花茶具有自己独特的品质特征。对福州茉莉花茶传统工艺的继承和发扬做的比较好，企业法人翁发水是第一批福州茉莉花茶传统工艺最年轻的传承大师。

福州明前茶业有限公司

　　福州明前茶业有限公司，成立于 2004 年 9 月，系由创办于 1996 年的福州明前茶厂发展而成，是一家集茶叶和茉莉花种植、加工、销售于一体的民营企业。位于福建福州的南台岛，闽江沿岸得天独厚的自然环境，千年传承的种植技艺及独特窨制工艺孕育着"颐健"牌名优福州茉莉花茶。公司主营茉莉花茶、绿茶、乌龙茶、红茶和高中档礼品茶等品种，年产量 100 多吨，产值 2000 多万元。公司拥有数位制茶专家和 100 多名技术熟练工，建有标准化生产厂房 5000 平方米，配置技术先进的生产线、质量检验设备和现代化标准的包装车间。公司始终以"质量第一"为理念，"顾客需求"为基础，"品牌建设"为目标，结合传统工艺不断开发绿色、健康的优质茶叶产品，努力朝着一流茶业公司的方向发展。

企业联系方式

地址：福州市仓山区城楼工业区 368 号
邮编：350018
电话：0591-83499211
邮箱：mingqianchaye@126.com
网址：http://www.mingqianchaye.com

茶款名称：金针王

茶类：花茶

产品特点：采摘清明前的芽叶烘青而成的茶坯，将其与三伏天最香、最盛的茉莉花进行拼合，经过七重的窨制，茶叶饱含茉莉的香气。外形条索肥壮，有锋苗且有毫，整碎匀整，色泽黄绿润，泡饮之口感柔和、鲜浓持久，滋味纯正，香气浓郁而幽雅，叶芽久久伫立于杯中，汤色绿中呈黄，叶底细嫩柔软，耐泡耐品。本款金针王茉莉花茶，拥有高端无尘无菌的生产环境和制茶师傅长年累积的专业经验技术把关。

茶款名称：玉蝶

茶类：花茶
产品特点：采用纯手工方式将烘青绿茶茶坯揉制出蝴蝶造型，再将其与茉莉花进行拼和，窨制。经过七次以上的反复窨制，使茶叶充分吸收到茉莉的天然精油等物质，形成茶品。其色泽黄绿，匀整。泡饮之甘甜、鲜醇爽口，鲜灵度持久，香气浓烈芬芳，叶芽状如盛开之花，汤色翠绿明亮，叶底匀嫩晶绿，经久耐泡。

茶款名称：银毫

茶类：花茶
产品特点：本产品，采用五窨一提的方式，外形细紧匀嫩，毫芽显露，披银白色茸毛，故称"银毫"；内质香气浓郁芬芳，鲜灵持久，滋味醇厚爽口，回味清甜，茶味花香融为一体，汤色鲜明微黄，叶底匀齐嫩亮，耐泡3次以上。

推介专家 / 社团：
陈金水（国茶专家委员会委员，高级工程师，国家一级评茶师）/ 福州海峡茶业交流协会
推荐理由：
福州明前茶业有限公司是早期的民办花茶企业之一，花茶品质比较优异，特征明显。继承和发扬了福州茉莉花茶传统工艺，始终坚持做好福州茉莉花茶。

福建年年香茶业股份公司

　　福建年年香茶业股份公司总部位于中国规模最大的乌龙茶生产基地——福建省安溪县，成立于2003年5月，致力于安溪铁观音的生产加工、批发和零售。为扩大公司规模，弘扬精深的铁观音茶文化，公司先后在北京、福建、贵阳、江苏、广西等地建立了销售连锁店。在乌龙茶发源地安溪共建成3万亩高标准生态铁观音茶园基地，形成"公司＋基地"的生产、加工销售一条龙体系，并已形成初具规模的销售网络。凭借良好的信誉、过硬的质量、优惠的价格和优质的服务，年年香茶业迅速在业界崛起。公司充分发挥得天独厚的安溪铁观音发源地地理优势，运用纯正的原产地原料，在秉承百年传统制茶技术的基础上，生产出色、香、形、味、韵俱佳的"香贵妃"品牌产品，成为深受消费者青睐的珍品。

　　公司倡导茶叶生态健康，以生产绿色食品茶叶为宗旨，对产品进行微生物控制管理。相继通过QS食品安全认证，中国绿色食品认证。荣获安溪县人民政府授予的"守合同重信用企业"称号，安溪茶王赛清香型铁观音铜奖，安溪第八届乌龙茶审评、拼配和烘焙技术大赛一等奖，成为中国2010年上海世博会DEVNET馆指定茶供应商，上海世博会联合国馆"低碳创新企业"，联合国开发计划署（UNDP）执行机构——国际信息发展组织（DEVENT）国际合作伙伴。

企业联系方式

地址：福建省安溪县魁斗镇溪东村
邮编：362400
邮箱：5931179@qq.com
网址：www.niannianxiang.com
购买热线电话：0595-26056789
电商平台：http://qimingxiang.tmall.com

茶款名称：香贵妃铁观音

茶类：乌龙茶

产品特点：香贵妃是年年香茶业倾情打造的正味臻品。"心恒之，铸恒韵"，是年年香茶业为广大消费者量身定制的一款清香型正味铁观音。因其雍容华贵，让顾客有宾客至上之感。年年愈香，芳溢流年。香贵妃源自海拔 800 米以上的高山之本，萃采正枞铁观音嫩芽，历经精湛的传统工艺，全程不落地生产，符合国家茶叶质量安全卫生标准，孕育出香久味醇，韵长悠远的永恒。香贵妃，形美兼备，品之细腻绵长，馨香幽然，似与嘉人对饮，经久萦怀。

推介专家：
张永立（国茶专家委员会秘书长）、林荣溪（高级农艺师，国家茶叶产业技术体系泉州综合试验站站长）
推介理由：
生态茶园：无化肥、无农药、无污染；
专业制茶：智能化、封闭式、清洁化；
集团专供：成为知名企业的专属定制。

福鼎市邱韦世家茶业有限公司

　　福鼎市邱韦世家茶业有限公司位于中国白茶之乡，公司现有无公害白茶合作种植基地 3600 多亩，生态茶园环境良好，境内有国家重点风景名胜区、世界地质公园、国家 5A 级旅游景区、国家自然遗产的"海上仙都"太姥山；公司通过 QS 质量安全体系认证，专业生产白茶，公司遵循"国之白茶用心做、邱韦世家制好茶"的宗旨，坚持选用太姥山高海拔、高品质茶青为原料；真诚地为热爱邱韦世家的茶友提供纯正的太姥山臻品国之白茶，所选茶青均来自原产地太姥山脉，与先祖邱古园《太姥山指掌》记载"最上者'太姥白'，既《三山志》绿雪芽茶是也"一脉相承，同祖同根，产品均由产地著名制茶大师结合本土传统制茶工艺潜心制作；所制茶品延续千百年来福鼎白茶的独特茶韵。

企业联系方式

地址：福鼎市双岳工业园区荣泰路 2 号
邮编：355214
电话：0593-7636078
网址：www.qwaytea.com

茶款名称：邱韦世家牌白毫银针

茶类：白茶
产品特点：白茶极品，茶中状元。外形挺直如针，芽头肥壮，条形均整，由明前顶芽制成，满披白毫，芽茸毛厚，银白色而富有光泽；香气鲜雅、清幽香浓，有天然馥郁的毫香，茶气芬芳纯正，滋味鲜润清爽、醇厚耐泡；汤色浅黄，清澈晶亮，温润如玉。叶底均整，叶脉微红，叶质挺嫩，肥软鲜活，色泽鲜亮外形优美，令人爱不释手，饮后回味无穷。

茶款名称：邱韦世家牌野生牡丹

茶类：白茶

产品特点：采自大白茶树的短小芽叶新梢的一芽一二叶制成，是白茶中的娇子。绿叶夹银白色、毫心肥壮，叶张肥嫩并波纹隆起，叶缘微向叶背卷，芽叶连枝，叶片把心形似花朵，叶态伸展自然。冲泡后绿叶托着嫩芽，宛如牡丹蓓蕾初放，恬淡高雅。成品色泽灰绿，绿面白底，素有"青天白地"之称，牡丹戏称为白茶中的舞娘，实则白茶中的上乘佳品，野生牡丹更是难得。茶气足够，令人爱不释口，饮后回头率高。消费者认同，市场反应良好。

推介专家/社团：

郭雅玲（国茶专家委员会委员，福建农林大学园艺学院茶学系教授、副主任）、陈兴华（国茶专家委员会委员，福鼎市人大主任，福鼎市茶业发展领导小组组长）/福鼎市茶业发展领导小组

推荐理由：

福鼎市邱韦世家茶业有限公司位于中国白茶之乡，公司现有无公害白茶合作种植基地千亩。生产白茶花色多样，也生产白茶饼型产品，压制成饼型产品的原料有白毫银针、白牡丹、寿眉等。白茶饼与原茶相比，方便携带，香味转醇浓。

福建瑞达茶业有限公司

　　福建瑞达茶业有限公司位于福建省福鼎市点头镇观洋工业园区，自2006年成立以来，已是一家品牌价值达1.03亿元的宁德市农业产业化龙头企业。公司主要生产福鼎白茶、白茶饼等，在各生产环节严把质量关，形成白茶"香高、味浓、回甜、耐泡"的显著特点，产品达到欧盟标准，为满足国内外客户的需求，公司还实行了E-315:9000国际信用管理体系标准，赢得了消费者的广泛赞誉。公司通过了QS认证、HACCP认证、ISO9001认证以及无公害农产品认证，"瑞达"商标荣获福建省著名商标称号，"瑞达白茶"被评为福建省名牌农产品。公司坚持"求高质、创品牌"的经营战略，真诚地为广大消费者提供最信赖、最优质的产品。公司展望并执行更开拓的市场战略，让更多的人熟知白茶，品饮白茶。

企业联系方式

地址：福建省福鼎市点头观洋工业区 B7
邮编：355214
电话：0593-7672699
邮箱：ruidachaye@163.com
网址：www.ruidatea.com

茶款名称：瑞达牌白毫银针

茶类：白茶
产品特点：白毫银针，采用春茶头芽，茶芽肥壮，满披白毫，闪烁如银，有天然馥郁
的毫香，茶气芬芳鲜爽。口感醇，回甘快而持久，温润如玉，味清鲜爽口。香气清鲜，
入口毫香显露。品选银针，寸许芽心；耐泡度佳，汤水晶亮，冲泡杯中，条条挺立，
如陈枪列戟；微吹饮辍，升降浮游，观赏品饮，别有情趣。

推介专家 / 社团：
郭雅玲（国茶专家委员会委员，福建农林大学园艺学院茶学系教授、副主任）、陈兴华（国
茶专家委员会委员，福鼎市人大主任，福鼎市茶业发展领导小组组长）/ 福鼎市茶业发展领导
小组
推荐理由：
福建瑞达茶业有限公司，生产"瑞达"牌白茶，此商标荣获福建省著名商标称号，"瑞达白茶"
被评为福建省名牌农产品。2014 第二届福鼎白茶斗茶赛中，选送的白毫银针获得优质奖。

福建省三山源茶业有限公司

　　福建省三山源茶业有限公司位于福建省福鼎市，是农业产业化市级龙头企业。公司自2010年11月登记注册至今，投资600多万元，先后建成一处2500多平方米的茶厂、300亩生态茶叶基地、300平方米的包装车间，下设"玉琳清语"茶叶销售总店一个，是拥有完整科学的质量管理体系，集茶叶种植、生产、加工、销售于一体的茶企业。公司起点高，财力雄厚，力求打造中国茶业高端品牌，以中国传统儒学为指导，以兴茶惠农为使命，意将福鼎茶叶推向全国、推向世界。公司注重品牌建设，抓好产品质量，诚信、实力和产品质量获得业界的认可。在上海、河南、河北、新疆、福建、北京、西安设有办事处。

企业联系方式

地址：福建省福鼎市太姥大道281-283号
邮编：355200
电话：0593-7275388
网址：www.yulinqingyu.com

茶款名称：玉琳清语牌白牡丹

茶类：白茶

产品特点：原料来源于福鼎市莲花岗，采自 20 年不打农药、不施化肥的生态茶园，采摘日期为清明前六天，制作工艺为纯日晒阳光萎凋。这款茶芽头肥壮，叶张幼嫩毫心多，茸毛密，芽叶连枝，匀整肥壮，味清醇爽，毫味浓，汤色浅杏黄清澈，香气鲜爽，毫香显，叶底黄绿软亮。

茶款名称：玉琳清语牌寿眉

茶类：白茶

产品特点：原料来源于福鼎市莲花岗，采自 20 年不打农药、不施化肥的生态茶园，采摘日期为白露前后，制作工艺为纯日晒阳光萎凋，萎凋时长达 60 个小时之久。这款寿眉色泽灰绿，有红张尚匀齐，味微甜、醇爽，香气鲜爽。细品有一种秋高气爽的感觉。

推介专家／社团：

郭雅玲（国茶专家委员会委员，福建农林大学园艺学院茶学系教授、副主任）、陈兴华（国茶专家委员会委员，福鼎市人大主任，福鼎市茶业发展领导小组组长）/ 福鼎市茶业发展领导小组

推荐理由：

福建省三山源茶业有限公司在生产白茶过程中重视茶园基地选择和加工厂建设，关注质量单元，积极参与茶叶鉴评活动，提升质量水平，突出产品优势，2014 第二届福鼎白茶斗茶赛中，选送的白牡丹获得优质奖。

福建太姥山名茶有限公司

　　福建太姥山名茶有限公司成立于2002年，公司以现代化企业运营机制为基础，以优秀人才团队建设为起点，科学管理运营。是集茶叶生产、加工、销售、人才培训、旅游观光和文化产业为一体的重点茶业企业，为福鼎市农业产业化重点龙头企业。已通过QS认证和ISO9000质量管理认证，"太姥山"牌注册商标始创于1951年，这个出生于国有企业成长于福建太姥山名茶有限公司的品牌是福鼎第一个茶叶品牌，荣获福建名牌产品和宁德市知名商标。公司坚持以质取胜，以"做百姓喝得起的好茶"为经营理念，生产的产品质优价廉，惠及大众，深受广大消费者的青睐。

企业联系方式

地址：福建省福鼎市太姥山镇万家山村长岗头
邮编：355200
电话：0593-7867337
网址：www.taimushan-tea.com

茶款名称：太姥山牌白毫银针

茶类：白茶
产品特点：此茶选用太姥山有机茶园中自然生长的明前单芽为原料，经传统工艺加工而成，成茶芽头肥壮，遍披白毫，挺直如针，色白似银茶茸毛丰富，色白富光泽，汤色浅杏黄，味清鲜爽口。

茶款名称：太姥山牌白牡丹

茶类：白茶

产品特点：太姥山牌白牡丹，绿叶夹银色白毫芽形似花朵，冲泡之后绿叶托着嫩芽，宛若蓓蕾初开，故名白牡丹，是白茶中的上乘佳品。茶汤汤色杏黄或橙黄，滋味鲜醇，饮后回甘明显，齿颊留香。

茶款名称：太姥山牌寿眉

茶类：白茶

产品特点：太姥山牌寿眉，采摘标准为一芽二、三叶，成品叶张稍肥嫩，芽叶连枝，叶整紧卷如眉，色泽调和、洁净，无老梗、朴及腊叶，香气清纯，汤色浅橙黄清澈，滋味清甜醇爽，叶底柔软、嫩亮。茶汤滋味特别醇厚和清爽，在夏天尤为适合品饮。

推介专家 / 社团：

郭雅玲（国茶专家委员会委员，福建农林大学园艺学院茶学系教授、副主任）、陈兴华（国茶专家委员会委员，福鼎市人大主任，福鼎市茶业发展领导小组组长）/ 福鼎市茶业发展领导小组

推荐理由：

福建太姥山名茶有限公司成立于 2002 年，现为福鼎市农业产业化重点龙头企业，致力于有机茶种植与生产，传承传统制茶工艺，"太姥山"牌曾荣获"福建名牌产品"和"宁德市知名商标"。生产白茶花色品种多样，白毫银针、白牡丹、寿眉等，其中寿眉的鲜叶采摘规格为企业自主采制类型，鲜叶规格采用一芽二、三叶。

福建省天丰源茶产业有限公司

　　福建省天丰源茶产业有限公司成立于 2006 年 6 月，是福建省农业产业化省级重点龙头企业、中国茶叶行业百强企业、福建省科技型企业，是一家以基地、研发、生产、营销、品牌、文化为发展模式的生产销售相结合的茶产业链企业。现有加工厂房建筑面积 1.2 万平方米，生产设备先进，2013 年销售茶叶 380 多吨。公司已取得 ISO9001 质量管理体系认证，食品安全管理体系认证、有机认证，旗下夫妻峰牌白琳功夫茶和古焙茶坊牌福鼎白茶先后荣获福建省名牌产品称号；旗下品牌"六妙"于 2013 年被认定为福建省著名商标。公司基地位于福鼎市点头镇大坪村，自有茶园上万亩，其中生态茶园 4276 亩，有机茶园 1800 亩。

企业联系方式

地址：福鼎市点头镇工业集中区 B-6 号
邮编：355214
电话：0593-7595088
网址：www.liumiao-tea.com

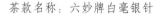

茶款名称：六妙牌白毫银针

茶类：白茶
产品特点："白毫银针"，甄选自北纬 27 度福鼎白茶黄金带核心产区的明前单芽，以纯手工、纯日光、纯自然六十小时足时萎凋。芽表满披白毫，汤色浅黄透亮，滋味清鲜甘醇，饮之毫香鲜浓。其性寒凉，功同犀角，是治麻疹之圣药。

茶款名称：六妙牌倾国倾城白牡丹

茶类：白茶
产品特点："倾国倾城"，精选自北纬27度福鼎白茶黄金带核心产区的大毫，茶新
梢的一芽二叶，并经六妙独有的阳光大棚60小时足时萎凋。成茶绿叶夹毫芽，色翠
香幽，味醇形美，茶香美名扬。

茶款名称：六妙牌半荒半野贡眉

茶类：白茶
产品特点："半荒半野"，采摘自六妙荒野茶园中的野生茶芽叶，以鸟食虫，草作肥，
孕育出的纯天然茶青，并经六妙首创的阳光大棚60小时足时萎凋。干茶色泽墨绿，
香气浓纯；滋味醇厚，叶底灰绿软亮，是一款兼具宜品宜礼宜藏的好茶。

推介专家/社团：
郭雅玲（国茶专家委员会委员，福建农林大学园艺学院茶学系教授、副主任）、陈兴华（国茶专家委
员会委员，福鼎市人大主任，福鼎市茶业发展领导小组组长）/福鼎市茶业发展领导小组
推荐理由：
福建省天丰源茶产业有限公司成立八年，现已进入中国茶叶行业百强企业行列，具有实力厂家特点，
建设质量保障系统。白毫银针来自北纬二十七度福鼎白茶产区，采用明前单芽，味清鲜甘醇，毫香明显。
白牡丹成茶毫显，芽叶连枝，香纯爽，汤色杏黄，滋味清醇露毫味。2014第二届福鼎白茶斗茶赛中，
选送的白牡丹获得银奖，选送的寿眉获得优质奖。

福建省天湖茶业有限公司

　　福建省天湖茶业有限公司于 2000 年在继承福鼎茶厂和茶叶公司主要骨干和技术力量的基础上成立，是一家集茶叶种植、加工、销售、科研、出口及白茶文化推广为一体的国家扶贫龙头企业，中国茶业行业百强企业，白茶国家标准起草单位。旗下"绿雪芽"品牌被评为中国驰名商标及中国白茶标志性品牌。

企业联系方式

地址：福建省福鼎市星火工业园区 2 号
邮编：355200
电话：0593-5037177
网址：www.tianhutea.com

茶款名称：绿雪芽牌白毫银针

茶类：白茶
产品特点：此茶选用天湖茶业有机茶园中自然生长的明前单芽为原料，经传统工艺加工而成。成茶芽头肥壮，遍披白毫，挺直如针，色白似银，茶芽茸毛丰富，色白富光泽，汤色浅杏黄，味清鲜爽口。

茶款名称：绿雪芽牌白牡丹

茶类：白茶
产品特点：它绿叶夹银色白毫芽形似花朵，冲泡之后绿叶托着嫩芽，宛若蓓蕾初开，故名白牡丹，是白茶中的上乘佳品。此茶茶汤汤色杏黄或橙黄，滋味鲜醇，饮后回甘明显，齿颊留香。

茶款名称：绿雪芽牌寿眉

茶类：白茶

产品特点：此茶采摘标准为一芽二、三叶，成品叶张稍肥嫩，芽叶连枝，叶整紧卷如眉，色泽调和、洁净，无老梗、枳及腊叶，香气清纯，汤色浅橙黄清澈，叶底柔软、嫩亮，滋味特别醇厚和清爽。

茶款名称：绿雪芽牌老白茶

茶类：白茶

产品特点：白茶讲究年份，因其制法特异，不炒不揉，最大程度保留茶叶中的活性成分，在自然陈化的条件下内含物质在活性酶的作用下转化、积累，历久弥珍。天湖茶业白茶的科学仓储，从白茶茶树种植、产地选择、制作工艺上起就实施管理，运用生物科学方法存储白茶使其自然陈化，达到口感转变与保健功效的增强。

推介专家：

舒曼（国茶专家委员会委员，河北省茶文化学会常务副会长）

推荐理由：

该企业按"以质取胜，以质兴企，以质兴业"的整体理念经营，致力于有机茶种植与生产，传承传统制茶工艺，将现代科技与传统工艺结合，生产高品质茶叶。

福鼎市天天品茶叶有限公司

福鼎市天天品茶叶有限公司成立于 2012 年，自创办以来不断扩大经营规模，注册资金由 100 万元增至 400 万元，接纳 56 个村民就业。2013 年公司投入资金 300 万元新建 1800 平方米的标准化生产厂房，年产量由 50 吨增至 210 吨，产值由 1000 万元扩至 8.5 亿元以上。2013 年 9 月荣获福鼎市农业产业化龙头企业，同年 12 月又荣获宁德市农业产业化龙头企业。2013 年 6 月在福鼎市茶叶协会组织的民间斗茶赛中，公司选送的老寿眉喜获金奖荣誉称号。

公司在不断的增资扩产中也逐年提高对周边的翁溪村、柏柳村、过苋村、后井村等 3300 户以上茶农带动能力，促进了茶农增产增收。2009 年以来，公司逐步开展有机茶园基地建设，并对茶园、茶树进行特殊改造（独棵乔树型茶树改造），取得了良好的社会效益和经济效益。引导周边茶农对茶园茶树创新性地改造，改变了茶农传统的"高产低收"观念，不断提高福鼎白茶茶叶品质，取得了良好的示范作用，并大大促进福鼎白茶市场美誉度的提升。

公司在不断壮大的同时，始终不忘带动周边茶农增产增收，逐年吸收周边茶农成为公司固定的茶青供应商和合作伙伴，采取茶农 + 合作社 + 公司的经营模式和经营理念，每年至少为周边茶农增收 3500 万元以上。公司还不断更新公司的经营模式和理念，不断引进一些新的利益联结管理方式。

企业联系方式

地址：福鼎市点头镇茶叶交易市场二楼
邮编：355214
电话 / 传真：0593-7669988
邮箱：1615580456@qq.com
网址：www.wengxi.cn.com
购买热线电话：0593-7669988/13860322593

茶款名称：翁溪牌白毫银针

茶类：白茶
产品特点：翁溪牌白毫银针采用传统的制作方法，采下新鲜芽叶晾晒干，不炒不揉。
其外形针状，银装素裹，色白如银，芽表满披白毫，汤色浅黄透亮，滋味清鲜甘醇，
饮之毫香鲜浓。其性寒凉，功同犀角，是治麻疹圣药。

茶款名称：翁溪牌白牡丹

茶类：白茶
产品特点：选取春茶首轮嫩梢的一芽二叶，毫芽肥壮，毫色银白，即"三白"（芽、
二叶均有白色茸毛）采摘标准。呈现醇厚清甜滋味，口感清鲜，纯爽、毫味足。

茶款名称：翁溪牌寿眉

茶类：白茶
产品特点：选取高山寿眉。茶汤色泽杏黄透亮，有天然馥郁的毫香，茶气芬芳鲜爽，口感醇，回甘快而持久，温润如玉，味清鲜爽口。

推介专家 / 社团：
郭雅玲（国茶专家委员会委员，福建农林大学园艺学院茶学系教授、副主任）、陈兴华（国茶专家委员会委员，福鼎市人大主任，福鼎市茶业发展领导小组组长）/ 福鼎市茶业发展领导小组
推荐理由：
福鼎市天天品茶叶有限公司成立于 2012 年，是正在迅速成长的茶企，已荣获宁德市农业产业化龙头企业称号。生产白茶花色品种多样，2014 第二届福鼎白茶斗茶赛中，选送的白毫银针、白牡丹获得优质奖，选送的寿眉获得银奖。

福建省吾要茶业有限公司

　　福建省吾要茶业有限公司是一家集茶叶种植、生产、销售、科研、白茶文化推广为一体的农业产业化重点龙头企业，主要经营福鼎白茶、工夫红茶及茶具、茶食品等。公司旗下拥有专营店、连锁店、点头竹栏头无公害茶叶基地、点头镇第一茶场生产基地、吾要茶业营运中心、吾要茶业 WYCHA 网络终端服务商城等。吾要茶业历史悠久，可追溯至福鼎大白茶"华茶一号"发源人陈焕，而吾要是其第六代传人陈常沙先生创立品牌。

　　新公司成立于 2009 年 2 月，是一家立足现代科技、致力低碳环保的年轻企业。公司具有 2000 多亩茶叶基地，地理环境得天独厚，气候适合茶树种植和生长，所产茶叶品质上乘。科学规范化管理，打造了无公害有机茶园。公司产品实现数码防伪系统保护，身份码和防伪码的双重防伪，让消费者可以买到真正的吾要茶。团队历经多年的研究、考察，创立"O2O 吾要新模式"，实现吾要全新的飞越。"吾要茶香醉万家，让好茶不再是奢侈品"，吾要终将成为一家提供健康好茶、传授茶饮养生理念和弘扬中国茶文化的卓越茶业。

企业联系方式

地址：福鼎市点头镇第一茶场
邮编：355200
电话：0593-7867388
网址：www.wycha.cn

茶款名称：白毫银针

茶类：白茶
产品特点：本款白毫银针精选福鼎大白茶肥壮、挺直、毫密的嫩芽精制而成，属白茶中的圣品。其条索毫多肥壮，叶张稍肥嫩，香气清纯，毫香显，滋味清甜醇爽。汤色浅橙黄且清澈。具有祛暑、利尿、抗辐射、解毒之功效。
白毫银针是白茶的一种，最主要的特点是毫色银白，素有"绿妆素裹"之美感，且芽头肥壮，叶底嫩匀。中医药理证明，白茶性清凉，具有退热降火之功效，海外侨胞往往将银针茶视为不可多得的珍品。

茶款名称：吾要白琳工夫

茶类：红茶

产品特点：吾要白琳工夫红茶，精选福鼎大白茶福鼎大毫茶的一芽一二叶加工而成；闻名海外，中外茶师美其名曰"秀丽皇后"。本款属于茶中极品，其外形重实紧结有锋，条索细长弯曲，茸毫多呈颗粒绒状，色泽乌黑油润，金黄色毫显披伏，香气清鲜而持久，并带有果香，滋味入口醇和，回味隽永汤色红艳明亮，有很厚的金黄丝圈，叶底匀整红亮。其品质特征的形成，又与天赋品种有关。

白琳工夫红茶产于福鼎，茶树根深叶茂，芽毫雪白晶莹，系小叶种红茶，当地种植的小叶群体种具有茸毛多、萌芽早、产量高的特点。喝白琳工夫红茶可以提神消疲。

推介专家 / 社团：

郭雅玲（国茶专家委员会委员，福建农林大学园艺学院茶学系教授、副主任）、陈兴华（国茶专家委员会委员，福鼎市人大主任，福鼎市茶业发展领导小组组长）/ 福鼎市茶业发展领导小组

推荐理由：

福建省吾要茶业有限公司成立于 2009 年，创立人陈常沙为陈焕第六代传人，2008 年经当地关工委、团委系统推荐，进入福建茶叶青年种子工程班学习，成为班级创业能人，注重产品质量管理和运营模式。2014 第二届福鼎白茶斗茶赛中，选送的白毫银针获得银奖，外形针状，银中显绿，冲泡后汤色杏黄味醇爽。白牡丹获得优质奖。生产白琳工夫红茶，条索细长弯曲，茸毫多呈颗粒绒状，色泽黄黑、内质汤色浅亮，香气鲜醇有毫香，味清鲜甜，叶底鲜红带黄，曾获得中茶杯特等奖。

安溪县蜈蚣山农业发展有限公司

　　福建省安溪县蜈蚣山农业发展有限公司创立于 2004 年 3 月，是安溪县专业生产、加工、销售铁观音有机茶的品牌企业。

　　公司铁观音有机茶叶基地位于安溪县虎邱镇高村村一座状如"蜈蚣吐珠"的山脉，海拔在 800-1000 米之间，总面积达 3500 亩，目前已开发 660 亩，2006 年经南京国环有机产品认证中心认证，2013 年经北京爱科赛尔欧盟、美国、日本有机认证，已通过有机认证的茶园占 220 亩，年产量 1 万多公斤；2007 年通过质量管理体系 QS 认证；基地远离工矿人居，茶园土少石多，为亿万年前火山爆发形成的岩峰突兀的奇特地貌。这里火山岩矿物质极其丰富，气候温和湿润，四周峰峦连绵，植被茂盛，云蒸雾绕，为有机茶生长之优良环境。1978 年，中国国家领导人赠送日本客人的"国礼"茶——安溪铁观音，产地便是蜈蚣山。诗曰：玉露天风沐雾芽，蜈蚣瑞气护仙家。凝香吐韵乾坤里，国饮原来别有茶。

　　优越的自然环境和独特的制作技艺，使蜈蚣山有机茶成为安溪铁观音茶中的瑰宝，其茶汤纯若处子，圆润如珠，淡淡天真味中蕴含圣妙果香。公司现已研发出清香型"纯子香"和韵香型"纯子韵"两大系列产品投放市场。这些生长在火山岩缝隙间、汲取大自然精华的稀有饮品一问世，立即引起追求健康生命的消费者的关注，成为争相抢购的时尚佳品，供不应求。2011 年荣获"中国北京国际有机食品博览会"金奖。同年，被中国国家认证认可监督管理委员会批准为"国家有机产品认证示范创建区"。

企业联系方式

地址：福建省安溪县虎邱镇高村村石狮 16 号
邮编：362435
电话：0595-26073333
网址：http://www.wgstea.com

茶款名称：纯子韵铁观音

茶类：乌龙茶

产品特点：

一、独特的生长环境

1. 生长在火山岩缝隙间的铁观音茶树；

2. 远离工矿、人居，四周植被茂盛，自然生态；

3. 位于800-1000米之间的最佳海拔区域。

二、独特的制作技艺

采用安溪乌龙茶千年传统制作工艺，结合现代科学技术，精工制作。

1. 生产加工场地空气清新、水源洁净、土壤及周围无受污染的生态环境。

2. 茶叶生产、加工、贮藏与销售场所及周围场地无任何人工化学物品。

三、独特的超凡品质

1. 色：成品茶叶色泽乌润，置于掌心，沉重似铁，茶汤清冽，呈金黄色；

2. 形：条索紧结，"青蒂绿叶红镶边"，形态美如观音合掌；

3. 香：独具悠悠圣妙果香，难于确切界定是哪一种水果香型（有别于普通铁观音的
兰花、桂花香型）；

4. 味：独具淡淡天真味，纯若处子；

5. 韵：汤冽水清，圆润如珠，喉底回甘，雅韵袅袅，回韵无穷，别具有机铁观音的
特殊风韵。

推介专家：

张永立（国茶专家委员会秘书长）、林荣溪（高级农艺师，国家茶叶产业技术体系泉州综合
试验站站长）

推介理由：

1. 品质保证：通过日本、欧盟、美国有机认证的纯天然有机茶；

2. 健康时尚：在天然有机大地生长的茶树，使用传统工艺加工的方式，经过重重认真的一杯
有机茶，成为广大茶爱好者向往的一种生活方式；

3. 回馈自然：用有机标准做好有机茶，用有机的理念保护大自然有机土壤，是对大自然的感
恩与回馈，赋予纯子韵铁观音一种感恩的精神象征。

福建武夷丘苑茶业有限公司

　　福建武夷丘苑茶业有限公司，位于风景优美的武夷新区建溪河畔，是一家集茶叶种植、生产、销售、科研、茶文化传播及生态旅游观光为一体的综合性龙头企业。

　　公司在武夷新区将口镇松柏村引进茶界泰斗张天福茶园建设理念，建成高标准生态有机茶园，是武夷岩茶区唯一的"张天福有机茶示范基地"，同时在中国水仙茶发源地——双狮历拥有万亩高山水仙茶园。并在将口设立了标准的茶叶初、精制加工厂，同时于武夷新区建成规模宏大的集生产、科研、品牌展示为一体的运营办公大楼、仓储物流中心及自动化检测包装体系。

　　公司本着"打造一个品牌，带动一行产业，繁荣一方经济"的理念，秉承"关爱、成全、静心、求止"的企业精神和"共融、共存、共生、共赢"的核心价值观，用心做茶，诚信经营，依托水仙茶源产地优势，以传承为基点，以创新为动力，担起打造"闽派水仙"的使命，立志成为中国闽派水仙第一品牌。

企业联系方式

地址：福建省武夷新区将口高新科技园
邮编：354200
电话：0599-5678666
网址：www.fjqycy.cn

茶款名称：正源百年老枞水仙

茶类：乌龙茶

产品特点：中国水仙茶发源地双狮历，经过二百多年的发展，沉寂与重生。百年水仙老枞树伴生在树丛竹林花丛之中，汲取天地之灵气，日月之精华，造就了独特的品质风格。其外形条长壮实，色泽绿褐油润，香气高强悠远，滋味醇厚爽滑，汤色金黄清澈，叶底软亮。

茶款名称：丘苑私房茶之：贾元春

茶类：乌龙茶

产品特点：产品选用奇丹品种。高强的蜜香，醇厚甘甜的味道，好比元春雍容华贵的人物身份。外形条索紧结，色泽呈青褐色带宝色，内质香气馥郁高强，透出一股幽幽的桂花香，滋味醇厚甘甜，有质感，汤色橙黄清澈，叶底肥嫩匀齐。

茶款名称：丘苑私房茶之：林黛玉

茶类：乌龙茶

产品特点：产品选用高山水仙。香气悠长，水体柔顺有骨鲠，示意柔弱的黛玉只为宝玉而活，为爱情而生。外形条索紧结壮实，色泽褐绿乌润，兰花香悠长，滋味浓爽鲜锐，水体柔和，有骨鲠，冲泡数次香味犹存，汤色金黄清澈，叶底肥嫩软亮。

推介专家 / 社团：

郑廼辉（国茶专家委员会副主任，福建省农业科学院茶叶研究所副所长）/ 福建省张天福有机茶技术服务中心

推荐理由：

正源"百年老枞"：产于建阳水仙茶发源地，其外形条长壮实，色泽绿褐油润，香气高强悠远，滋味醇厚爽滑，汤色金黄清澈，叶底软亮。

丘苑私房茶系列产品：林黛玉、贾元春，其品质口感与人物性格特点相吻合。品尝该产品有一种与红楼美女互动之感，不失为一款文化经典之作。

武夷山市内山百年原生态茶叶有限公司
武夷山内山乔家茶叶研究所

　　"三三秀水清如玉，六六奇峰翠插天"，构成了飞翠流霞的武夷仙境。灵山产灵草，武夷茶人在这一得天独厚的丰壤之域，精心历练成了神韵佳茗。内山百年公司根植于武夷福地，世代制茶，百年传承，缔造了"内山百年"卓越品牌。

　　武夷山市内山百年原生态茶叶有限公司前身是武夷山内山茶坊有限公司，成立于 2003 年。现拥有 300 多亩武夷内山产区生态茶园基地、现代化精制车间及精良的检测、配套设施，有一支制茶、评茶的专家团队，是一家集种植、研发、加工、销售、茶文化交流为一体的综合型现代化企业。公司专注品牌连锁运营，下辖武夷山内山乔家茶叶研究所。作为晋商万里茶路及老字号茶品牌的第十一代传承人，"内山百年"以真岩正韵为品牌核心价值，秉持数百年传承的制茶技艺，精工细作，为消费者打造一系列品质上乘的正岩好茶。注重品质是"内山百年"不变的主张，也是"内山百年"一贯的追求，公司产品全面通过 QS 认证并获得武夷岩茶原产地保护证书。

　　"传承－永续"是"内山百年"赋予茶的一种更高的希望，营造以"茶"启智的品牌体验。公司连锁经营体系坚持以消费者为导向，坚持销售多元化、渠道多样化和管理人性化，注重产品开发与消费需求的理性关系，使消费者得到身心满足的品茗享受。

企业联系方式

地址：福建省武夷山市站前南侧湖东路
电话：0599-5237777
网址：wyneishanchafang.com

茶款名称：内山百年－大红袍

茶类：乌龙茶（武夷岩茶）

产品特点：大红袍属半发酵茶，即乌龙茶。大红袍有"岩茶之王"之美誉，其品质优异独具特色，是从名丛中单列出来的名丛，"岩韵"极为明显。滋味清醇、香气馥郁。回味无穷，古代曾为御封茶王。本款茶外形条索紧结、壮实、稍扭曲。岩韵明显、醇厚、回味甘爽、杯底有余香。汤色清澈艳丽，呈深橙黄色。其品质稳定，在香气与滋味上都给人留下深刻的印象，为武夷岩茶之代表。

茶款名称：内山百年红－正山小种

茶类：红茶

产品特点：品"百年红"，不仅是品一个不变的成品，更是品存活百年的生命。一百年而始终鲜活，这是一种何等壮阔的生命。轻啜一口，那浓郁回甘瞬间征服味蕾，咽下，暖暖的。爽滑醇厚的茶汤熨帖着口腔和冷冷的胃。杯壁上还留有似烟若桂的香，若隐若现，却又引人浮想。品味"百年红"，一个人的感官就不够用了，自身被裹挟着，直到被幽幽的茶香消融。再次冲入沸水，汤色更加亮丽，亮的温暖，红的妥帖。此后数泡，茶汤依旧红艳，茶香依然馥郁。这就是内山"百年红"。采用福建武夷山区最传统正宗的"桐木正山奇种为原料"，秉承传统"看茶制茶"，一芽二三叶的小开面采摘，萎凋、揉捻、发酵、过红锅、复揉、薰焙、筛拣、复火、匀堆等8道工序。经营观念，时尚人文百年茶韵的传承将继续下去。

推介专家：

刘勤晋（国茶专家委员会副主任，西南大学教授，武夷学院特聘教授）、张传新（国茶专家委员会委员，武夷山市广电局局长）

推荐理由：

福建武夷山是我国工夫红茶发源地，桐木关正山小种名扬海内外。内山茶坊主人据传为晋商后裔，其采用桐木关菜茶为原料生产旳"百年红"工夫红茶外形条索紧细乌润，香气纯正有焦糖香，汤色黄亮清沏，尚耐冲泡，叶底红匀尚亮。为市场热卖之武夷正山小种中佼佼者。内山大红袍选用岩茶优良品种为原料，其外形匀整，色泽乌褐，香气浓烈，汤色黄亮，滋味醇爽，乃岩茶中之优者。特推荐参评。

厦门茶圣居茶叶有限公司

厦门茶圣居茶叶有限公司是一家集品牌、品质、文化与科技为一体的大型现代化茶企业，拥有国内最先进的现代生产设备、全程质量监控体系，人才济济，体系完整。

茶叶从种植、采摘、杀青、加工、运输到仓储等都严格按照欧盟质量监控标准，科学采摘与杀青技术剔除了茶叶可能存在的微量金属、农药残留及杂质，使产品远离污染、无农药残留。茶圣居是中国茶行业首创生产履历可追溯系统的茶企，同时与国际 SGS 食品检验标准机构、国家茶叶质量监督检验中心、福建省质量技术监督局、茶品质鉴定监控中心等机构联合制定了茶产业链质量监控体系，建立了茶产业链的国际质量生产标准。

茶圣居拥有绿色生态茶园基地 1 万多亩，采用台湾纯天然无农药 ND 生物科技种植管理方法，是首家通过台湾 SGS、大陆 SGS 无农残检测认证企业，产品保证：安全、正宗、新鲜。

两岸茗茶荟萃，不仅有来自台湾的阿里山高山茶、冻顶乌龙、梨山茶等台湾高山茶，还有我们耳熟能详的铁观音、普洱茶、大红袍、金骏眉等优质茗茶，完善而系统化的公司产品线，满足不同消费者的品茗、送礼需求。

企业联系方式

地址：福建省厦门市金桥路 101 号世纪金桥园商务楼 402
邮编：301012
传真：0592-5216691
网址：http://www.chinachasheng.cn
购买热线电话：400-703-7375
电商平台：http://www.chashengju.com

茶款名称：茶圣居青心乌龙
　　　　　（台湾阿里山高山茶）

茶类：乌龙茶

产品特点：茶圣居青心乌龙茶产于台湾省嘉义县阿里山乡乐野村，茶园平均海拔
1000—1700 米之间，为台湾顶级阿里山茶的最佳产地。该地区气候阴冷，终年云雾
缭绕，得天独厚的地理环境及气候，使得茶叶细胞变的更加紧实；芽软叶肉厚，再经
深耕、手采细工制作，是为极品好茶。干茶叶色浓绿富有光泽；茶汤汤色金黄，亮丽
透明而富光泽；香气清扬悠雅、带有果香或花香，滋味醇厚，活性十足，入喉韵味厚
实，底韵足回甘快；叶底叶肉稍厚，质柔软，富弹性，经久耐泡，十泡之后仍有余香，
妙不可言。

推介专家：
张永立（国茶专家委员会秘书长）、林荣溪（高级农艺师，国家茶叶产业技术体系泉州综合
试验站站长）

推介理由：
青心乌龙为台湾乌龙传统品种，属于小叶种，每年春冬季节采摘，是目前我国台湾栽种面积
最广、长久以来一直畅销台湾市场的茶品。茶圣居青心乌龙茶自推出以来，受到业界及消费
者的认可及喜爱，销售量节节攀升。荣获台湾阿里山春茶争霸赛（青心乌龙组）特等奖。

福建安溪铁观音集团股份有限公司

福建安溪铁观音集团股份有限公司创建于 1952 年，半个世纪来，在乌龙茶的种植生产、加工制作和品牌建设等方面，一直是中国茶界的一面旗帜。公司年生产加工乌龙茶铁观音 1 万吨，产品畅销日本、东南亚、俄罗斯、美国等 40 多个国家和地区。

集团历来重视基地开发建设与管理，带动产业的可持续发展。经过多年建设，迄今公司拥有自有基地 1 万多亩，协议基地 3 万多亩。公司两个自有基地已获得国家相关部门出口备案基地和绿色食品生产基地的认证，获得有机茶认证和中国良好农业规范（GAP）认证，公司自有基地原料全部达到绿色食品标准，部分达到有机茶标准。公司注册商标为"凤山"牌铁观音，先后获得国优、部优、省优及各种博览会金奖等荣誉 30 多项。1982 年以来，凤山牌铁观音连续荣获国家金质奖章。

企业联系方式

地址：福建省泉州市安溪县官桥镇五里埔
邮编：362000
电话：0595-23322322
网址：http://www.anxitiekuanyingroup.com

茶款名称：浓露香永

茶类：乌龙茶

产品特点：浓露香永干茶条形肥壮紧结、色泽乌润，带有蜜香、炒米香；冲泡后，汤色呈现清澈的金黄色，香气馥郁高长，茶韵中夹带着淡淡的兰花香、奶油香、炒米香，七泡有余香，滋味浓郁甘爽，浓而不涩，喝一口下去，醇厚、甘甜的滋味萦绕在舌尖，齿颊留香，持久不散，喉底回甘，香中有味，味中有香，令人雅兴悠远。

品饮此茶的心境正与黄庭坚的《品令》意境相契，故以 "浓露香永"为名。茶为君，火为臣。"凤举京华，誉饮国家金质奖；山流茗韵，香飘世界铁观音"的安溪铁观音集团始终坚持最传统的制作工艺，采用独特的烘焙方法，温火慢烘，湿风快速冷却。在茶叶种植、制作工艺上不断改进，安溪铁观音集团研发出独具传统铁观音经典韵味的"浓露香永"。

推介专家：

刘新（国茶专家委员会委员，中国农业科学院茶叶研究所研究员）

推荐理由：

福建安溪铁观音集团股份有限公司创建于 1952 年，半个世纪来，在乌龙茶的生产、加工、品牌和文化建设等方面，成长为中国茶界的一面旗帜。公司年生产加工乌龙茶铁观音 1 万吨，产品畅销日本、美国、东南亚等 40 多个国家和地区。公司拥有自有基地和协议基地。公司"凤山"牌铁观音，先后获得国优、部优、省优及各种博览会金奖等荣誉 30 多项。1982 年以来，凤山牌铁观音连续荣获国家金质奖章。公司创制的"浓露香永"产品，以独特的品质赢得消费者的高度赞赏。特此推荐。

福建一润茶业有限公司

　　福建一润茶业有限公司成立于2009年，注册资本金3000万元，是一家集茶园，中草药基地管理，健康产品研发、生产、销售，以及茶文化传播为一体的集团化运作的新型科技企业。公司拥有一支以博士为主导的研发团队，两个标准化产品生产加工厂。福建一润茶业有限公司茶示范基地，位于福鼎市管阳镇西山里海拔600米左右，系有800亩的高山无公害福鼎大白茶茶园。

企业联系方式

地址：福建省三明市梅列区和仁新村10幢一楼7号
邮编：365099
电话：400-0911-127
网址：www.yi-run.com

茶款名称：江河一润
　　　　　2012年特级白牡丹

茶类：白茶
产品特点：外形：花朵形、芽叶连枝、毫尖银白、白底绿面、稍带红叶；汤色：浅金黄、明亮；香气：甜香、纯正；滋味：甘滑；叶底：芽叶连枝、有毫、红绿相间。

茶款名称：江河一润 2010 年寿眉饼

茶类：白茶
产品特点：外形：叶态紧卷、匀整；汤色：深金黄、明亮；香气：甜香、纯正；滋味：
甘滑；叶底：叶张嫩亮。

推介专家 / 社团负责人：
姚国坤（国茶专家委员会顾问，中国农业科学院茶叶研究所研究员）/ 周星娣（上海市茶叶学会副理
事长兼秘书长）
推荐理由：
江河一润 2012 年特级白牡丹，黄绿叶夹着银色白毫芽，形似花朵。冲泡后黄绿叶托着嫩芽，宛若蓓
蕾初开；汤色是明亮的浅金黄色，香气纯正，滋味甘滑、鲜醇，是白茶中的珍品。
江河一润 2010 年寿眉饼，外形匀整，汤色深金黄、明亮，香气甜香、纯正，滋味甘滑，叶底叶张嫩亮。

福建省裕荣香茶业有限公司

　　福建省裕荣香茶业有限公司是集种植、加工、销售与茶技推广于一体的综合型企业，是福建省标准化茶叶示范基地，福建省有机茶示范基地，福建省农产品加工示范企业，福建省创新型试点企业，福建省科技型企业，宁德市农业产业化龙头企业，宁德市技术中心，宁德市知识产权优势企业，闽茶榜样企业，宁德市重合同守信用企业。"裕荣香"注册商标荣获福建省著名商标、裕荣香牌福鼎白茶获福建省名牌产品、中国白茶推荐品牌等称号。公司董事长为全国茶标委委员、白茶工作组副组长，参与制订或起草多部国内外白茶标准。公司拥有各种专利 15 项，其中发明专利 3 项，注册商标 11 个。

　　公司生产基地位于太姥山东麓海拔 600 米左右的山区，拥有 1560 亩茶园，有适制白茶、绿茶、红茶和乌龙茶的各类品种 27 个，基地通过国内有机茶认证、国际瑞士 IMO 有机认证。公司以自营生产基地为核心，采用"公司＋基地＋农户"的产业发展模式，与农民结成广泛的利益共同体，生产经营辐射地区达上万亩茶园，带动农户近 3000 户。2011 年 11 月通过国家食品出口卫生备案企业考核、通过食品出口基地备案考核，具有进出口经营权，销售网络覆盖全国各地，并远销欧美、日本等地。公司已通过国家食品安全 QS 认证，ISO9001:2008 质量管理体系认证、HACCP 食品安全体系认证。

　　公司现为中国茶业流通协会、中国茶叶学会、海峡茶文化交流协会、中国农村旅游休闲协会、福建省商业协会、福建省连锁经营协会、福鼎市诚信协会、福鼎市茶业协会、福鼎市技术质量协会等团体会员。

企业联系方式

地址：福建省福鼎市星火工业园区 26 号（宏鑫汽贸后二楼）
邮编：355200
传真：0593—5038332
邮箱：2355503226@qq.com
网址：http://www.fjyrx.com
购买热线电话：0593—7815895
电商平台：http://shop100088013.taobao.com

茶款名称：裕荣香牌白毫银针

茶类：白茶
产品特点：原料来自海拔600米左右的山区，形状似针，白毫密被，色白如银，且香气清鲜，滋味醇和，汤色浅杏黄，满盏浮花乳，芽芽挺立。
白茶除了能改善血液循环，降低胆固醇，改善心脑血管疾病的症状外，还有健胃提神、法湿退热之功，常作为药用，有降虚火、解邪毒的作用，常饮能防疫祛病，被视为治疗麻疹的良药。

茶款名称：裕荣香牌白牡丹

茶类：白茶
产品特点：原料来自海拔600米左右的山区，形状叶张肥嫩，毫心肥壮，叶态舒展芽叶连枝叶缘垂卷，破张少、匀整，色泽灰绿，毫色银白，洁净，无老梗、枳及腊叶，内质香气清鲜纯粹，毫香浓显，汤色淡杏黄、清澈，滋味清醇清甜，叶底嫩匀，叶色黄绿，叶脉红褐，叶质柔软鲜亮。

推介专家 / 社团：
郭雅玲（国茶专家委员会委员，福建农林大学园艺学院茶学系教授、副主任）、陈兴华（国茶专家委员会委员，福鼎市人大主任，福鼎市茶业发展领导小组组长）/ 福鼎市茶业发展领导小组
推荐理由：
福建省裕荣香茶业有限公司创建于2001年，是集种植、加工、销售与茶技推广于一体的综合型企业，为福建省农产品加工示范企业、宁德市农业产业化龙头企业，进入中国茶叶行业百强企业行列，"裕荣香"荣获福建省著名商标、福建省名牌产品、2012年度中国白茶推荐品牌、宁德市重合同守信用企业等称号。生产白茶品种花色多样，白毫银针、白牡丹、寿眉等。2014第二届福鼎白茶斗茶赛中，选送白牡丹获得优质奖。

福鼎市张元记茶业有限公司

　　福建省福鼎市张元记茶业有限公司的前身是福鼎市名茶新技术研究所，注册资金1050万元，注册商标为"张元记"。公司利用国家著名风景区福鼎太姥山得天独厚的天然环境条件和丰富的茶叶品种资源，研制开发并生产出各种名优绿茶、茉莉花茶、白茶、白琳工夫红茶等上百种多姿多彩、形态各异的茶叶系列品种。绿茶金绒凤眼荣获1994年首届中茶杯一等奖，茉莉太姥玉蝴蝶荣获2002中国茶叶博览会金奖，特色产品茉莉太姥大毫银针荣获2003年度第五届中茶杯特等奖，福鼎白茶白牡丹荣获2010年上海世博会金奖。产品销往北京、天津、东北、山东等十几个省市。并有一大部分产品远销欧美、日本和东南亚一带。

　　公司继承和发扬古老的品牌"张元记"传统精湛的制茶技艺，秉承先人优秀的经营文化理念，并加以完善和发展。不断提升茶叶产品的品质和档次水平，打造一个全新而优秀的茶叶品牌，为广大茶农增产增收而不懈努力，重铸"张元记"这一历史传统品牌的辉煌。公司凭借其"以人为本、诚信服务"的经营理念，愿为茶业这一弱势传统产业变为一个既有浓厚传统文化底蕴又有浓郁现代文化消费气息的全新的优势产业做出一份应尽的工作。

企业联系方式

地址：福鼎市岙里工业园区
邮编：355200
网址：http://www.teafj.com

茶款名称：张元记牌太姥银针8880

茶类：白茶
产品特点：本款太姥银针曾荣获2011年第九届"中茶杯"全国名优茶评比一等奖。采用清明前海拔500米的国优品种华茶一号、华茶二号的福鼎大白茶和福鼎大毫茶的清明前肥壮单芽为原料，其外形芽针肥壮匀齐、色泽银白如银似雪、香气清纯微甘甜毫香显、滋味清鲜醇爽甘甜毫味显、汤色浅杏黄清澈明亮、叶底匀整肥壮幼嫩明亮。

茶款名称：太姥玉蝴蝶

茶类：花茶

产品特点：本款福建高香茉莉花茶太姥玉蝴蝶为八窨一提茶叶，曾荣获 2002 年中国国际茶博览会金奖。利用优良福鼎大毫茶品种清明前的单芽鲜叶为原料，经萎凋、杀青、轻揉捻、初烘，再用传统手工工艺精心制作而成。因茶叶生产在国级著名风景区太姥山，外形形似蝴蝶，故名"太姥玉蝴蝶"。其成品香气韵味浓郁、鲜灵扑鼻持久。茶叶泡在水中，宛如初春花蕾含苞欲放，舒展而开，令人赏心悦目。滋味鲜浓醇厚，汤色黄绿清澈明亮，叶底芽头匀嫩完整。

推介专家 / 社团：

郭雅玲（国茶专家委员会委员，福建农林大学园艺学院茶学系教授、副主任）、陈兴华（国茶专家委员会委员，福鼎市人大主任，福鼎市茶业发展领导小组组长）/ 福鼎市茶业发展领导小组

推荐理由：

福鼎市张元记茶业有限公司的前身是福鼎市名茶新技术研究所，注册资金 1050 万元，注册商标为"张元记"。白茶产品"茉莉太姥大毫银针"荣获 2003 年度第五届中茶杯特等奖。以清明前肥壮单芽为原料加工而成，其外形芽针肥壮匀齐、色泽银白如银似雪、香气清纯毫香显、滋味清鲜醇爽甘甜毫味显、汤色浅杏黄清澈明亮、叶底匀整肥壮幼嫩明亮。"茉莉太姥玉蝴蝶"获 2002 中国茶叶博览会金奖。成品香气韵味浓郁、鲜灵扑鼻持久。茶叶冲泡后可见玉蝶徐徐展开，宛如初春花蕾含苞欲放，舒展而开。滋味鲜浓醇厚，汤色黄绿清澈明亮，叶底芽头匀嫩完整。

福建省福鼎市雅香茶业有限公司

  福鼎市雅香茶业有限公司总部位于我国东海之滨的世界地质公园国家 5A 级风景名胜区太姥山下——美丽的中国白茶之乡福鼎，集生产、营销、品牌、文化为一体，主要经营福鼎白茶、白琳工夫、乌龙茶、绿茶及茶具、茶食品等。公司坚持做"绿色、天然、健康"好茶的经营理念，在 2014 第二届福鼎白茶斗茶赛中荣获金奖而受到表彰奖励，成为福鼎市十大名茶选购平台之一，让优质茶叶走进千家万户，让千家万户享受健康生活。

  公司前身是雅古香茶庄，"雅古香"由福鼎话中的非常香音译而来，意味着大家对其品质品味认可与肯定。"雅古香"所追求的，就是让今天的人都分享一杯休闲的好茶——"绿色、健康、时尚"。它所蕴含的芳雅、恬静、淡泊正是现代人所共同追求的生活方式和理念。这也是"雅古香"在追求品牌品质方面所坚守的底线。

茶香四溢，散播在现代文明的每个角落，当心灵驻息休憩的间隙，啜一杯"雅古香"，升华的是人生品味，记忆的是久远历史。行业自律，诚信经营，引领倡导绿色、健康、时尚生活。为给人们带来健康的生活，为中华茶文化的传承与发展，为争创一流茶叶企业品牌，雅香人一直在坚守与努力！

企业联系方式

地址：福鼎市江滨中路 119 号
邮编：355200
电话：0593-7832277
网址：www.4000-752-096.cn

茶款名称：雅古香牌白毫银针

茶类：白茶

产品特点：该茶生长于磻溪——海拔700米适合茶叶生长处、中国白茶之乡、福鼎这一福建省最大的有机茶生产基地。由于鲜叶原料全部是茶芽，制成成品茶后，形状似针，色白如银。其长三厘米许，整个茶芽为白毫覆披，银装素裹，熠熠闪光，令人赏心悦目。冲泡后，香气清鲜，滋味醇和。茶在杯中，出现白云疑光闪，满盏浮花乳，芽芽挺立，十分美观。

推介专家 / 社团：

郭雅玲（国茶专家委员会委员，福建农林大学园艺学院茶学系教授、副主任）、陈兴华（国茶专家委员会委员，福鼎市人大主任，福鼎市茶业发展领导小组组长）/ 福鼎市茶业发展领导小组

推荐理由：

福建省福鼎市雅香茶业有限公司生产"雅古香"牌白毫银针，原料选自福鼎磻溪基地，2014第二届福鼎白茶斗茶赛中，选送的白毫银针获得优质奖，白牡丹获得金奖，品质呈芽叶连枝，香醇有毫香，滋味清爽醇爽，汤色杏黄，叶底黄绿软亮。也生产白茶饼型产品以适应市场发展。

福建元泰茶业有限公司

"元泰"取意"一元复始，国泰民安"的深刻内涵。1914 年由魏氏家族在日本九州创立元泰洋行。1993 年 7 月，在中国成立福州东英商贸有限公司，从事国内贸易业务。2006 年 9 月，公司更名为福建元泰茶业有限公司，注册资本壹仟陆佰壹拾万圆整，寓意红茶走出国门年份（公元 1610 年），继续沿用元泰商号至今。

公司于 2004 年 7 月在福建省福安设立"光彩事业福安王家红茶生产基地"，并以此作为扶持闽东茶业，促进茶农增收，把"坦洋工夫"及闽红系列红茶名牌推向国际市场、重振闽东茶业雄风的一项重要举措。2010 年 1 月，公司又在永泰县联坪村设立了光彩事业永泰联坪村有机红茶生产基地，该基地已被授予"张天福有机茶示范基地"，以有机茶示范基地的标准投入建设，进而带动永泰县联坪村茶产业及相关产业链的发展，推动永泰新农村建设，构建和谐社会。

公司以经营红茶为主，拥有"元泰红茶屋"等品牌。于中国福州、北京、上海、广州、厦门设立元泰茶业分公司，并在香港、日本、加拿大和美国分别设立元泰茶业办事处。

元泰红茶屋是元泰茶业持有的中国首家以经营红茶产品为主题的西式连锁红茶屋，融英式红茶馆及意大利咖啡馆文化于一体。公司坚持以企业文化来提高企业的核心竟争力，使公司在发展中树立良好的社会形象。公司本着立足福建，面向全国的经营理念，竭诚希望各界同仁携手共进。

企业联系方式

地址：福州市五一北路 129 号榕城商贸中心 25 层
邮编：350005
电话：0591-87432555
网址：www.chinablacktea.cn

茶款名称：金元泰

茶类：红茶

产品特点：原生态味道。它的原料系选用产自元泰茶业在福建永泰县联坪村张天福有机茶园示范基地的乌龙茶高香品种，产地海拔 600—700 米，云山雾海赋予了它鲜明的个性：外形条索紧结，色泽乌润，香气馥郁幽长带花香，滋味醇厚鲜爽，回甘阵阵，汤色明澈红艳，叶底红匀软亮。清饮最佳。

茶款名称：永泰红茶

茶类：红茶

产品特点：采摘自元泰茶业福建永泰县联坪村张天福有机茶园示范基地高香品种原料精制而成。产地海拔高，云雾多，雨量充沛，土壤深厚肥沃，有机质丰富，适宜茶树生长。永泰红茶是乌龙茶品种与红茶加工工艺结合的典范。外形条索紧结，色泽乌黑油润，香气芬芳浓烈，花香尽显，滋味甘醇爽滑，汤色红艳明亮，叶底红匀软亮。

茶款名称：古树红茶

茶类：红茶

产品特点：原料采自云南澜沧县芒景村千年万亩古茶园的古茶树。外形肥壮重实，芽多呈金黄色，冲泡后，香气鲜纯天然，显蜜果香，汤色红橙金黄，艳而不俗，清澈明亮；品啜之，鲜醇甘活爽口，齿颊留香；再观叶底，芽头嫩肥完整。可连续冲泡10道以上，香气依旧芳馥，甜醇之感萦绕充溢口腔，令人回味无穷。古树红茶饼，煮饮后汤色红艳，滋味更加醇厚，回甘久久。

推介专家/社团：

郑廼辉（国茶专家委员会副主任，福建省农业科学院茶叶研究所副所长）/ 福建省张天福有机茶技术服务中心

推荐理由：

金元泰产品原料选自"张天福有机茶园示范基地"——福建省永泰县联坪村。尖山水库、生态茶园以及云山雾海赋予了产品原生态的味道。

永泰红茶是一款以乌龙茶高香品种与红茶加工工艺结合的典范。从种植、管理、采摘到生产、加工，切实保证产品的健康、绿色、环保。在加工工艺上创新，品质上严格把关，精益求精。

古树红茶系融合了红茶的发酵工艺与普洱茶的紧压工艺精制而成的红茶饼。集"五高"特点于一身：高树龄，均在500年至1700年左右；高海拔，平均海拔为1800米；高境界，全国唯一一个立"茶魂"石碑、拜茶祖之地；高视界，景迈山芒景古茶园已申报世界文化遗产地项目；高品味，既有红茶之果香，又有普洱茶之樟木香，可以长期存放。

英德品无界茶业有限公司

英德品无界茶业有限公司是一家集茶叶种植、生产、加工、销售、品牌运营、职业培训、文化传播为一体的综合性企业。旗下拥有生态茶园生产基地、精制分包厂、广州营销中心、品无界旗舰形象体验馆等分支机构，正在筹建培训中心、茶文化研究院。

公司根植于中国红茶之乡——英德，依托英东、英中、英西北、英西南四大地理标志产品保护茶区，引进专业技术人才与职业管理团队。现已对外推出红悦、红蕴、红瑞、品颂（定制款）、品道（定制款）5大系列共20多款血统纯正英德红、绿茶产品，其中有5款茶叶为品无界独有特色产品，红悦系列已获国家外观专利。目前，产品畅销国内、港澳台，以及东南亚、欧美等多个国家与地区，深受广大消费者喜爱。

"品无界"已注册品牌商标，以"中国英红标志性品牌"为企业使命，"健康、环保、创新、时尚、高质"为产品理念，对茶叶生态与品质的要求贯穿种植、生产、加工、仓储、销售、品饮整个链条。企业拥有生态茶园种植面积400亩，采用生态有机种植，得到广东省农科院、华南农业大学资深专家指导，被英德农业局指定为英德区域茶叶生态栽培技术应用示范基地，并成功发掘、打造了单株冠幅最大的标志性"品无界茶王"。

2010年，品无界在英德区域树立了茶文化形象标杆。2013年，品无界在英德区域树立了品牌形象标杆，同时荣获"首届中国英德红茶文化节指定用茶"称号、清远日报"年度投资潜力奖"、"广东2013迎海杯茶艺师职业技能大赛"职工组铜奖和人才培养贡献奖。

企业联系方式

地址：英德市富强东路凤凰城南门 A9 栋 1-122
邮编：513000
电话：0763-2665533
传真：0763-2665522
邮箱：pinwujie@pinwujie.com
网址：www.pinwujie.com
购买热线电话：400-8812-009
电商平台：http://shop116342348.taobao.com/index.htm

茶款名称：红悦·九号
　　　　　（英红九号）

茶类：红茶（英德红茶）
产品特点：本茶品由英红茶树良种英红九号优质嫩叶加工而成。成茶：条索圆结肥硕均整，色泽乌黑油润，锋苗毕露，显金毫；冲泡后：叶底柔软肥厚，铜红润亮；茶汤：红艳明亮，显金圈；口感：口感醇滑、浓厚、强烈、鲜爽、收敛性强，饮后喉底回味悠长，浓醇回甘生津。

茶款名称：红蕴·蜜香

茶类：红茶（英德红茶）
产品特点：本茶品由英红良种茶树优质嫩叶加工而成。成茶：条索紧结纤细，匀整优美，色泽鲜活，乌黑油润；冲泡后：叶底柔软细嫩，深红艳红边；茶汤：金黄艳亮，茶汤浓稠，挂杯；口感：浓郁醇滑，带花蜜香，突显"蜜韵"，饮后口齿留香，蜜醇回甘。

茶款名称：红瑞·兰蔻

茶类：红茶（英德红茶）
产品特点：本茶品由英红茶树良种英红九号优质嫩叶加工而成。成茶：条索圆结肥硕
均整，色泽乌黑油润，显金毫；冲泡后，柔软，铜红肥厚；茶汤：浓稠，汤色红艳明亮，
显金圈 ；口感：浓厚、强烈、鲜爽，饮后口齿留香，甜醇回甘。

推介专家：
黄建璋（国茶专家委员会委员，广州市茶业协会秘书长）、陈仕洲（茶叶资深专家，原英德市
茶叶局主管生产技术副局长）
推荐理由：
英德是中国红茶之乡。英德红茶是中国三大出口红茶之一，是国家地理标志产品，获国家证
明商标。其区域品牌价值已从 2010 年的 6.62 亿元增至 2013 年的 10.88 亿元，在红茶类
中排名第 3 名。英德红茶从 1980 年起获得国际、国家、部省的各类奖 73 次，是中国红茶的
姣姣者。而品无界茶业有限公司所生产的红茶是英德红茶的杰出代表，该企业专注于"英红"
的产销和品牌打造，产品定位于时尚、高质。积淀、传承、开启标杆是企业追求的目标，奉献、
创造是其宗旨。特此推荐。

广东省华海糖业发展有限公司

　　广东省华海糖业发展有限公司（简称华海公司）于 1997 年由原广东省国营勇士农场、广东省国营海鸥农场与广东省华丰糖厂合并而成，是一家以制糖、茶叶为支柱产业，集农工贸技一体化、产供销一条龙的国有大型企业，隶属于广东省湛江农垦集团公司。华海公司先后获得广东省重点农业龙头企业、广东省文明单位、广东省思想政治工作研究先进单位、湛江市先进集体、湛江市五一劳动奖状、湛江市改革开放 30 周年功勋企业、全国模范职工之家、湛江市企事业安全生产先进单位、湛江农垦科技工作先进单位、湛江农垦精神文明建设先进单位等荣誉称号。公司拥有土地面积 18 万亩，资产总额 10 亿多元，固定资产 6 亿多元，总人口 8400 余人，在职职工 3000 多人。年自产制糖原料蔗约 30 万吨，年加工原料蔗约 60 万吨，年产白砂糖约 5 万吨左右。拥有茶园面积 3000 亩，年产干茶约 300 吨。

　　华海公司位于中国大陆最南端的湛江市徐闻县，地处雷州半岛东南端。东出南海，西临北部湾，南与海南隔海相望，属亚热带海洋性季风气候区，光、热、水资源丰富，地势平坦，土壤肥沃，雨量充沛，交通方便，对发展热带作物具有得天独厚的生态环境。公司一直致力于生产"优质、安全、卫生、营养"食品，于 2007 年起被认定为广东省重点龙头企业，主要产品"丰"牌白砂糖和"雄鸥"、"勇士"牌蒸青绿茶获绿色食品认证、有机食品认证、广东省著名商标，为中国名牌农产品及广东省名牌产品。

企业联系方式

地址：广东省徐闻县曲界镇
邮编：524132
电话：0759-4300851
网址：http://gdhhai47.b2b.hc360.com

茶款名称：雄鸥、勇士牌蒸青绿茶

茶类：绿茶

产品特点：雄鸥、勇士牌蒸青绿茶源自优良天然茶园，采用独特的蒸汽杀青加工方法，成功地克服了大叶种绿茶的品质缺陷，杜绝了一般绿茶常见的烟味、焦味、苦味和涩味，达到了绿茶要求的"清汤绿叶"的品质要求。该茶具有汤色清绿明亮，香气清高持久，熟板栗香浓郁，滋味鲜爽回甘，清而不淡，浓而不涩，止渴生津等特征，是绿茶类不可多得的精品。并因其健康绿色和高品质，赢得了社会各界人士的高度赞赏与广泛推崇，深受消费者欢迎。多年来，在"中茶杯"及广东省茶叶评比中，屡获殊荣。

雄鸥、勇士牌蒸青绿茶在制作上，由于改进及发展了国内绿茶的蒸青制茶工艺，创造了大叶种绿茶的蒸青杀青工艺，在丰富了茶叶花色品种及制作工艺的同时，使产品具有了日本蒸青绿茶所缺乏的典型绿茶香气板栗香。

茶款名称：雄鸥牌金萱红茶

茶类：红茶

产品特点：雄鸥牌金萱红茶，叶色墨黑泛紫黄金芽，茶色温润沉稳，香气高纯持久，带淡淡花香气，入口醇滑，有回甘喉韵的特色。原料采自公司自有金萱茶园，位于类似高山环境的海边丘陵地带，产品色香味均具有不是高山胜似高山的特点，创造了平地茶园奇迹。金萱品种自台湾引进种植，产品香高韵足，不失其品种特点。该茶品，多为高雅人士所喜爱，亦为茶友共赏之佳品。

推介专家：

张义丰（国茶专家委员会副主任，中国科学院地理科学与资源研究所研究员、农业与乡村发展研究室副主任）

推介理由：

广东省华海糖业发展有限公司地处雷州半岛，中国大陆最南端。其火山田园的土壤环境、雾气条件，是生产好茶理想区域。其蒸青绿茶和金萱红茶，享誉国内外，是不可多得的茶中精品。同时该区域又是我国长寿之乡，具备茶文化旅游深度开发的条件，是本人推介的茶旅一体化发展的示范区。

潮州市天池凤凰茶业有限公司

  潮州市天池凤凰茶业有限公司坐落在中国乌龙茶之乡——潮州凤凰镇,成立于2002年,是一家集有机生态茶园基地、加工、销售服务为一体的现代化企业。公司在海拔1392米的凤凰镇乌崇山上拥有可开发的茶园山地2万亩,现已开垦自然生态有机茶园3000亩,是目前粤东地区海拔最高、规模最大的有机单丛茶生产种植基地。

  天池人秉承"创品牌、保质量、立百年基业"的宗旨,依托茶区天然的地理位置与气候条件,致力于实现茶树良种化、茶园生态化、产品品牌化、品牌多样化、经营产业化。种植生产的"乌崇山"潮州凤凰单丛茶不使用人工合成的化肥、农药和植物生长调节剂,引用潮州新八景之一的凤凰天池山泉水灌溉。此外公司特别推出的"天池红"红茶,摘自一芽一叶的高山单丛茶叶,是应用红茶的传统做法,配合单丛茶特点进行全发酵而成的新品种。

  目前,公司已通过国家质量安全QS认证,并取得国家有机茶认证资格,生产出品的各种香型潮州凤凰单丛茶均符合国家标准和欧盟出口标准,享有良好的市场口碑和品牌竞争力。

企业联系方式

地址:潮安县凤凰镇乌东顶
邮编:521000
电话:0768-2129202
网址:http://www.cztctea.com

茶款名称：天池红

茶类：红茶

产品特点：天池红红茶是摘自一芽一叶的高山单丛茶鲜叶，应用红茶的传统做法，配合以单丛茶特点进行全发酵而成的新品种。其成品外形条索紧细匀整，锋苗秀丽，色泽乌润；清芳并带有蜜糖香味，蕴含着特殊的香味，馥郁持久；汤色红艳明亮，滋味甘鲜醇厚，茶底红亮。

推介专家：

张瑞端（国茶专家委员会委员，广东工艺研究所壶艺研究中心主任）、石中坚（国茶专家委员会委员，韩山师范学院副教授，地方文化专家）

推介理由：

凤凰单丛茶属于乌龙茶类，产于粤东最高峰的凤凰山上。经国家质检总局批准：凤凰单丛茶实施地理标志产品保护。本款天池红红茶系凤凰单丛茶的创新品种。成品茶茶条紧卷，呈黑褐色，油亮光泽；茶汤深金黄色，甘醇润滑，既有天然花香，又具红茶韵味，且微带甜味；虽为红茶，但经久耐泡，通常可冲泡 20 次仍味不褪；冲泡后茶底仍结实，呈金黄色。具有形美、色厚、香郁、味甘"四绝"，确为茶之珍品，茗之新秀。

潮州市益兴茶叶实业有限公司

　　益兴茶业创办于1979年。2005年3月成立潮州益兴茶叶实业有限公司，是一家产、供、销一条龙，科、工、贸一体化的茶业企业。

　　公司下设潮安县凤凰泽叶香茶叶种植基地、饶平茶叶加工厂（市农业龙头企业、饶平县农业龙头企业）、水美科技茶园和名优茶种植基地，在潮州市区、饶平县城设有3个批发部；具备一定的经营规模和雄厚的经营实力，软硬件设施齐全，在茶业产业享有较高的知名度。

　　公司在近几年来，技术创新成果不断，其中："岭头单丛茶机械化加工技术"获县科技进步二等奖、农技推广一等奖，单丛茶获第二届中国岭头单丛茶评比金奖、新产品"单丛红茶"获首届"国饮杯"一等奖。

　　公司主要产品有凤凰单丛和岭头单丛二个乌龙茶系列，分别使用泽叶香、水美香茗2个注册商标，制茶工艺依照有机茶和无公害标准进行，实行生产全过程质量监控，实现产品可追溯，产品通过了国家食品QS认证和无公害农产品认证，销售遍及全国各地及东南亚各国，在消费者中享有盛誉，2008年获"最受港、澳地区消费者欢迎茶叶产品"荣誉称号。

　　公司依靠科学管理，立足市场创效益。坚持"以农为本、科技为先、产业带动、共同发展"的产业化经营理念。建立标准化生产基地，坚持科技创新，依托公司丰富的茶叶资源，有效地提升茶叶质量，逐步形成了品牌化、专业化、规模化生产格局。

　　公司将继续坚持"质量第一，信誉第一"的宗旨，以科学的管理手段，雄厚的技术力量，竭力研制出"色、香、味"俱佳的系列名茶，让更多人享受到益兴茶业的纯天然香茗。

企业联系方式

地址：潮州市湘桥区新桥西路欧各国12号
邮编：521000
电话：0768-2382933
网址：http://www.czyxtea.com

茶款名称：泽叶香牌凤凰单丛茶

茶类：乌龙茶

产品特点：本款成品茶条紧直，呈黑褐色，油亮光泽；茶汤色金黄，甘醇爽口，有天然花香，微带甜味；经久耐泡，冲泡20次仍味不褪；叶底结实，呈淡褐色。具有形美、色翠、香郁、味甘"四绝"，确为茶之珍品，国之瑰宝。

推介专家：
张瑞端（国茶专家委员会委员，广东工艺研究所壶艺研究中心主任）、石中坚（国茶专家委员会委员，韩山师范学院副教授，地方文化专家）

推荐理由：
凤凰单丛茶属于乌龙茶类，产于粤东最峰的凤凰山上。凤凰山区濒临南海，气候温暖，雨水充沛，茶树生于1000米以上的山区，终日云雾弥漫，空气湿润，昼夜温差大，土壤肥沃深厚，含有丰富的有机质和多种微量元素。经国家质检总局批准，凤凰单丛茶实施地理标志产品保护。该公司近年来，技术创新成果不断，有效地提升了茶叶质量，产品多次获奖。本款凤凰单丛茶成品质优，形美、色翠、香郁、味甘，为茶之珍品，特此推荐。

潮州市玉树堂茶业有限公司

  潮州市玉树堂茶业有限公司设立于中国乌龙茶主产区之一潮州凤凰乌崀山。玉树堂茶业集茶叶种植、生产、加工、研发、营销、品牌与文化建设推广为一体，在潮州凤凰乌崀山海拔约 1000 米处建有单丛茶种植基地，是提倡奉献安全优质、健康天然单丛茶的主要企业之一。

  玉树堂茶业制定以"文化＋品牌＋科研＋农业合作"为主体的经营发展模式，在潮州、深圳、北京等国内主要省市均设立有文化推广、品牌体验直营店及分公司，是潮汕工夫茶文化推广与单丛茶品牌建设发展的主导企业之一。

  玉树堂人秉承中国传统文化思想，始终坚持"存好心，做好茶"的宗旨，携手行业专家合作支持，积极开展"产、学、研"校企合作模式，有效引入 GAP（良好农业规范）方法与完善的产品质量追溯体系，励志以"奉献健康美味、创新生活方式、弘扬国茶文化"为使命，竭诚将优质的茶品和高品味的生活文化带给每位消费者。

企业联系方式

地址：潮州市潮安区凤凰镇凤西村大庵西片
电话：400-830-2555
网址：www.yst-tea.com

茶款名称：醇和园牌单丛

茶类：乌龙茶

产品特点：醇和园牌单丛，产自中国乌龙茶主产区——潮州凤凰乌崀山玉树堂茶业单丛基地，经过严格的品质控制与名师精湛的半发酵工艺精制而成。干茶褐润，条索壮结；汤色橙黄明亮；蜜兰香浓纯、持久；茶汤醇爽绵糯且回甘力强；汤一入喉，齿颊生津，绵甜悠长的花香充斥着整个口腔。

茶款名称：醇和园牌红茶

茶类：红茶

产品特点：醇和园牌红茶，产自中国乌龙茶主产区——潮州凤凰乌崀山玉树堂茶业单丛基地，精选单丛茶鲜叶，经过严格的品质控制与名师精湛的工艺精制而成。干茶褐润，条索细紧；汤色橙红明亮；天然花蜜香转花果香，浓郁持久；绵柔花香入汤、滋味甜醇、回甘；耐泡性佳。

推介专家／社团：

林宇南（国茶专家委员会委员，潮州工夫茶文化研究院常务副院长，国家评茶师）／潮州工夫茶文化研究院

推介理由：

潮州市玉树堂茶业有限公司集茶叶种植、生产、加工、研发、营销、品牌文化为一体，在潮州凤凰乌崀山海拔约 1000 米处建有 500 亩良好的生态单丛茶种植基地，以及 1500 千克以上的商品茶年生产量和 100 千克现存量。生产企业已通过 QS 认证，其"产、学、研"校企合作模式成为标杆，有效引入 GAP 方法与完善的产品质量追溯体系，成为品牌茶企。醇和园牌红茶、醇和园牌单丛在市场销售上深受百姓喜爱，是当地著名文化茶企。醇和园牌单丛茶作为广东名茶代表，应邀参与第九届北京文博会国茶文化盛宴并被指定为国茶文化成果巡礼暨 2014 中国地理标志（原产地）茶叶品牌推介活动唯一指定用茶。

广西苍梧六堡茶业有限公司

　　1960年，六堡公社茶场成立，8000亩自有茶园，成为六堡茶最大的初制厂。1976年，合并所有六堡行政村的初制厂，苍梧六堡公社茶厂成立，开始初制与精加工并行的道路。立足六堡茶原产地的青山绿水和上万亩原种茶园，年产成品茶2万担，是当时梧州规模最大的六堡茶企业。其精制的六堡原茶、六堡老茶和六堡茶以其独特的六堡风味广受青睐，并远销东南亚和港澳地区。

　　2006年，苍梧六堡茶厂经重组创建为苍梧六堡茶业有限公司。成为第一家，也是目前为止为数不多的建立在六堡茶原产地——广西苍梧六堡镇的六堡茶厂，公司出产的茶叶从种植、采摘到加工生产，再到仓库陈化，都是在原产地六堡镇进行的。

　　几年来，通过对老茶园的改造，发展示范茶园，向当地农户推广种植等措施，扩大了六堡茶园的面积和产量。2010年8月，苍松六堡茶园中有193.6亩茶田获得了中绿华夏的有机认证，2012年296亩茶园再获中绿华夏有机认证。有机茶园近500亩，成为六堡茶行业获得有机基地和食品认证的支柱企业，真正从原料开始为广大消费者提供健康放心的六堡茶产品。公司陆续获得苍梧县十佳企业、梧州市农业龙头企业、梧州市产业扶贫龙头企业、广西著名商标等荣誉。

企业联系方式

地址：广西苍梧县六堡镇
网址：http://www.liubaocha.net
北京代理电话：010-63252661

茶款名称：苍松牌六堡茶 9617

茶类：黑茶

产品特点：色褐香浓，有红、浓、陈、醇的特点。通过对六堡茶传统工艺的保护传承，苍松牌六堡茶以其纯正的口感、地道的原料，依托原生态的环境，成为高品质六堡茶的代表。六堡茶属于温性茶，具有消暑祛湿、明目清心、帮助消化的功效。既可饱食之后饮之助消化，亦可以空腹饮之清肠胃。

推介专家／社团负责人：

张永立（国茶专家委员会秘书长）／付光丽（北京市茶业协会常务副会长）

推荐理由：

苍松牌六堡茶的优势在于生产企业立足原产地，依托老厂、老茶园、老工艺传承六堡茶的历史和技艺。企业是当地龙头茶企，通过获得有机基地和食品认证制作有机产品来确保产品质量安全。该茶具有色褐香浓，红浓陈醇的特点，口感纯正，原料地道，品质好，价格合理，适合百姓消费。同意推介中华好茶。

广西梧州茂圣茶业有限公司

广西梧州茂圣茶业有限公司是一家集广西名茶（六堡茶）的种植、深加工、销售、研发为一体的民营企业，是广西最大的专业生产六堡茶的龙头企业，是广西首家获得六堡茶原产地地理标志专用保护产品的企业，是边销茶指定生产企业，2012 年公司被列入"十二五"规划期间全国少数民族特需商品指定生产企业行列。公司成立于 2004 年 12 月，注册资金为 3000 万元人民币。目前分别在梧州市和苍梧县六堡茶集中加工区内建有两座现代化的专业厂房，拥有先进茶叶加工生产线及六堡茶衍生品生产线等，年生产加工六堡茶能力达 3000 吨以上。

公司拥有的黑茶生产线，采用传统工艺与现代科技相结合，是国内首条自主研发的科技含量高、节能环保的现代化黑茶生产线，其容量为 25 吨的全自动温控发酵罐是国内最大茶叶发酵罐，已获得国家发明专利，该黑茶生产线的生产工艺、流程、规模、技术均达到国内领先水平。为保证六堡茶原产地的茶叶品质，根据种植六堡茶所需的地理、气候、水质等特点，茂圣茶业采取了"公司 + 茶叶种植示范园 + 农户"形式在苍梧县六堡镇狮寨镇等地投资建设茶叶种植基地，充分保证了优质茶叶原料供应的稳定性和原产地性。公司已通过 QS 认证、ISO9001 质量管理体系认证和 ISO22000 食品安全管理体系认证。取得 4 项国家发明专利，13 项外观设计专利，公司的技术研发中心在 2012 年度获自治区工信委、科技厅自治区级技术中心认证及政策扶持。

茂圣公司在 2006 年荣获首个六堡茶金奖，实现了六堡茶在国际茶博会金牌榜"零"的突破，随后在"中茶杯""国饮杯"及全国各地国际茶博会上连续获得 24 项金奖。公司在 2013 中国茶叶企业产品品牌价值排行榜由上年的 66 名上升为 63 名，品牌价值高达 1.38 亿。2013 年 10 月，公司六堡茶及其制品获得国家生态原产地产品保护，为茂圣公司打造生态六堡品牌奠定坚实的基础。

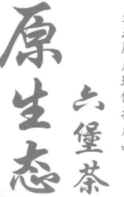

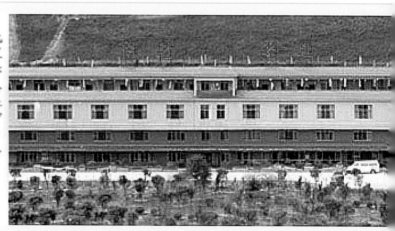

企业联系方式

地址：广西梧州市舜帝大道中段 56 号
电话：0774-5828808
网址：http://www.mostea.com

茶款名称：茂圣牌六堡茶 5612

茶类：黑茶

产品特点：茂圣牌六堡茶茶汤汤色干净通透，回甘，无杂味，茶气足，耐泡，条索优美，整齐有活性，冲开之后，茶叶有弹性。有茶芽的茶，茶汤比较嫩，四五级的茶，茶汤老，回甘。由于在工艺上采用轻发酵，而且是传统工艺与现代科技相结合发明的发酵罐发酵，整个生产过程不落地机械化生产，大大提高了茶的档次且安全卫生。

推介专家 / 社团负责人：
张永立（国茶专家委员会秘书长）/ 付光丽（北京市茶业协会副会长）

推荐理由：
茂圣牌六堡茶，汤色干净通透，回甘，无杂味，耐泡。其生产线的生产工艺、流程、规模、技术均达到国内领先水平，整个生产过程不落地机械化生产，大大提高了茶的档次且安全卫生。采取"公司 + 茶叶种植示范园 + 农户"形式，在苍梧县六堡镇狮寨镇等地投资建设茶叶种植基地，充分保证了优质茶叶原料供应的稳定性和原产地性。

梧州中茶茶业有限公司

梧州中茶茶业有限公司（简称梧州中茶），在整体收购原广西梧州茶叶进出口公司基础上改制而成。原广西梧州茶叶进出口公司前身，是中国茶业公司中南区公司广州市公司广西办事处，成立于1951年11月。1953年脱离广州市公司，改组为中国茶叶总公司梧州支公司，同年更名为中国茶叶总公司广西支公司，并迁址南宁，梧州保留办事处，1954年办事处与茶厂合并为梧州茶厂，由广西支公司领导；1955年改为中国茶叶公司广西省分公司梧州办事处，1988年正式更名为广西梧州茶叶进出口公司。2007年12月成立梧州中茶茶业有限公司，2008年整体收购原广西梧州茶叶进出口公司。

梧州中茶是一家集收购、加工、销售、出口于一体的综合型企业，公司现位于梧州市西江四路。现有职工100余人，大专以上学历30人，有高、中级国际商务师、评茶员、制茶技工、质量检验员，以及优秀生产工人一批。公司茶园基地遍布广西各地，包含灵山县、鹿寨县、龙州县都等基地，从源头就开始严把质量关，从加工到出厂全程监控，做好质量。工厂通过出口备案注册，取得食品生产许可认证，以及ISO9001-2008，22000-2005质量体系认证。

六堡茶是公司自创建以来就一直生产及出口的产品，产品质量稳定，多次获得各机构颁发的奖项，连续三届获得六堡茶最高荣誉——广西春茶节名优茶评比金奖。上世纪90年代，年出口量达1000多吨，畅销我国香港、澳门地区，以及马来西亚、新加坡等国家，享有很高声誉，深受广大侨胞喜爱。

工厂坐落在山水秀丽的西江河畔的李家庄，依山傍水，环境幽雅，空气清新。占地近万平方米，拥有宽大的厂房，有成套精良的茶叶加工机械设备和质检仪器设备，制茶技术成熟精湛，品种规格齐全，可生产六堡茶、红茶、绿茶、花茶等多个花色品种。现有品牌有"多特利""中茶"两个注册牌号。

企业联系方式

地址：广西梧州市西江四路6号外贸大厦A座十楼
邮编：543001
电话：0774-2816889
网址：www.wuzhoutea.com.cn/index.aspx

茶款名称：窖藏 1952 五年陈六堡茶

茶类：黑茶（六堡茶）

产品特点：本品选用 5 年陈年特级原料，芽毫明显，外形紧细匀整，色泽乌黑油润，滋味醇厚回甘，叶底红褐柔软，全面体现了传统六堡茶"红、浓、陈、醇"的品质特点。经过独家特有窖藏，滋味更醇更香，层次感更丰富，茶褐素大量增加，口感更好，采用铝膜独立小袋装，每袋 5 克，正好一泡分量，方便使用和携带配高档礼盒，包装美观新颖 。

1952 年至今 60 多年来企业始终如一在做六堡茶，积累了丰富的技术，形成了自己独特的产品风格。窖藏是茶叶及酒类等醇化的关键技术，梧州中茶一直以来都在利用窖藏进行陈化。窖藏 1952，就是用 40 多年的老窖，用独家窖藏技术进行陈化，为纪念公司最初成立的岁月而特制的。

推介专家：

危赛明（国茶专家委员会委员，国家科技专家库专家）

推荐理由：

该款产品系中国驰名商标"中茶"品牌，采用独家特有窖藏陈化工艺，产品具有传统六堡茶"红、浓、陈、醇"的品质特点，层次感丰富，在黑茶产品中独树一帜，树立了老国有企业良好的产品品牌形象，具有一定的代表性。

贵州贵茶有限公司

  贵州贵茶有限公司为国家级农业产业化重点龙头企业，注册资金为 1.9 亿元。全资拥有贵州凤冈黔风有机茶业有限公司、贵州凤冈贵茶有限公司（原贵州凤冈春秋茶叶有限公司）、贵州久安古茶树茶业有限公司等子公司。贵茶致力于让天下人喝上干净的茶，从源头控制茶叶质量，让消费者喝得干净，买的放心。"卖干净茶，挣干净钱"，是贵茶一以贯之的经营理念，也是贵茶秉承遵守的指导原则，将"干净"坚持到底。

  公司的绿宝石茶充分挖掘了贵州茶叶的内在品质，开启大宗绿茶原料生产高档名优茶之先河，不仅在贵阳乃至贵州省有一个稳定而庞大的"绿宝石"消费群体，2014 年 4 月起全面进入北京吴裕泰、深圳八马等大型茶叶连锁公司千余家店面销售，为优质的贵州绿茶创中国名牌产品找到了突破口；并且通过欧盟严苛的农残检测，出口到德国、新加坡等国家，远销美国星巴克，在我国香港华润万家超市上架。公司计划在 3 年内建成 20 万亩自有茶园，在未来 5 年持续投入数亿元的营销费用，覆盖北京、广州、青岛等大中城市以饮品、商超为重点的营销渠道，全面进入吴裕泰等全国茶叶连锁店。

企业联系方式

地址：贵州省贵阳市小河区西南环线 296 号
邮编：550009
电话：0851-5282692
网址：www.emerail.cn

茶款名称：绿宝石

茶类：绿茶
产品特点：贵茶"绿宝石"绿茶，贵州十大名茶之一，采自海拔 1000 米以上的贵州高原，高海拔、低纬度、寡日照，远离污染，天然纯净。精选持嫩度较好的一芽二、三叶茶青为原料，采用贵州牟氏独特制茶工艺，并结合现代先进的自动化加工技术精制而成。其加工、造型方法已获 2 项国家发明专利。
"绿宝石"绿茶通过欧盟严苛的农残检测，盘花颗粒重实饱满，色泽绿润，冲泡后茶叶自然舒展成朵，嫩绿鲜活，栗香浓郁，汤色黄绿明亮，滋味鲜爽醇厚，冲泡七次犹有茶香，以"七泡好茶"著称。

茶款名称：久安千年红茶

茶类：红茶

产品特点：采自贵州海拔1200—1500米的花溪久安乡高山千年古茶，经历千百年而长兴不衰的中国茶独特品种，在世界喀斯特王国独特地貌滋养下，融进了高原雨露的灵性和煤山土壤的精华，表现出一种人与自然和谐的醉人气息。长治久安、国泰家和，千年文化的熏陶，神秘而韵味厚重。

久安千年红，外形条索紧细卷曲，匀整，显金毫。色泽乌润，古韵深远，香味浓郁高长，似蜜糖香，蕴藏有玫瑰花香，馨人肺腑，回味幽长。汤色红艳明亮。滋味醇厚，花香明显、鲜爽，尤以回甜见长。入口立刻生津，似有桂圆汤味又似玫瑰花露味，叶底嫩软红亮。细心静品，一种古老而淳朴的自然气息会让人情不自禁地沉醉其中。

推介专家：

郑文佳（国茶专家委员会委员，贵州省茶叶研究所研究员）

推介理由：

绿宝石绿茶属于高原绿茶。贵州高原崇山峻岭，终年云雾缭绕，土壤中富含锌、硒等矿物质，导致这种茶叶量大且味道滋味厚重、鲜爽甘醇。绿宝石的制作摒弃了传统的芽茶选料，采用一芽两叶、一芽三叶制作，从根本上突破了采摘上的劳动力制约瓶颈，原料区域广泛，可跨季节、跨品种进行拼配，使生产实现了规模化。在保证茶叶品质稳定的同时，其营养更丰富，价格又比较适中，很受消费者欢迎。

久安千年红茶原料选择精细，选自贵阳市花溪区久安乡古茶树群，每年清明时节每株古树仅采新鲜茶叶一两，每年仅得大师级上品古茶500多斤。产品品质独特，耐泡程度好，含有丰富的氨基酸、维生素、矿物质和微量元素，营养价值高，堪称"物以稀为贵"。

黔南州贵天下茶业有限责任公司

    黔南州贵天下茶业有限责任公司,是由南方最大煤炭企业集团——贵州省省属大型国企贵州盘江投资控股(集团)有限公司控股,黔南州都匀毛尖茶有限责任公司、贵州省都匀市土产公司、都匀市匀山茶叶有限责任公司、都匀茗泉山茶业有限公司资产入股组建的大型茶业企业集团。公司于2012年12月22日注册成立,注册资本1.335亿元。公司董事长潘勇辉博士毕业于武汉大学世界经济系,系财政部财政科学研究所博士后、中南财经政法大学经济学教授、中组部、团中央第11批西部博士服务团成员。

    公司现有员工85人,季节性采茶工3000余人。公司以茶园种植、培育,茶叶生产、加工、销售等为经营主体,拥有自主核心茶园基地8000亩,而"公司+基地+农户"的生产模式连接带动茶农1600余户,覆盖茶园6万余亩。公司旗下茶叶加工生产厂房2.5万平方米,清洁化、自动化生产线8条,全部通过HACCP、QS、ISO9001-2000、ISO14000等认证。

    公司股东黔南州都匀毛尖茶公司、都匀市土产公司、都匀茗泉山茶业有限公司组建前在长期的积累与探索中,已形成各自独立的茶叶种植、生产加工、经营管理体系,集各项荣誉于各身。公司产品全部通过欧盟检测标准、国家地理标志产品认证、原产地标记注册认证、绿色食品认证、有机茶认证。在历届茶艺大赛中已斩获多项殊荣,相继荣获巴拿马太平洋万国博览会金奖、中国世博会十大名茶、第九届中国国际茶业博览会绿茶类金奖、2013CCTV中国年度品牌、2014中国市场营销国际学术年会中华优秀营销奖等。

    2012年伊始,公司聘请国内顶尖策划机构叶茂中策划,全程护航品牌策划工作,并携手国际巨星林志玲小姐共同诠释贵人文化,打造"贵天下"这一强势品牌。

企业联系方式

地址:贵州省都匀市
邮编:558000
网址:www.gtxtea.com

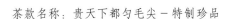
茶款名称:贵天下都匀毛尖-特制珍品

茶类:绿茶

产品特点:自古作为贡茶的限量级都匀毛尖"特制珍品",其茶芽都源自北纬30度线上的黄金地带,拥有1200米的平均海拔,占据中国绿茶的至高点。芽叶条索紧细卷曲,白毫密布叶面,匀整绿润,纯净无任何杂物,每一片叶皆精选自最古老的茶树,多年前送给毛主席的都匀毛尖也出自这棵古树。"十大顶级炒茶师"的全手工炒制,将营养和滋味推至极致,最后再通过专家组挑剔的感官评审及严格的理化指标检测(欧盟462项有机茶检测)。苛刻的要求,使得4斤上好的都匀毛尖"珍品"中,才能精选出1斤"特制珍品"。品都匀毛尖"特制珍品",先观其色,茶汤明净透亮,再感受持久的嫩香,在鲜爽回甘的滋味中享受不带一点杂质的醇厚。

茶款名称：贵天下都匀毛尖－特级

茶类：绿茶

产品特点：特级都匀毛尖出自天然无污染的高原净土，皆为一芽一叶初展的上等茶芽，条索卷曲，叶面披毫，叶底整齐明亮。从摘采到炒制，爱茶之人像呵护婴儿一样照顾每片叶，每一步都细心备至。高温杀青，紧细揉捻，搓团固形，摩擦提毫，轻翻烘焙，所有步骤一气呵成，蕴含精华的小毛毛都完整保留，将营养浓缩在叶中。泡一杯特级都匀毛尖，茶汤绿中透黄，清新的香气缓缓萦绕，细品甘甜滋味，更是心旷神怡，全身每一处都洋溢着惬意。

推介专家：
郑国建（国茶专家委员会委员，中华全国供销合作总社杭州茶叶研究院党委书记、副院长）
推荐理由：
1. 产品品质优良，质量稳定，深受消费者喜爱。
2. 市场不断扩大，信誉良好。
3. 有一定的品牌影响力。

贵州聚福轩茶业食品有限公司

贵州聚福轩茶业食品有限公司2004年成立以来，一直秉承"聚心成福，聚福是心"的福道文化精神，致力于"茶礼天下，聚福万家"的企业理念，在茶的世界里不遗余力地耕耘、创造、提高、发展，旨在通过五千年厚载的茶道，来传承茶中之和、茶中之礼、茶中之福。十余年来，聚福轩潜心思进，通过最初的茶艺传播到目前实现了多元化发展的跨越。目前旗下有聚福轩·黔茶库、聚福轩·无华山房、聚福轩·尚香茶馆、聚福轩·甲秀茶艺、聚福轩·彩聚堂、聚福轩·茶悦瑜伽、聚福轩·心茶之旅、聚福轩·福道传媒等多个产业品牌，不断地为铸造黔茶产品品牌走入流通渠道而努力奋进。

聚福轩，贵州文化茶第一品牌。2010年荣获贵州省著名商标。聚福轩成立至今，始终将"儒福"文化与"黔茶文化"贯穿自本企业文化加以推广。聚福轩的发展之根是将中国茶文化更好的延续和创新发展，以儒家思想经营企业，努力使企业成为有道德风范、有文化素养的黔中一品茶企。

从甲秀茶艺开始，聚福轩就一直致力于提供一种与众不同的具有浓厚文化积淀和韵味的城市茶生活，在都市喧嚣中营造出一方淡雅清净的桃源胜地。位居金阳的聚福轩精品茶生活体验馆，从现代人的需要和生活习惯出发，全面提供从茶产品到茶具、茶艺、茶悦瑜伽等与茶生活相关的生活方式，让生活节奏匆忙的现代都市人能轻松选择，并将茶生活带回家。

多年来，"聚福轩"始终坚持以人为本、以质取胜，以科学发展观念拓展市场。在黔茶产业中积聚了集生产、销售、茶文化研究与宣传的多元化经营模式。聚福轩深入挖掘黔茶精髓，整合贵州六大名茶资源，开发高原翠系列茶产品，将湄潭翠芽茶、石阡苔茶、凤冈锌硒茶、贵定云雾贡茶、匀品毛尖茶和御品鸟王茶集中呈现给消费者。并以"聚福、祝福、祈福、惜福、来福"划分等级，充分体现了聚福轩倡导的福文化，同时为消费者提供了丰富的选择。

企业联系方式

地址：贵阳市云岩区瑞金中路 51 号瑞金商务大厦 7 楼
邮编：550002
网址：www.junfuxuan.com

茶款名称：红眉颂

茶类：红茶

产品特点：红眉颂，系采用贵州印江县梵净山茶为原料，按工夫红茶技术制作而成。此茶条索紧曲，汤色红润，滋味醇厚。特别适合在秋冬季节饮用，有较明显的暖胃驱寒功效。

茶款名称：锌硒福珠

茶类：绿茶

产品特点：锌硒福珠，系采摘凤冈生态茶园优良茶树鲜嫩芽叶，经过特殊工艺精细加工制成。外形圆结壮实，色泽绿润，汤色黄绿明亮，香气栗香浓郁，滋味鲜醇回甘，叶底绿亮完整，富含17种氨基酸和锌硒微量元素，锌元素被称为"生命的火花"，硒元素具有"抗癌之王"的美誉。

推介专家 / 社团负责人：

程启坤（国茶专家委员会顾问，中国国际茶文化研究会名誉副会长）、王亚兰（贵州省资深茶专家）/ 莫荣桂（贵州省绿茶品牌服装促进会副秘书长）

推荐理由：

红眉颂茶，完全采用正宗顶级红茶金骏眉的制作工艺，无论是茶形还是口感上都极具特色。茶形上，干茶绒毛密布，条索紧细金毫显现，呈金、黄、褐相间色泽，有独特的兰花香和蜜香，高香明显持续。滋味甘甜，厚重，能让人有唇齿留香之感。汤色金黄、浓郁。叶底匀整，茶色呈古铜色。

锌硒福珠茶叶产自中国富锌富硒茶之乡——凤冈县，选用清明谷雨之间的一级茶叶原料，特邀碧螺春、铁观音等名茶的制茶大师精心制作。干茶饱满呈颗粒状，墨绿如宝石，豆香、栗香明显且持久，较为耐泡，可泡7泡左右；汤色黄绿明亮，滋味鲜爽而浓厚，茶气厚重，回甘持久；叶底鲜嫩，芽叶匀整，叶片大气。此款茶性价比高。

贵州湄潭盛兴茶业有限公司

贵州湄潭盛兴茶业有限公司现为国家级农业产业化经营重点龙头企业，是集茶叶种植、生产、加工、销售、科研及茶文化于一体的现代化茶叶加工企业。成立于2003年，2007年11月改制成立股份制企业，2012年贵州盘江投资控股（集团）有限公司参与控股，是国有控股企业，注册资本500万元。位于贵州省湄潭县湄江镇金花村，占地面积1.5万平方米。年生产能力30万公斤（其中遵义红红茶18万公斤、绿茶12万公斤），拥有无公害茶园基地1.2万余亩及国内先进的制茶设备。企业先后通过QS、HACCP、ISO9001认证，名优茶生产达到国内领先水平。公司建立了现代企业制度，以股东代表大会为最高权利机构，实行股权（所有权）与经营权分离，执行董事会领导下的总经理负责制。

公司经营的主要产品为"遵义红"红茶、湄潭翠芽。企业坚持"品质与文化并重，实战与创新结合"的经营理念，塑造"原料标准高、工艺质量高、内含成分高"的三高品质个性，打造拳头产品，赋予其"开拓创新"的企业文化精神，在贵州省内率先推出高档红茶，制定合理的定价策略，锁定高端消费群体，依靠一流营销团队的执行力，在实战中创新市场营销模式，在创新中强化营销领先地位，收到较好的效果。

遵义红产品荣获2008年第九届广州国际茶文化博览会金奖，2009年第八届"中茶杯"全国名优茶评比一等奖，2009年贵州十大名茶评审委员会特别奖，2010年第十七届上海国际茶文化节中国名茶评选金奖，2011年第九届中茶杯全国名优茶评比一等奖。目前"遵义红"红茶已成为贵州最具发展潜力的红茶品牌。公司2008年度荣获遵义市及湄潭县茶产业发展先进企业，2009年度荣获中国茶叶行业百强企业，同年获市级农业产业化经营重点龙头企业，2010年获省级农业产业化经营重点龙头企业，2011年获国家级农业产业化经营重点龙头企业。

企业联系方式

地址：贵州省遵义市湄潭县
邮编：564100
网址：www.gtxtea.com

茶款名称：贵天下遵义红－御品系列

茶类：红茶
产品特点：产自中国名茶之乡——贵州省遵义市湄潭县，原料品种为盛兴公司独家开发的优质品种"遵义红5号"。紧细秀丽的外形，透着乌润的色泽，叶面披满金毫，黄金维度上珍贵的营养以及温润的气候，赋予茶叶得天独厚的优越品质。浅泡一杯，细细品味，香气中浸着果香之味，浓郁高长，滋味醇厚回甘，细品之下，甘润温和之感氤氲体内，驱寒暖胃，为身体滋补更多精华营养。

茶款名称：贵天下遵义红－尊品系列

茶类：红茶
产品特点：精选遵义湄潭盛兴公司独家开发的优质品种"遵义红9号"。外形条索紧细，微弯曲，色泽乌润，金毫显露；内质汤色红艳明亮，滋味醇厚回甘，香气浓郁高长，果香彰显；叶底红匀软亮。当叶芽沉浮于杯中，红艳明亮的汤色渐渐晕染开来，品一口只觉纯正鲜爽，幽长香气弥留唇齿之间，久久不散。该茶性温和，甘润适口，暖胃驱寒，四季皆宜。

茶款名称：贵天下遵义红－精品系列

茶类：红茶
产品特点：出自中国名茶之乡、全国无公害茶叶示范基地县——贵州高原湄潭县，选用国家级茶树品种黔湄419、黔湄502、黔湄601，精制而成。芽叶紧细亮泽，微微弯曲，金毫显露其上。细品"精品"，先观其色，但见汤色红艳，入口之后，果香四溢，味醇尚鲜，流动在全身每一处都变得温润适宜。

推介专家：
郑国建（国茶专家委员会委员，中华全国供销合作总社杭州茶叶研究院党委书记、副院长）
推荐理由：
1. 产品品质优良，质量稳定，深受消费者喜爱。
2. 市场不断扩大，信誉良好。

贵州祥华生态农业发展有限公司

　　贵州祥华生态农业发展有限公司，成立于 2012 年，是集茶叶生产、加工、销售为一体的产业化经营企业。公司总经理饶登祥是石阡苔茶标准样的主要制作人之一，是苔尊牌石阡苔茶绿茶系列产品和东方红苔、阡纤美人茶红茶和白茶系列产品的主要创始人。

　　公司所属 2 个茶叶加工厂均位于具有"贵州最美茶乡"称号的石阡县龙塘镇、龙井乡省级高效万亩苔茶生态示范园区内，占地面积 2.3 万平方米。加工厂面积 3000 平方米，设备 120 台套，年加工红茶、绿茶、白茶共 20 余万公斤。公司有流转茶园 2100 亩，其中上世纪 60 年代种植的石阡苔茶老茶园 500 亩，辐射带动周边农户茶园 2 万亩。

　　公司秉承"市场优先、创新发展"的理念，依托石阡特有茶树品种和资源环境等自然禀赋，利用科技手段，开发出富有石阡地域特色的"苔尊""阡纤美人""东方红苔"等"石阡苔茶"企业个性品牌产品。其中绿芽茶全部选用早春芽叶完整、饱满的石阡苔茶为原料，做工精细，口感极佳，2013 年在日本举行的世界绿茶评比中荣获"金奖"。阡纤美人红茶汤色琥珀透亮，滋味甘甜醇和隽永，其制作工艺已获国家发明专利。同品牌白茶创新工艺已获得成功，独特清新的口感和香气深受消费者喜爱。

　　目前公司正式签约贵州九天濮和茶文化传播有限公司，委托独家策划营销，拟造全新连锁加盟模式，将销售网络覆盖全国。在扩展营销的同时，更传承、推进并创新中华濮人茶文化，利用石阡特有的自然资源优势，不断创新，为打造中国苔茶第一品牌的目标共同努力。

企业联系方式

地址：贵州省石阡县汤山镇鲜花新区龙塘路
邮编：555100
电话：0856-7945069
邮箱：302711563@qq.com
购买热线电话：15985637378

茶款名称：苔尊牌石阡苔茶

茶类：绿茶

产品特点：苔尊牌石阡苔茶，选用贵州石阡县境内海拔1000米以上，由高原湿润气候滋润、原生态优良茶树品种石阡苔茶的细嫩柔软肥厚、内含物质丰富的鲜叶为原料。继承传统绿茶加工技术，进行工艺技术改良创新。在鲜叶进行充分适度摊放基础上，经机、手结合特定工艺加工而成。品质尊贵典雅，汤色黄绿明亮，浓醇鲜爽，回味悠长，四、五泡尚有余香，具有"香高、味醇、耐冲泡"的特点。

茶款名称：阡纤美人红茶

茶类：红茶

产品特点：阡纤美人红茶的鲜叶原料与苔尊牌石阡苔茶相同。该茶在贵州山区良好的气候条件下，经自然萎凋和全程自然富氧发酵，采取短时、轻压、两次揉捻，并使用传统人工烘笼方式焙火干燥加工而成。成茶条索紧细美观，色泽纯润，在杯中冲泡犹如翩翩起舞的美女，姿态万千，故名阡纤美人；汤色琥珀红亮；滋味甜带花果香，入口甘甜，醇厚绵长，五泡尚有余香；长时间冲泡叶底红亮不变。各种茶具冲泡均可，盖碗冲泡更佳。

推介专家/社团负责人：

程启坤（国茶专家委员会顾问，中国国际茶文化研究会名誉副会长）、梁远发（国茶专家委员会委员、贵州省茶叶研究所副所长）、权启爱（中国农业科学院茶叶研究所研究员）/胡继承（贵州省农委常务副主任）

推介理由：

地处云贵高原武陵山脉边缘的石阡县，山峦起伏，气候湿润，原生态的石阡苔茶品种，芽叶细嫩柔软肥厚、内含物质丰富。祥华生态农业发展有限公司以石阡苔茶鲜叶为原料，用特定优良工艺加工的苔尊牌石阡苔茶、阡纤美人红茶，品质优良，市场上供不应求。

贵州红色一号茶业有限公司

　　贵州红色一号茶业有限公司是地方级重点企业，位于贵州黔北富有红色革命历史文化、"红色圣地醉美遵义"——红色土地上的锌硒茶之乡！借助优质绿茶产业带的资源优势，以生态茶园建设、标准化茶叶加工、品牌茶叶销售为主线，稳步创新发展。

　　贵州黔北因山峦和天险乌江所隔断，历史上成为数次战争的宁静后方，也是盛产茶叶的著名茶区。近年来，公司带动当地农户发展茶叶加工，整合数十家茶叶加工厂及其茶叶基地，基地遍部黔北茶区优质茶园。茶区平均海拔 900 米至 1200 米，森林覆盖率达 80%，常年空气清新、气候温和，属中亚热带湿润季风气候。境内属典型的喀斯特溶山区，丘陵沟谷密布，土壤质地疏松，有机质含量丰富，特别适合茶树的生长发育。

　　公司拥有茶叶审评技术 15 年经历，名优茶生产及审评技术达到领先水平，拥有完整、科学的质量管理体系。现主业：湄潭翠芽、遵义红茶、遵义毛峰、凤冈锌硒茶等产品专业生产加工及销售。公司的诚信、实力和产品质量，获得业界和消费者的认可。

企业联系方式

地址：贵州省遵义市红花岗区官井路
邮编：563000
电话：0851-28855270　13984290829
电商平台：http://shop1414687550922.1688.com

茶款名称：遵义红

茶类：红茶

产品特点：本款遵义红，是贵州红色一号茶业公司和朝阳茶厂创始人带领的技术团队在当地一些老茶人的帮助下，通过长期研发和反复实验，根据遵义凤冈茶树品种特性，应用福建工夫红茶和武夷山正山小种的加工工艺研发而成。原料来自海拔1000多米无公害自然保护区中，每一个芽尖都是精挑细选，6万−8万个芽头才制成一斤茶叶。成茶品质好，干茶条索均匀，整洁光滑；叶底色泽褐色，形如松针，饱满鲜活；香气浓郁，滋味鲜醇甘厚，汤色橙黄清澈明亮。

茶款名称：锌硒翠芽一级

茶类：绿茶

产品特点：本品来自锌硒名茶之乡锌硒有机茶生产茶地，采用早春嫩芽经贵州独特的传统加工工艺制成。外形扁平光滑，形似葵花籽，隐毫稀见，色泽翠绿，香气扑鼻，有贵州独特的味道——板栗香，栗香浓并伴有清新花香，滋味醇厚爽口，回味甘甜，汤色黄绿明亮，叶底嫩绿完整肥壮。内含氨基酸、儿茶素等抗衰老物质，尤其以含有锌硒等微量元素为特色，常饮有益健康。

茶款名称：锌硒明前翠芽

茶类：绿茶

产品特点：产品精选鲜嫩、匀齐、净透的独芽制作而成，单芽和芽叶长度对等。外形扁平直滑、匀齐、绿润，香气清香持久，汤色嫩绿明亮、鲜明，滋味浓厚、鲜爽，叶底嫩绿、绿软明亮、匀整。富含人体需要的多种微量元素、氨基酸、多酚类化合物、微生素等，水浸出物高，具备高级名优绿茶的优良品质，在各类茶叶评比活动中多次获奖。

推介专家：

张永立（国茶专家委员会秘书长）

推介理由：

产品来自贵州遵义锌硒有机茶之乡，生长环境优越，土壤成分具锌硒特色。产品精工细作，品质优异。企业注重质量管理，强调产品审评。

海南农垦白沙茶业股份有限公司

　　海南农垦白沙茶业股份有限公司是海南农垦总局为加快茶产业发展、做大做强白沙绿茶，2009 年 7 月按现代企业管理制度，由海南农垦现代农业工贸股份有限公司以股比 75%、海南省国营白沙农场以股比 25% 对白沙茶厂进行改制重组而成立的股份制公司。公司现有茶园总面积 3000 亩，年产干毛茶超过 5000 担，年销售产值达 2550 多万元。公司主要产品为白沙绿茶，其中品种有精品白沙王、白沙毛尖茶、白沙高香茶、白沙绿螺茶、五合一盒装茶、袋装等。

　　公司是白沙县纳税大户之一，已通过了 ISO9001：2008 质量管理体系认证。白沙茶厂是海南省质量信得过企业，2006 年入选中国茶叶行业百强企，2006-2008 年连续三年被评定为全国食品安全示范单位。2008 年 8 月受国家标准管理委员会委托，由海南省质量技术监督局会同省农业厅、省农垦总局组织省农科院、海南大学、农产品检测等单位组成目标考核工作组，对白沙绿茶"国家级绿茶标准化示范区"项目进行目标考核，项目以 94.49 的高分通过验收，成为海南省农业标准化示范区建设目标考核中得分最高的一个标准化示范区。

　　白沙绿茶自面世以来曾多次荣获原广东省农垦绿茶评比第一名，是海南省的名牌产品。从 1990 年起连年被中国绿色食品发展中心认定为绿色食品，2004 年被中国质量监督总局认定为国家地理标志保护产品，2006 年被评为全国用户满意产品和海南省用户满意产品，2007 年被农业部认定为中国名牌农产品，"白沙绿茶"商标是海南省的著名商标，2008 年白沙绿茶荣获海南建省办经济特区 20 周年"十大亮丽品牌"，为海南茶叶企业唯一入选品牌，被省委、省政府列为接待宾客的品茗品种。2011 年白沙绿茶又获博鳌亚洲论坛会议指定用茶，赢得了广大消费者的信赖与青睐，市场潜力巨大。

　　未来三年公司预计投入 2000 万元，建设新型的现代化的绿茶加工、茶食品加工、旅游观光休闲企业。拉长白沙绿茶产业链，以白沙绿茶茶文化为主，结合陨石坑、养生天堂白沙文化，建白沙绿茶度假酒店、白沙绿茶农家乐，打造白沙绿茶风情小镇，使之真正成为白沙农民致富的朝阳产业。

企业联系方式

地址：海南省白沙黎族自治县牙叉镇白沙茶厂
邮编：572812
电话：0898-27582358
网址：www.baishagreentea.com

茶款名称：白沙绿茶

茶类：绿茶

产品特点：白沙绿茶原料多采自一芽二叶初展的芯叶，鲜叶经杀青、揉捻、发酵、干燥等工序精制而成。外形条索紧结细直、匀整、色泽绿润有光，汤色黄绿明亮，香气清高持久，叶底细嫩匀净，滋味浓醇鲜爽，饮后回甘留芳，连续冲泡品茗时具有"一开味淡二开吐，三开四开味正浓，五开六开味渐减"的耐冲泡性。其成茶既有中小叶茶树品种清高之香气，又有大叶茶树品种之浓醇滋味。与同类产品对比，白沙绿茶充分满足了当今广大消费者追求健康安全以及高品质茶品的消费需求。该茶经华南农业大学生化室检测，含有多种氨基酸、酶类、芳香物质和各种有益于人体的多酚类和生物碱，具有生津止渴，提神益思，利尿导滞，敌烟醒酒之功效。常饮此茶还有抗癌、防癌作用。

推介专家：
陈世登（国茶专家委员会委员，海南省茶叶学会副理事长兼秘书长）

推荐理由：
海南白沙绿茶是全球唯一一款产自陨石坑的特种绿茶，70万年前一颗小行星坠落撞击白沙盆地产生大量纳米级微量元素，其营养成分使得茶树根部极易吸收。白沙茶园（中国北纬18度唯一热带茶区）高山环绕，海南最大的松涛水库产生大量的水雾，常年云雾缭绕，造就白沙绿茶独特品质。白沙绿茶外形条索紧结细直、匀整、色泽绿润有光，汤色黄绿明亮，香气清高持久，叶底细嫩匀净，滋味浓醇鲜爽，饮后回甘留芳，农残检测合格。2008年"白沙绿茶"荣获海南建省办经济特区20周年"十大亮丽品牌"，2011年又获博鳌亚洲论坛会议指定用茶，2012年荣获海南省第三届茶事活动"海茶杯"特等奖，白沙绿茶已成为海南茶叶的代名词。

海南三利茶叶进出口有限公司

    海南三利茶叶进出口有限公司，是经营 40 多年的茶叶专业公司原中国土产畜产海南茶叶进出口公司职工改制重组、参股的有限责任公司，于 2003 年经海南商务厅批准成立，是海南省最大的茶叶经营出口企业。公司经营范围：以茶为主，经营茶叶的品种为工夫红茶、红碎茶、普洱茶、绿茶、乌龙茶等，兼经营其他产品为咖啡、饮料、食品等。公司一直坚持"客户第一、质量至上、诚信为本"的贸易原则，秉承"做健康、放心茶，服务于大众"的理念，依靠海南国际旅游生态岛的得天独厚环境优势资源和契机，先后创立了"海岛红 1 号""海岛红""海岛春"三个品牌的海南茶叶品质特点，产品深受广大不同层次消费者的青睐，其中"海岛红 1 号"红茶在海南省第三届茶事活动中荣获海茶杯特等奖。

企业联系方式

地址：海南省海口市华海路 3 号安海大厦 8C 室
邮编：570125
电话：0898 – 66790675
传真：0898 – 66790178
邮箱：hainantea@hotmail.com
网址：www.sunny-tea.com
购买热线电话：0898 – 66242966
电商平台：http://sunry.taobao.com

茶款名称： 海岛红 1 号

茶类：红茶
产品特点：条索肥壮紧结、金毫显露、甜香浓郁、滋味鲜爽醇厚、汤色红艳明亮。

推介专家：
陈世登（国茶专家委员会委员，海南省茶叶学会副理事长兼秘书长）
推荐理由：
海南五指山地区茶园（中国北纬 18 度唯一热带茶区）有着得天独厚的自然生态环境，高山茶园海拔高（800-1000 米），云雾缭绕，相对湿度 80% 以上，昼夜温差 6- 11℃，茶园的有机物质含量丰富，硒含量高等。其形成海南红茶独特品质，海南红茶被誉为中国红茶的"后起之秀"。海岛红 1 号采用海南五指山云雾中的茶树嫩芽加工而成，其外形金黄毫芽紧结，香气甜香浓郁，色泽红艳明亮，滋味鲜爽醇厚，是海南优质红茶的标杆产品，农残通过欧盟检测标准，荣获海南省第三届茶事活动"海茶杯"特等奖。

海南省国营乌石农场岭头茶叶加工厂

　　海南省国营乌石农场岭头茶叶加工厂，位于海南省五指山山脉腹地的白马岭山脚下。有"天然氧吧"之称的白马岭气候温润，常年云雾缭绕，土地肥沃，独特的富硒土壤生长出来的茶叶含有丰富的茶多酚和低聚果糖。工厂建于1960年，现有职工154人，年可加工干茶500吨以上，机械设备先进齐全，技术力量雄厚，实践经验丰富。茶叶种植面积3000多亩，已建立无公害茶园2000亩，种植有云南大叶、海南大叶、水仙、祁门、奇兰、福鼎大白、福云六号等名优茶叶品种。

　　"白马岭"茶主要有红茶和绿茶两大系列10个产品。在近60年的进程中，从传统制茶工艺发展到如今的传统与科技并存工艺，"白马岭"茶在国内率先实现了"控温、增湿可控发酵"的封闭式生产，生产的红茶、绿茶均按绿色食品标准。近两年生产的白马骏红、白马雾珠、白马君红等高档优质产品，以其味鲜甘醇、高香芬芳饮誉岛内外，并一跃成为引领海南的标杆，深受广大消费者的喜爱。

　　2012年3月白马骏红红茶荣获海南省"海茶杯"早春茶鉴评会特等奖、白马雾珠绿茶荣获该鉴评会一等奖，9月"白马骏红"和"白马雾珠"荣获第九届国际名茶评比银奖，12月"白马岭"红茶、绿茶被中国绿色食品发展中心认定为绿色食品A级产品，"白马岭"红茶荣获中国（海南）国际热带农产品冬交易会"海南农产品著名商标品牌"荣誉称号。2013年4月"白马骏红"和"白马君红"等产品成为博鳌亚洲论坛年会指定用茶，7月企业荣获中国食品安全优秀诚信单位，12月"白马岭"品牌荣获海南省著名商标。

企业联系方式

地址：海南省琼中县湾岭镇乌石农场
邮编：572911
电话：0898-31828899
传真：0898-31828801
邮箱：32217268@qq.com
网址：http://www.wushinc.com

茶款名称：白马君红

茶类：红茶

产品特点：白马君红以海南大叶、云南大叶、福鼎大白、福云六号为主，采其一芽二叶，
经萎凋－揉捻－发酵－干燥等工序，形成特有的品质。外形色泽乌黑细直尚弯曲，
香气纯正、有明显的花果香，滋味浓醇、鲜爽，汤色红艳明亮，叶底红匀亮。

茶款名称：白马骏红

茶类：红茶

产品特点：白马骏红以采摘云南大叶、福鼎大白、福云六号单芽为主，经传统工艺加工。
外形尚金黄、金毫披露，弯曲，香气馥郁、纯正、持久，有明显的毫香，滋味鲜爽浓醇，
汤色红艳明亮，叶底嫩红鲜明。

茶款名称：白马雾珠

茶类：绿茶

产品特点：白马雾珠采自于福鼎大白、福云六号、祁门、奇兰等高香品种一芽二叶，其品种属中小叶种，经精良加工形成自然的花香和果香。外形呈珠形，颗粒紧实，色泽润绿、香气高郁、清醇，汤色嫩绿明亮，滋味浓醇、鲜爽、有回甘，叶底嫩、绿、明亮、鲜活。

推介专家：

陈世登（国茶专家委员会委员，海南省茶叶学会副理事长兼秘书长）

推荐理由：

该企业茶园所在的白马岭气候温润、土地肥沃，独特的富硒土壤生长出来的茶叶含有丰富的茶多酚和低聚果糖。在近60年的进程中，企业始终坚持"质量第一、信誉第一"理念，通过了ISO9001-2008质量管理体系认证。茶树品种优异，生产设备先进，红茶在国内率先实现了"控温、增湿可控发酵"的封闭式生产，制作工艺采取传统与现代技术结合。产品农残检测合格，达绿色食品标准，多次获奖，口感好，是海南茶叶的标杆，深受岛内外人士的喜爱。

湖北·长阳昌生茶业有限公司

　　昌生茶业是由长阳很山茶场与百年老字号"昌生"重组并于 2010 年注册成立的，注册资金 2000 万元，是一家集茶叶种植、观光旅游、茶艺展示、产品研发、生产、加工、贸易等项目于一体的综合性茶业公司。公司位于国家 5A 级风景区清江画廊，环境优雅，风景秀丽，气候温和，雨量充沛，山间云雾缭绕，土壤疏松肥沃，无任何污染，是茶树生长的理想环境。

　　公司重组成立之初，就创新提出绿茶、红茶、黑茶组合发展的全新理念，打破茶业单一产品格局。依托清江流域优质的茶叶资源，将传统工艺与现代科技完美融合。公司生产的"昌生茗茶"系列产品，受到越来越多消费者的青睐，其核心产品"昌生黑茶"更是远销国内外市场，并被评为上海第二十届国际茶文化旅游节唯一指定用茶，成为"楚天黑茶领军品牌"。

企业联系方式

地址：湖北省长阳县都镇湾镇金福村二组
邮编：443509
电话：0717-5328308
网址：www.ycsjit.com

茶款名称：昌生牌含硒青砖茶

茶类：黑茶
产品特点：昌生牌含硒青砖茶，采用清江两岸原生态含硒茶鲜叶，经初制加工、原汁渥堆发酵、陈化、精制、高温汽蒸、装模压制、烘房干燥等传统工艺精心制作而成。本品香气纯正，汤色橙黄明亮，口感甘润爽，滋味清醇。带有独特的含硒青砖茶风味，泡饮方便，煮饮味更佳。

茶款名称：六口茶

茶类：黑茶

产品特点：这是采用陈化三年以上的老青茶砖，经捣碎、筛风、高温烘培等工艺制作而成的清洁方便型青砖茶。本品香气纯正，汤色橙黄明亮，口感甘润爽，滋味清醇。

"六口茶"不仅完整有效的保留了青砖茶风味、功效，而且携带方便，泡饮快捷，特别适合于旅行者与上班族饮用。

茶款名称：昌生牌米砖

茶类：红茶

产品特点：昌生牌米砖茶，采用清江两岸原生态茶鲜叶，经萎凋、揉捻、发酵、干燥、复制、高温汽蒸、装模压制、烘房干燥等传统工艺精心制作而成。本品香气纯正，汤色深红明亮，口感甘润爽，滋味浓醇。

传承几百年的米砖茶是以肉食为主的游牧民族不可或缺的生活必需品，具有提神解腻、助消化、调理肠胃、促进血液循环、降"三高"等保健功效；风味独特，泡饮方便，煮饮味更佳。集饮品、装饰品、收藏品于一身，特别适合女性养颜养生保健。

茶款名称：金龟眉

茶类：红茶

产品特点：产于清江两岸海拔800米以上的原生态茶园，采用宜红传统工艺精制而成。成品外形条索紧细秀长，金黄芽毫显露，锋苗秀丽，色泽乌润，汤色红艳明亮，滋味醇厚甜润；香气芬芳馥郁持久，因昼夜温差大，特耐冲泡。

推介专家：

龚自明（国茶专家委员会委员，湖北省农科院果树茶叶研究所研究员、副所长）、游炼钦（高级农艺师）

推荐理由：

青砖茶作为西北边疆少数民族不可或缺的生活必需品历史悠久。硒是人体所必需的微量元素，1998年中国营养学会将硒列为15种每日膳食必须营养元素之一，誉之为人体卫士、肝脏的保护神。昌生牌含硒青砖茶集合了青砖茶与硒的保健功效，迎合了人们养生保健的市场追求。

六口茶将陈化三年以上的老青砖捣碎、筛风，高温烘焙成携带方便、饮用快捷的袋泡青砖茶，符合现代人的快节奏生活方式和养生保健需求。

昌生牌米砖传承几百年的米砖茶制作技艺，完整有效地保留了清江流域"宜红"茶的风味、功效，还便于储存保管、货架期长。金龟梅来自昌生茶业高海拔茶园，采用宜红传统工艺精制而成，品质更优异，耐冲泡特色深受消费者喜爱。

湖北采花茶业有限公司

　　湖北采花茶业有限公司，是一家集茶叶科研、生产、销售、茶树种苗繁育为一体的大型现代化农产品加工企业，总部位于素有中国名茶之乡之称的湖北五峰土家族自治县。近年来，公司本着"品牌本土化、产品差异化、品质优质化、营销市场化"的发展思路，在全省乃至全国，进行实质性的资源整合。公司相继收购宜红茶业公司，建立采花茶业安溪分公司，组建襄阳保康、恩施宣恩采花茶叶专业合作社，新建五峰长乐坪乌龙茶生产分厂等。2011年3月，投资达5亿元、建筑面积达6万平米的被列为全省616重点工程之一的采花茶业科技园一期工程在五峰县渔关镇正式投产，全国首条全部采用电能的茶叶智能化生产线正式投入运行，湖北首家茶博馆也在科技园内开馆。

　　目前公司现拥有茶叶加工分厂30余个，年生产加工能力达3万吨，产值达16亿元。公司茶园基地全面实行原生态种植，以确保茶叶在生长过程中不受污染；在鲜叶收购时期，公司严格执行农残检测，拒收污染鲜叶；在生产流通环节，严格执行食品加工标准，全程"智能化、封闭式、无污染"生产，统一使用食品级周转箱，冷藏车运输；在批发零售环节，大小店铺均配备保鲜装置，确保采花毛尖质量始终如一。公司已形成"以名优绿茶为主，以红茶、乌龙茶、保健茶、茶食品为辅"的"一主四辅"产品格局。"采花毛尖"名列湖北省金牌旅游名特产品榜首，获湖北十大农产品品牌等一系列荣誉。"采花"品牌被国家工商总局认定为中国驰名商标，成为湖北省首个荣获中国驰名商标的绿茶品牌。公司先后获得农业产业化国家重点龙头企业、全国农产品加工业示范企业、湖北省农产品加工业"四个一批"先进企业、湖北省民营企业百强、湖北省农业领域产学研合作优秀企业、中国茶叶行业百强企业等称号，企业规模、经营实力位居全省龙头地位，已成为引领湖北茶产业发展的标杆企业。

企业联系方式

地址：湖北省宜昌市五峰县渔洋关镇三房坪村116号采花茶业科技园
邮编：443400
电话：0717-5761031
网址：www.caihuacha.com
电商平台：采花茶业天猫店，http://caihuachaye.tmall.com
采花茶业微信公众号：caihuachaye/ 采花茶业微信二维码：

茶款名称：采花毛尖

茶类：绿茶

产品特点：采花毛尖，选用五峰土家族自治县境内优质茶园基地的鲜嫩芽叶精制而成，有香高、汤碧、味醇、汁浓的独特品质。其制作工艺于2009年5月被列为湖北省省级非物质文化遗产名录。

推介专家：

龚自明（国茶专家委员会委员，湖北省农科院果树茶叶研究所研究员、副所长）

推荐理由：

采花毛尖具有品质优势和品牌优势。公司茶园基地全面实行原生态种植，全程"智能化、封闭式、无污染"生产。产品问世以来，先后被授予湖北名茶第一名牌、中国名牌农产品。经评估，2013年"采花"品牌价值达7.11亿元。

恩施州聪麟实业有限公司

恩施州聪麟实业有限公司成立于 2011 年 11 月，是大学生自主创业，以茶叶种植、加工、销售、科研为一体的股份制有限公司。公司在恩施市屯堡乡流转土地 2000 亩按有机茶标准打造白茶生态茶园，有白茶生产基地三个、茶叶加工厂一个、养殖中心一个，产品主要有聪麟黄金白茶和聪麟瑧硒白白茶两大类。公司的聪麟黄金白茶 2014 年 5 月荣获中国硒都茶城首届硒文化产品博览会专家评茶一等奖，2014 年 7 月在中国北京国际茶业暨茶文化博览会上获金奖。一杯白茶、一身健康、一生幸福！这是聪麟全体员工努力带给广大顾客的感受。从白茶品种改良、种植、加工到销售，聪麟白茶致力于为顾客提供最专业、最可靠的服务。

2014 年 2 月，公司与华中农业大学食品科技学院签订了产学研究合作协议，在科学研究、项目攻关、教育教学、人员培训等全面合作，成为该院合作基地和研究生实训基地。聪麟实业一直怀着一颗感恩的心在办企业、做产品。待茶园基地全盘投入生产，将为当地农户提供大量的就业机会，提高当地农户年均收入。对于已经决定致力于聪麟白茶发展的在校本科生、研究生，公司在学费和研究费用上将给予一定的支持。在聪麟人的共同努力下，一定能够让聪麟实现大学生创业、以茶富农、以科技保障品质的梦想！

企业联系方式

地址：湖北省恩施市硒都茶城 2#169 号
电话：0718-8277466
邮箱：Escl@126.com

茶款名称：聪麟牌白茶

茶类：绿茶

产品特点：聪麟牌白茶，选用在特定的优良生态环境下形成的变异茶树原料制成，属绿茶类。其特色明显，具有观赏、营养、经济三大价值。其春茶幼嫩，茶叶呈白色，以一芽二叶开展时为最白，夏秋茶叶呈绿色。聪麟牌白茶外形细秀，形如凤羽，色如玉霜，光亮油润；泡制后，内质鲜爽馥郁；滋味鲜爽甘醇；汤色鹅黄，清澈明亮；叶张玉白，茎脉翠绿。

恩施聪麟白茶茶苗从白茶原产地浙江安吉引进，属于"低温敏感型"茶叶。茶树产"白茶"时间很短，通常仅一个月左右。在恩施每年的4月初至4月25日之间为最佳采摘时间，因叶绿素缺失，在清明前萌发的嫩芽为白色。在谷雨前，色渐淡，多数呈玉白色。谷雨后至夏至前，逐渐转为白绿相间的花叶。至夏，芽叶恢复为全绿，与一般绿茶无异。由于聪麟白茶是在特定的白化期内采摘、加工制作的，故茶叶经浸泡后，其叶底也呈现玉白色，这是聪麟白茶特有的性状。

推介专家/社团：

龚自明（国茶专家委员会委员，湖北省农科院果树茶叶研究所研究员、副所长）/新浪湖北农商、农村新报、湖北陆羽茶文化研究会

推荐理由：

聪麟牌白茶外形细秀，形如凤羽，滋味鲜爽甘醇。聪麟黄金白茶2014年5月荣获中国硒都茶城首届硒文化产品博览会专家评茶一等奖，2014年7月在中国北京国际茶业暨茶文化博览会上荣获金奖。产品以科技保障品质，企业注重科研和人才培养。

RUIBOM 润邦茶业

健康营养茶叶专家

恩施市润邦国际富硒茶业有限公司

恩施市润邦国际富硒茶业有限公司，位于富硒茶叶国家级农业标准化示范区、中国名茶恩施玉露之乡——湖北恩施市芭蕉侗族乡大坝新村的中心地带。生态环境良好，茶叶原材料丰富，占地面积92亩，厂房面积近2万平方米。拥有加工设备1500余台套，拥有目前国内最先进的蒸汽杀青自动化生产线一条，富硒绿茶精制生产线一条，名优红茶生产线一条，乌龙茶生产线一条，年生产能力3000吨。润邦茶业，是一家生产加工并销售绿茶、红茶、乌龙茶、白茶、黑茶、花茶等多系列名优茶的湖北省重点龙头企业，是省茶叶十强企业。未来的润邦茶业，将以市场为导向，在大中城市广设办事处，建设营销网络，加大售后服务力度，加大对国外市场开发力度，全面开展自营进出口业务。同时，润邦茶业将本着"诚信为本，质量至上"的经营理念，为国际国内各茶商提供最优质、最稳定的产品，为国家立品牌、为行业做先锋、为茶农增效益、为恩施添光彩，争做中国最受人尊重的企业！

企业联系方式

地址：恩施市市府路民族体育中心
电话：0718-8228567
网址：Http://www.runbcy.cn

茶款名称：芭蕉牌恩施玉露

茶类：绿茶

产品特点：本款茶取材于中国富硒有机茶标准化国家级示范基地，选用独芽或一芽一叶的嫩芽，采用保留鲜叶营养成分最丰富的唐代蒸青工艺和现代不落地清洁化生产技术精制而成。恩施玉露为蒸青针形绿茶，外形紧细圆直，茶汤嫩绿清澈明亮，茶香清爽持久，滋味甘醇，叶底嫩绿明亮匀齐。

早在1965年就被列为中国十大名茶，2008年湖北省政府将恩施玉露确立为湖北第一历史名茶。日本茶学教授清水康夫对"玉露"茶溯源考察后题词："恩施玉露，温古知新。"中国茶叶学会副理事长施兆鹏先生曾给予恩施玉露极高的评价："恩施玉露，茶中极品。"

推介专家：

龚自明（国茶专家委员会委员，湖北省农科院果树茶叶研究所研究员、副所长）

推荐理由：

恩施玉露品牌被评为"中国农产品消费者最受欢迎产品"和"中国茶叶区域品牌最受欢迎品牌"。芭蕉牌恩施玉露于2007年与2012年两次被国家茶叶博物馆收藏，连续多年在北京、上海、武汉等地举办的茶博会上夺得金奖，先后被评为湖北省茶叶学会金奖产品、湖北省第三届十大名茶、第七届中茶杯一等奖、湖北第一历史名茶、湖北省名牌产品。"芭蕉"商标被评为恩施州第三届（2009年—2013年）知名商标、湖北省第六届著名商标。恩施玉露品牌在国内的知名度、认可度、美誉度有了极大的提高，其品牌价值达到4.06亿元。

利川市飞强茶业有限责任公司

　　利川市飞强茶业有限责任公司成立于 1997 年， 主要经营鲜茶叶收购、出口精制工夫红茶与中国名优工夫红茶的加工销售。公司拥有一支观念领先、团结协作、勤奋开拓、积极创新的管理团队，茶叶专业技术人员 22 名。经过 16 年来的发展，位于毛坝镇的飞强茶业公司，占地面积 35 亩，总建筑面积 1.5 万平方米，拥有名优红茶与出口精制红茶加工全流程生产设备 157 台套，已形成出口精制工夫红茶 3500 吨 / 年、名优红茶 300 吨 / 年的产能，成为湖北恩施地区最大的工夫红茶生产企业，成为集茶叶种植、收购、加工、销售（包括出口）及品牌运营于一体的省级农业产业化重点龙头企业。

　　公司现主要经营星斗山牌利川工夫红茶。2009 年公司商标"星斗山"被湖北省工商局评为湖北省著名商标；2011 年 5 月 公司被评为成为湖北省农业产业化省级重点龙头企业； 2012 年 9 月星斗山牌工夫红茶被评为湖北省名牌产品；2015 年 1 月公司茶叶基地与产品通过中国有机产品转换认证；2015 年 1 月星斗山牌利川红被评选为"恩施八宝"。近年来公司旗下多只产品荣获国家级大奖，星斗山牌天赐·冷后浑特级春芽工夫红茶 2011 年 9 月荣获中国茶叶学会第九届中茶杯一等奖、 2013 年 8 月荣获第十届中茶杯特等奖、2013 年 12 月荣获第十届中国武汉农业博览会金奖农产品；星斗山牌悦山·红杜鹃工夫红茶 2013 年 8 月荣获第十届中茶杯一等奖、2014 年 4 月荣获第四届中国国际茶业及茶艺博览会金奖；星斗山牌宜茶·情 2014 年 1 月荣获中国名优硒产品。

　　如今公司已建成 60 多家经销终端点（商）、一个品牌自营商城和一个亚马逊－卓越网络销售店，100 多家团购客户的多渠道营销体系，营销网络延伸到北京、广东等发达市场。

企业联系方式

地址：湖北省利川市南环大道米兰春天利川红店
邮编：445400
电话：0718-7295881
邮箱：158142726@qq.com
网址：http://www.fq-tea.com
购买热线电话：400-889-4048
电商平台：天猫商城 http://www_xingdoushan.tmall.com

茶款名称：星斗山牌天赐·冷后浑

茶类：红茶

产品特点：干茶条索紧细、匀齐、金毫显匀；汤色红艳明亮；香气甜爽浓长；口感滋味甜醇浓郁；叶底红艳柔嫩、单芽。该茶属全发酵茶，选用中国名茶之乡毛坝镇优质品种冷后浑春芽茶鲜叶，经萎凋、揉捻、发酵、干燥等传统工艺和现代加工技术精制而成。低于16度后，该产品茶汤现黄褐色混浊，加热后复清，有显著"冷后浑"现象，具有止渴生津、养胃消食、降脂去腻、保肝明目之功效，深受消费者青睐。

推介专家/社团：

龚自明（国茶专家委员会委员，湖北省农科院果树茶叶研究所研究员、副所长）/新浪湖北农商、农村新报、湖北陆羽茶文化研究会

推荐理由：

星斗山牌为湖北省著名商标，深受消费者青睐。所推介产品原料来源于星斗山下，该地区土质含硒丰富、自然生态环境优越、无工业污染。产品采用传统地道的加工工艺，具有良好的农残控制水平，有较强的市场竞争力和品牌影响力，近年来多次荣获大奖。

湖北汉家刘氏茶业股份有限公司

　　湖北汉家刘氏茶业股份有限公司是一家老字号茶企业，连续五年获评中国茶业行业百强企业，是湖北省级农业产业化重点龙头企业、湖北省林业产业化龙头企业、湖北唯一走进世博会的茶叶企业。"汉家刘氏"是中国驰名商标、中国茶业品牌馆入馆品牌、中国十大品牌茶，2014年经中国农科院茶叶研究所、浙江大学农业品牌研究中心联合评比，品牌价值6.32亿元，居全国第7位，获得"中国茶叶电子商务十强企业"称号。

　　汉家刘氏茶业以基地加工为基础，以汉家刘氏品牌形象为推广手段，生产有绿茶、黑茶、红茶、白茶、乌龙茶、花茶、茶微粉，兼顾其他茶类和茶食品、茶饮料生产。实行"公司＋合作社＋农户"模式，拥有一个公司，四家专业合作社，合作社核心股东308人，辐射带动农户3.5万户，10万茶农。现拥有员工416人，资产总额3.18亿元，净资产1.9亿元，固定资产1.68亿元，资产负债率14.49%。2014年总产值达13.41亿元，销售额达11.74亿元。拥有有机茶园5000亩，其中获得认证的1800亩是湖北省质监局授予的有机产品认证示范区，有无公害茶园1.5万亩，合作茶园8.5万亩。汉家刘氏的目标是打造中国茶叶加工的第一品牌，目前拥有全球领先的光波绿茶生产线一条（价值2198万元），国内领先的黑茶生产线一条（价值2050万元）。年产绿茶1000吨，黑茶3000吨，红茶500吨，其他茶类1000吨。

　　公司拥有"汉家刘氏茶坊"形象专卖店86个，加盟店362个。产品畅销湖北、深圳、广州、上海、北京、郑州、西安等各大城市和地区。产品远销俄罗斯、美国、加拿大、法国、日本、意大利、荷兰、东南亚等36个国家和地区，其中在俄罗斯的科斯特罗马州、佛罗基米尔州、莫斯科州建立有加盟店50余家，并计划在俄罗斯建立黑茶和红茶分装厂。

企业联系方式

地址：湖北省谷城县县府街43号
邮编：441700
电话：0710-7243353
传真：0710-7247666

邮箱：2875258646@qq.com
网址：www.hjlscf.com
购买热线电话：400-999-3066　0710-7235305/3566266/7165866
电商平台：汉家刘氏茶天猫旗舰店、阿里巴巴店、工行融e购

茶款名称：绿帝贡毫五号

茶类：绿茶

产品特点：本品属明前茶，使用汉家刘氏光波杀青制作的独特工艺。外形色泽翠绿油润，条形细秀显毫，汤色黄绿明亮，滋味鲜爽回甘，独具栗香而高昂持久，叶底嫩绿明亮。因茶树生长环境昼夜温差大而成茶耐泡性特强。

茶款名称：邦公红茶·红帝三号

茶类：红茶

产品特点：本品选择明前嫩芽精制而成。外形条索紧细秀长，金黄芽毫显露，锋苗秀丽，色泽乌润；汤色红艳明亮，叶底鲜红明亮；香气芬芳，馥郁持久，似苹果与兰花香味。在国际市场上被誉为"兰花香红茶"。如加入牛奶、食糖调饮，亦颇可口，茶汤呈粉红色，香味不减，含有多种营养成分。

茶款名称：肥公白茶·白帝三号

茶类：白茶

产品特点：肥公白茶系秦巴山谷城紫金福山一带本地大白茶纯种，由汉家刘氏多年精心培育而成，非常珍稀。肥公白茶·白帝三号，形若大蚕，浑身显毫，兰花香味馥郁，十泡犹香，饱含氨基酸儿茶素，长饮利于美白、瘦身、长寿。

汉家刘氏肥公白茶，又称感恩茶。传说刘邦为感谢茶农支助，派长子刘肥和萧何的小儿子萧延到茶园沟一带种植茶叶。刘肥不负父望，种植出优质茶叶并发现了白茶。后刘肥立为齐王，萧延封为筑阳候。

茶款名称：刘峻周黑茯茶 1800 克

茶类：黑茶

产品特点：本品精选汉家刘氏 5 年以上的黑芽毛尖和天尖为原料，综合湖北老青茶和茯茶的工艺，采用黑砖茶、花砖茶与茯砖茶融为一体的独特的紧压砖方法，以独有的汉家刘氏光波杀青发酵发花方式精制而成。选料高档、工艺复杂，氟和稀土的含量均符合国家标准。成品金花茂盛，香气陈香、菌花香，滋味醇厚，汤色橙黄明亮。存放三年后会汤色红艳明亮，叶底叶质柔嫩，黑褐一致，改变了黑花砖、茯砖新茶的苦涩味。本品是汉家刘氏的一款重要的礼品黑茯茶。适应消费市场需求，缩短了黑茶存放周期，提高了黑砖茶独有的色香味形。

茶款名称：湖北青砖轻发酵茶·
　　　　　智圣诸葛亮

茶类：黑茶

产品特点：本品原生原叶，无梗；砖片紧结，外形美观，字迹清晰；内质由外到内发花茂盛，颗粒金黄，抗潮，抗污染，防伪，防裂变；汤色橙黄明亮，经久耐泡；具有独特的陈香、菌花香；滋味醇厚，味醇而不涩不苦，叶底叶质柔嫩，黑褐一致，是汉家刘氏的一款重要的礼品黑茯茶。

采用黑砖茶、花砖茶与茯砖茶融为一体的独特的紧压砖方法，选择汉茶园的嫩芽和天尖为原料，综合湖北老青茶和茯茶的工艺，以独有的汉家刘氏光波杀青发酵发花方式精制而成。料严格、发酵适度、工艺复杂。这款茶的特点是花香幽长，造型独特、韵味天成。

推介专家：

龚自明（国茶专家委员会委员，湖北省农科院果树茶叶研究所研究员、副所长）

推荐理由：

湖北汉家刘氏茶业股份有限公司是中国茶业行业百强企业，"汉家刘氏"是中国驰名商标。汉家刘氏茶来自中国古老的汉茶园，高纬度高海拔自然环境优越，制茶文化历史悠久。企业拥有全球领先的光波绿茶生产线和国内领先的黑茶生产线，具有先进的生产加工工艺和独特的光波杀青技术，产品丰富，品质优异。产品颇受国内消费者欢迎并远销国际市场。企业实行"公司＋合作社＋农户"模式，辐射带动农户3.5万户，助农增收贡献突出。

奇泉茶业（咸丰）有限责任公司

　　奇泉茶业（咸丰）有限责任公司创于 2008 年 9 月，厂址位于湖北省咸丰县黄金洞生态旅游区。产区四周山水秀丽，群山环抱，气候温润，降雨量充沛，湿度较大，终年云雾缭绕；土地肥沃，稀松，有机物质高，茶树生长茂盛，土壤含硒丰富。这种独特的气候条件和生态环境，为茶叶提供了极为理想的生长环境。公司注册资金 1000 万元，属于独立法人股份制企业，以"公司＋基地＋农户"的模式发展的茶叶基地有 2000 亩以上。公司主要产品有：红茶系列（老鹰红、芽红等），白茶系列，绿茶系列（龙井、雀舌、毛尖、毛峰、香茶、炒青等），乌龙系列（金观音、铁观音、青心、金萱、奇兰等）。

　　公司严格按照绿色、环保、无公害及有机食品的要求，采用现代技术与传统工艺相结合，确保产品质量。公司的产品已通过权威部门检验，并获得由中绿华夏有机食品认证中心颁发的有机食品认证和质量安全体系 QS 认证。2010 年获得州级重点龙头企业、县级先进企业、承诺重质量讲诚信称号。公司的"奇泉牌铁观音"在 2009 年第五届鄂茶杯名优茶评比中获得金奖，在第八届中国武汉农业博览会上被评为金奖农产品；2011 年奇泉牌"老鹰红"茶在广州博览会上获得产品畅销奖，并于 2013 年向国家知识产权局申请并已获得发明专利，专利号 201310261366X。2013 年公司董事长熊金玲获得湖北省第六届科技创新领军人物奖。

企业联系方式

地址：湖北省咸丰县
电话：027-84586018
总部电话：0718-6893158
网址：www.qiquancha.cn

茶款名称：奇泉牌老鹰红

茶类：红茶

产品特点：老鹰红茶，富含17种氨基酸和人体所需的硒铁等，李时珍本草纲目中也
有记载它的功效。公司以健康为宗旨，打造其为有机品牌的领航者。

推介专家/社团：
龚自明（国茶专家委员会委员，湖北省农科院果树茶叶研究所研究员、副所长）/新浪湖北农商、
农村新报、湖北陆羽茶文化研究会
推荐理由：
奇泉牌老鹰红茶，2011年在广州博览会上获得产品畅销奖，2013年向国家知识产权局申请
并已获得发明专利。公司的产品获得由"中绿华夏有机食品认证中心"颁发的"有机食品认证"，
企业为当地"重点龙头企业"。

羊楼洞茶业股份有限公司

　　羊楼洞茶业股份有限公司坐落于山川秀丽、历史悠久、四海皆知、素有"湖北南大门"之称的旅游文化名城赤壁市。公司前身始建于 1951 年，由国家设立中华茶叶公司羊楼洞松峰茶厂，在 1956 年公私合营后成为全国保留的三大茶厂之一。羊楼洞茶业历史源远流长，享誉国内外。始于汉朝，盛于唐朝，明清时期因茶而兴，有"百里茶园沟"之称，是茶马古道的源头之一，经营茶叶事业长达 1300 多年之久。

　　公司的经营方向是按照现代企业运作模式，是以全新的茶产业化构架，集生产、加工、销售、茶楼经营、茶艺培训、茶产品研发、茶文化产业及生态观光旅游于一体的多品牌运作、多元化发展的茶产业集团公司，注册资金 5000 万元。按照"市场 + 公司 + 基地 + 农户"的模式，在赤壁市的松峰山、百花岭和陆水湖上的雪峰山等地建有黑茶、绿茶、红茶基地 8000 亩；在福建安溪感德建有乌龙茶基地 1500 亩；合作联营茶叶基地 1.5 万亩，辐射带动茶农脱贫致富近 10 万人。旗下拥有"羊楼洞"青砖茶、"羊楼松峰"绿茶、"赤壁红"红茶三大主导品牌，50 多个系列品种，年产各类茶叶 3000 多吨，产值 1.85 多亿元。产品销往国内几十个大中城市，远销蒙古、俄罗斯、英国等多个国家和地区。产品先后被评为全国知名农产品、省部双优产品、全国名优茶、湖北首届十大名茶、湖北省著名商标、湖北省名牌产品、中国黑茶品牌金芽奖、湖北省农业及林业产业化龙头企业、守合同重信用单位、中国茶叶学会科技示范基地、羊楼洞砖茶国家原产地保护产品等多项荣誉称号，并被选为 2011 年全国两会会议专用茶供应厂商、2012 年 10 月被评为中国茶业百强企业、国家民族定点生产企业等。

　　公司以弘扬羊楼洞千年茶文化、诚信服务为发展理念。依托茶园自然生态景观，在赤壁市茶庵岭镇八王庙村 1.3 平方公里境内，投资 10 亿元打造以汉文化、三国赤壁文化、羊楼洞茶马古道文化和茶产业园生态旅游文化相结合的中国·赤壁羊楼洞茶生态文化产业园。

企业联系方式

地址：湖北省赤壁市 中国·赤壁羊楼洞茶文化生态产业园
电话：0715-5360158
传真：0715-5360198
邮箱：682@yangloudong.com
网站：www.yangloudong.com

茶款名称：野径幽韵老青茶

茶类：黑茶

产品特点：本产品精选优质青砖茶原料，是采用创新工艺独家开发生产的散型老青茶。色泽黑褐，香气纯正且带松烟香，茶汤红浓明艳，蜜香醇和，入口润滑，滋味饱满，耐冲泡。外盒形似烟条盒，里面由3小盒散装老青茶包装而成，便于取用冲泡。

茶款名称：小镇故事老青茶

茶类：黑茶

产品特点：本产品是一块巧克力形状砖茶，颜色黑褐，香气纯正，滋味醇和，口感润滑，回味隽永，冲泡后汤色由橙黄变橙红，是青砖茶的经典之作，且耐冲泡又方便。外包装有金黄和深红两种颜色，小巧精致、古朴典雅、方便携带。

茶款名称：千古名镇老青茶

茶类：黑茶

产品特点：该茶在保留全部老青茶传统工艺的同时，将茶砖制成巧克力型。色泽青褐，特有的老青茶香气浓郁持久，汤色橙红，口感醇厚，回甘持久。该茶是性价比极高的一款青砖，砖体精美雅致，便于取用，能够让消费者以最快捷的方法，感受古老青砖茶的独特魅力。适当条件下可长期保存，越陈越香。

推介专家：

龚自明（国茶专家委员会委员，湖北省农科院果树茶叶研究所研究员、副所长）

推荐理由：

羊楼洞青砖茶，在保留全部老青茶传统工艺的同时注重市场需求，方便冲泡品饮。产品性价比高，特有的老青茶香气纯正，汤色橙红，入口润滑，滋味饱满，耐冲泡。企业是按照现代运作模式，以全新的茶产业化构架，多品牌运作、多元化发展的茶产业集团公司，是湖北省农业及林业产业化龙头企业。

赤壁市赵李桥洞庄茶业有限公司

　　赵李桥洞庄茶业有限公司是一家集茶产品研发、生产、加工、销售、茶楼经营、茶文化产业和生态旅游观光于一体的多元化发展的茶产业集团。洞庄砖茶始于清朝乾隆元年（公元1736年），由羊楼洞儒商雷中万先生创办，初为"羊楼洞茶庄"，后更名为"洞庄茶号"，以羊楼洞所产老青茶为原料，引观音泉水制作。因观音菩萨座驾为莲花，故所产砖茶"以莲花为案，以洞庄二字为识"。洞庄砖茶留传至今，已有200余年历史。

　　公司拥有国内领先的青砖茶生产、加工流水线，在砖茶行业率先通过ISO9001质量体系认证，旗下拥有华中地区青砖茶研究中心，华中农业大学茶学专业教学实习基地等科研教学机构。公司主要生产洞庄牌青砖茶、米砖茶、红茶、绿茶等系列产品。公司现已成为中国著名品牌重点推广单位、中国茶叶科技示范基地、湖北省重质量守诚信单位，产品多次荣获中国著名品牌、中国国际农业博览会优质奖等茶行业大奖，并于2013年登陆南极，成为中国南极科考站的唯一青砖茶饮品。

　　公司新建成的中国·赤壁洞庄砖茶生态文化产业园，占地面积100亩，总投资2亿元，分为茶文化博物馆、青砖茶研发中心、现代化生产区、茶产业专业市场、辅助商业和配套砖茶文化观光区，可年产砖茶系列产品6000余吨，形成集砖茶生产、加工、销售、衍生产品开发及生态旅游观光休闲为一体的全产业链，重现羊楼洞"茶马古道"与"欧亚万里茶路源头"的繁荣风光。

企业联系方式

地址：赤壁市赵李桥砖茶产业园洞庄大道
电话：0715-5862339
网址：www.dztea.com.cn

茶款名称：洞庄青砖茶

茶类：黑茶

产品特点：洞庄青砖茶以羊楼洞所产优质老青茶为原料，经长时间独特发酵后高温蒸压而成。汤色橙红清亮，浓酽馨香，味道纯正，回甘隽永。青砖茶经独特工艺发酵后，其茶多酚、茶丹宁等活性物质成分更易溶解于水，更易被人体吸收，对人体的血脂、血糖、血压、血管硬化具有良好的调节作用，并对体重、体形具有良好的调控作用。青砖茶减肥功效十分突出。

推介专家/社团：

龚自明（国茶专家委员会委员，湖北省农科院果树茶叶研究所研究员、副所长）/新浪湖北农商、农村新报、湖北陆羽茶文化研究会

推荐理由：

洞庄砖茶是传承创新的代表性产品，源自留传至今已有200余年历史的羊楼洞青砖茶技术，采用国内领先的青砖茶生产、加工流水线制作。公司旗下拥有华中地区青砖茶研究中心，华中农业大学茶学专业教学实习基地等科研教学机构，是中国著名品牌重点推广单位、中国茶叶科技示范基地。产品多次荣获中国著名品牌、中国国际农业博览会优质奖等茶行业大奖。

宜红茶业股份有限公司

宜红茶业股份有限公司是在原湖北茶麻进出口公司及改制后的湖北锦合国际贸易有限公司基础上重新成立的省级茶叶专业公司。公司以恢复湖北传统茶类品牌为己任，着力打造"宜红"茶品牌，在恢复宜红茶外销市场的同时，适时开发内销红茶产品。公司现有茶叶基地公司3个，基地茶园面积约5万亩，均获得了欧盟机构 (IMO) 有机茶认证和国内有机茶认证。宜红工夫红茶和湖北青砖茶是公司主营产品，同时也在大力开发系列名优绿茶及出口茶类产品。

企业联系方式

地址：湖北省武汉市江岸区南京路5号（锦江之星旁）
邮编：430064
电话：400-809-9885
网址：www.yihongchaye.com
宜红微信：

茶款名称： 宜红 13800

茶类：红茶

产品特点：该名优系列产品均产于鄂西南武陵山茶区的恩施州及宜昌市，以茶树嫩芽和芽叶为原料，用传统工艺和改进的手工工艺相结合的制法加工而成。产品外形条索细紧显毫、色泽乌润、内质汤色红亮显金圈、香气甜香持久、滋味鲜醇、叶底红匀明亮。

推介专家：

龚自明（国茶专家委员会委员，湖北省农科院果树茶叶研究所研究员、副所长）

推荐理由：

能让国人也能品尝高品质宜红工夫红茶，产品主要体现了宜红名优茶的风格，以及该类产品的绿色生态特性。

利川金利茶业有限责任公司

  利川金利茶业有限责任公司是一家集茶叶种植、加工、销售、出口、科研为一体的民营企业。于2011年5月注册成立，注册资本3000万元。公司成立以来，本着"立善良志、当善良人、做善良茶、行善良事"的企业理念和"求实、求精、求新、求强"的企业精神，租用利川经济开发区工业孵化园区老厂房，按照高档名优茶的生产工艺和出口精制红茶的要求，改造厂房，购置安装了先进的茶叶加工机械设备，现已形成年加工出口精制茶5000吨、高档名优茶10吨的生产能力。公司所生产的出口精制茶远销欧盟地区，以国色·冷后浑、天香·楚香壹号名优茶主销国内北京、武汉、上海、广州等大中城市，功能袋泡茶备受国外客户青睐。

  2014年金利茶业有限公司以儒家文化为基础，以善意良行为支撑，以茶产品为载体，隆重推出了"云头山"牌中国善良茶系列产品。把企业理念、法人人品、产品质量进行巧妙融合，以弘扬"向善之美、为良之道"的社会精神，把企业的责任与良知告知人们，做茶先做人，只有好人品、好技术，才能做好茶、做良心茶、放心茶、安全茶、健康茶。

  中国善良茶的文化内涵主要体现在公司三系二十三款产品中，并按照高、中、低三档分为国、善、良三系。为了达到每款茶的质量和特点与文化内涵相吻合，公司在拥有利川工夫红茶生产工艺专利的基础上，不断创新加工工艺，努力提高产品质量。2014年公司有七支茶在各类评比中获奖，其中荣获"中国名茶"评比两个银奖，"中绿杯"评比银奖，"国饮杯"两个一等奖，一个国际名茶金奖。"云头山"品牌荣获湖北省十大名茶品牌。公司荣获市级农业产业化试点龙头企业和湖北省第十三届"守合同重信用"企业。公司坚持"当善良人，做善良茶"，把产品质量放在首位，让消费者放心消费。

企业联系方式

地址：湖北省利川市东城路49号
邮编：445400
电话：0718-7264458
网址：www.jltea.com

茶款名称：国色·冷后浑
　　　　－云头山牌利川工夫红茶

茶类：红茶
产品特点：
1.所用的原料来源于华中农业大学、恩施州农业局、利川市茶叶局共同选育而成的利川市本地良种。该品种儿茶素、茶氨酚含量较高，是制作鼎级红茶的极品。
2.由该公司的制茶大师王启茂多年精心研制的特殊工艺加工，制作工艺已申请国家专利保护。
3.产品条索紧细苗直，色泽乌润，金毫显露、甜香持久，口感鲜爽醇厚，汤色红亮透明。茶汤温度低于16℃后出现浅褐色或橙色乳状的浑浊现象——冷后浑，为鼎级红茶特征，是利川工夫红茶的典型代表。4.利川工夫红茶属富硒产品，在市场竞争中具有独特优势。

推介专家/社团：
龚自明（国茶专家委员会委员，湖北省农科院果树茶叶研究所研究员、副所长）/新浪湖北农商、农村新报、湖北陆羽茶文化研究会
推荐理由：
该产品原料来源于华中农业大学、恩施州农业局、利川市茶叶局共同选育而成的利川市本地良种，制作工艺已申请国家专利保护，具有"冷后浑"特征，是利川工夫红茶的典型代表。
"云头山"品牌荣获湖北省十大名茶品牌，公司荣获市级农业产业化试点龙头企业和湖北省第十三届"守合同重信用"企业。

湖南省益阳茶厂有限公司

　　湖南省益阳茶厂有限公司，创建于1958年，系国家民委、财政部、中国人民银行定点的、全国最大的边销茶生产厂家和最大的国家边销茶原料储备承储企业，是湖南省农业产业化龙头企业、省重大科技专项示范企业、省高新技术企业、省创新型企业，也是省内第一家拥有自营进出口权的黑茶生产企业。

　　公司主要产品为"湘益"牌系列茯砖茶，主销新疆、青海、甘肃、内蒙古、西藏等西北边疆少数民族地区。目前，公司大力拓展了以北京、长沙、广州、上海、西安、济南为中心的国内市场，以我国香港、台湾地区和日本、韩国、美国、肯尼亚、法国、俄罗斯等国家为中心的国际市场。

　　"湘益"牌是黑茶领导品牌，产品质量稳定可靠、品质优良，在国内同行业中处于领先地位，被誉为"古丝绸之路上的神秘之茶"。湘益牌茯砖茶的生产加工技艺是国家二级机密，2008年被列入国家级非物质文化遗产保护名录。2010年，湘益品牌茶入选"中国世博十大名茶"，并成为上海世博会"湖南馆"特许礼品茶和唯一专供用茶。2011年，湘益品牌被评为2011年度中国黑茶（茯砖）标志性品牌及中国茶品牌金芽奖。2012年，公司"湘益"商标被国家工商行政管理总局认定为"中国驰名商标"。2013年，湘益品牌被中国茶叶流通协会认定为中国黑茶领导品牌。

　　近60年来，公司以传承了近500年历史的茯砖茶传统生产工艺为依托，着力弘扬茯砖茶悠久的历史、丰厚的文化内涵，致力做大做强"湘益"牌茯砖茶老字号品牌，全力打造中国黑茶产业航母。

企业联系方式

地址：湖南省益阳市赫山区龙岭工业园凤山路
邮编：413000
传真：0737-4217427
邮箱：xiangyi1958@163.com
网址：www.xiangyi-tea.com
购买热线电话：400-833-1958
电商平台：湘益茶叶旗舰店（天猫店）

茶款名称：经典 1958 茯茶

茶类：黑茶（茯砖茶）
产品特点：经典 1958 茯茶是为庆祝建厂 50 周年所开发的经典产品，是选用优质黑毛茶原料、通过提高茶叶品质、采用传统生产工艺精制而成的高档次茯茶产品。具有金花普茂、形美、质佳、味香的特点，属大众型消费产品，是同规格产品中的行业标杆产品。经典永恒，回味无穷。

茶款名称：樽之福茯茶

茶类：黑茶（茯砖茶）
产品特点：樽之福茯茶采用安化优质陈年黑毛茶原料，经积淀数百年的传统生产工艺，结合现代高新技术，精制加工而成，具有茯砖茶独特的品质。其汤色橙红、菌香纯正、滋味醇和；因其原料珍贵，限量生产，是黑茶爱好者的口福之茶，也是收藏与馈赠的高档黑茶佳品。

茶款名称：一品茯茶

茶类：黑茶（茯砖茶）

产品特点：一品茯茶，茶砖每片净重 400 克。是国内茶行业里第一款以高档黑毛茶为原料、按传统工艺进行压制、发花的茯茶，开创了我国茯茶从低档到中高档发展的新纪元，是一款具有里程碑意义的产品，一直被誉为茯茶行业的标杆。原料以二级黑毛茶原料为主，三级原料为辅，茶品砖面平整、棱角分明，砖内金花茂盛，汤色橙红、香气纯正、菌香浓郁、滋味醇和，是不可多得的品饮、收藏和亲朋馈赠之佳品。

推介专家 / 社团负责人：

施兆鹏（国茶专家委员会顾问，湖南农业大学茶学系教授、博士导师）/ 朱泽邦（湖南省益阳市茶叶局办主任）

推荐理由：

湘益茯茶是湖南省益阳茶厂有限公司经典品牌产品，因其在特定温湿度条件下，通过"发花"工艺自然生长成的益生菌体——冠突散囊菌（俗称"金花"）而闻名于世，享誉国内外。该公司拥有国家万吨黑毛茶储备库，专业生产茯茶近六十年，传承和发扬了茯茶传统生产工艺。湘益茯茶生产加工，原料选用考究、工艺完善先进、品管规范严格、产品外形匀整美观，内质优良稳定，"金花"纯正茂盛，汤色橙黄（红）明亮，菌香浓郁，滋味醇厚，年份茶有回甘。尤其是该公司完备的生产加工工艺，以及培育了近六十年的"金花酵库"，决定了湘益茯茶拥有不可复制的独特品质。当下，作为中国黑茶领导品牌的湘益茯茶，是现代黑茶产品中标志性品牌产品，是 21 世纪最具特色品质的健康饮品。

湖南阿香茶果食品有限公司

　　湖南阿香茶果食品有限公司是一家以"公司＋基地＋专业合作社"为经营体制，集"阿香"柑桔，"阿香美"安化黑茶科研、种植、加工、销售、服务于一体的重点农业产业化龙头企业，注册资本2400万元，总资产7000余万元。拥有进出口经营权，年综合销售收入1.2亿元。

　　安化黑茶阿香美以原料有机化种植、清洁化生产、工艺和配方专利化、营销模式创新化服务社会。有冰碛岩区生态茶园3万余亩，其中自建的经中绿华夏有机食品认证中心认证的有机茶叶基地2000亩，并计划每年新增生态茶园基地2000亩。自建黑茶原料加工厂30个，年产优质黑毛茶10万担。投资1500万元的筛分、汽蒸、压制、干燥全程清洁化、标准化生产线，生产以荷香茯砖为代表的三砖、三尖、一千两等100多款产品，年产5000吨。自主研发的筛分生产线和实用新型专利6项，企业已通过ISO9001质量管理体系认证和ISO22000食品安全管理体系认证。

　　荷香茯砖——中国黑茶首个健康研究成果，由阿香美（原安化县茶叶公司茶厂）与湖南省中医药研究院于1993年共同研制成功，曾获省科技新产品殊荣、国内贸易部科技进步奖、蒙古国际食品加工贸易产品博览会金奖、中国第二届黑茶文化节金奖、中国第九届茶叶国际博览会黑茶金奖、湖南十大茶叶创新产品奖等多项荣誉。

企业联系方式

地址：湖南省益阳市安化县柘溪镇
邮编：413500
传真：0737-7782328
邮箱：chl@axmtea.com
网址：www.axm168.com
购买热线电话：400-0737-618
电商平台：www.ax168.cn

茶款名称：阿香美手筑茯砖

茶类：黑茶

产品特点：阿香美手筑茯砖，以安化优质黑毛茶为原料，经过毛茶筛分、半成品拼配、蒸汽渥堆、手工定型、发花干燥等工艺制成的茯砖茶。外形：砖面平整、棱角分明、厚薄一致、发花茂盛、色泽黑褐；内质：香气纯正，滋味醇厚，汤色橙红明亮，叶底黑褐均匀。

该产品在生产加工过程中会产生一种叫"金花"的有益菌，它一方面吸收茶叶中的有效成分，一方面通过自身代谢，产生一系列有益于人体健康的各类小分子化合物。

该产品是有近50年生产经验的老茶师团队纯手工筑制，松紧度较为适中，从而发花效果更加突出，砖内金花茂盛，花香饱满，茶饮上品。

茶款名称：阿香美荷香茯砖（手筑型）

茶类：黑茶

产品特点：阿香美荷香茯砖，中国黑茶首个健康研究成果，由阿香美（原安化县茶叶公司茶厂）与湖南省中医药研究院于1993年共同研制成功。

荷香茯砖巧妙地将安化黑茶与决明子、荷叶融为一体，是一款极具特色的茯茶产品，茶砖内金花满布、花香四溢；汤色如琥珀流光；滋味醇厚，有回甘，使得荷香、茶香、菌香相交融，既保留了醇厚的茶味，更增强了保健作用。

茶款名称：阿香美云翔天边 天尖

茶类：黑茶

产品特点：天尖茶，用谷雨前后采摘的特级黑毛茶为原料，沿袭远古的竹制篾篓包装，自清道光年间（1825 年前后）就被列为贡品，专供皇室饮用，为安化黑茶中的上品。

外形：团块状，有一定的结构力，搓散团块，茶叶紧结，扁直，乌黑油润；内质：香气高纯，滋味浓厚，汤色红黄，叶底黄褐夹带棕褐，叶张较完整，尚嫩，匀整。

阿香美云翔天边 天尖，是将整篓天尖拆包分装而成，既保留了天尖茶原有的品质，也便于出差、旅游、上班携带及饮用，是现代都市优选方便型产品。

推介专家：

杨秀芳（国茶专家委员会委员，中华全国供销合作总社杭州茶叶研究院副院长、研究员）

推荐理由：

安化黑茶"阿香美"，从茶园基地建设和清洁化生产控制原料品质与安全，到科学工艺和专利配方实现提质增效，以强烈的社会责任感服务社会和消费者。获得中国黑茶首个健康研究成果——荷香茯砖的配方、工艺等相关发明专利 2 项，并成功实现产业化。荷香茯砖茶，曾获省级以上科技成果奖、蒙古乌兰巴托国际食品工业贸易产品博览会金奖；阿香美手筑茯砖，以其卓越的品质在 2014 中国（上海）国际茶业博览会"中国名茶"评比中获得金奖；云翔天边天尖茶为安化黑茶中的上品。特此推介。

湖南省白沙溪茶厂股份有限公司

　　湖南省白沙溪茶厂股份有限公司坐落在雪峰山脉东北端，是安化茶马古道之起点，曾创造了我国紧压茶史上的数个第一，即第一片黑砖茶，第一片茯砖茶，第一片花砖茶。挖掘、继承和发展了民间传统茶叶产品天、贡、生尖茶和千两茶。湖南省白沙溪茶厂股份有限公司是国家民族宗教事务委员会历年确定的边销茶定点生产企业，拥有国内领先的两条清洁化砖茶生产线、立体化砖茶成型车间、茶叶净化分选车间，制茶机械设备千余台，拥有有机无公害茶园基地6000多亩。公司现已成为湖南省农业产业化重点龙头企业、中国茶叶行业百强企业、"白沙溪"商标是"中国驰名商标"。"白沙溪"黑茶于2010年作为中国世博十大名茶之一进入中国世博会联合国馆，并成为世博会湖南馆唯一特许礼品茶，赢得了广大消费者的信赖与青睐。

企业联系方式

地址：湖南省益阳市安化县小淹镇白沙社区白沙溪茶厂
邮编：413515
电话：0737-82222271
邮箱：baishaxitea@163.com
网址：www.baishaxitea.com

茶款名称：5301 芽尖茶

茶类：黑茶
产品特点：本产品于2008年研制成功，以1953年黑毛茶为参照标准，采用安化800米高山茶特级黑毛茶为原料，沿用上世纪50年代加工工艺，并对关键工艺透彻分析更好地控制产品品质，精制加工。外形条索紧实，色泽乌润，香气高长，高火香显著，滋味醇厚，汤色橙红通透明亮，经久耐泡，叶底细嫩均匀。

茶款名称：江山情茯砖茶

茶类：黑茶

产品特点：甄选安化云台山大叶种一级原料，用现代清洁化生产方式生产，以机制茯砖为产品形态。茯砖内含有丰富的益生菌——冠突散囊菌，金花茂盛，滋味醇和干爽，汤色橙黄明亮，菌花香明显，质量优质。

加上其深厚的红色文化底蕴，取名江山情，再现毛泽东主席胸怀祖国、追求真理、指点江山、激扬文字、数风流人物，还看今朝的文韬武略，传达一代伟人的崇高境界和独特气质，也寓意了以白沙溪黑茶为代表的湖南安化黑茶品牌占据大半江山，是品饮·珍藏·馈赠之佳品。

茶款名称：千两饼

茶类：黑茶

产品特点：千两茶采用安化山区森林中的竹篓、棕片、蓼叶为包装材料，压制生产与包装同时完成。经过特殊的滚、压、锤、绞等32道工序加工，汽蒸、踩制、冷却定型，在自然条件下日晒夜露49天干燥。吸天地灵气，纳日月精华，结合盛夏日夜温差，热胀冷缩的湿热作用，达到自然发酵的效果。产品采用传统工艺生产，具有独特的品质特点，内质香气纯正或带有松烟香，滋味醇厚，茶味十足，汤色如琥珀，叶底叶片完整。其饼状更便于携带，市场占有率居高，具有巨大的市场潜力和收藏价值。

茶款名称：天茯茶

茶类：黑茶

产品特点：天茯茶为2007年度白沙溪创新之品种，2008年获第五届中国茶业博览会金奖。采用天尖茶原料及其半成品工艺，结合茯砖的发花工艺制作而成。观其外形条索紧实，茶身松紧适中，金花茂盛，汤如琥珀明亮剔透，独具菌花香、清香和茯茶的特殊口感。

天茯茶在其加工过程中经过了一道"发花"程序，生成一种有益菌——冠突散囊菌。它一方面吸收茶叶中的有效成分作为自身生长发育的营养，一方面通过自身的代谢，产生一系列有益于人体健康的各类小分子化合物，使该茶成为一种新型的天然辅助降脂降糖降压饮料。

茶款名称：天尖茶

茶类：黑茶

产品特点：本产品选用初制直接渥堆加工的一级黑毛茶压制而成，是安化黑茶传统湘尖系列之一。外形色泽乌润，内质香气清香，滋味浓厚，汤色橙黄，叶底黄褐带黑褐，内含物十分丰富。初制渥堆后的茶叶滋味更加醇厚，品质更稳定。

"天尖"茶还具有存放越久越陈香的特性。历史上供皇室饮用，其中篾篓包装的天尖茶古朴大气，适于收藏，小规格天尖茶易于携带冲泡。

推介专家 / 社团负责人：

刘仲华（国茶专家委员会副主任，湖南农业大学茶学博士点领衔导师、茶学学科带头人）/ 朱泽邦（湖南省益阳市茶叶局办主任）

推介理由：

湖南省白沙溪茶厂股份有限公司是湖南省级农业产业化龙头企业，主要生产黑砖、花砖、茯砖、湘尖、花捲等五大黑茶系列产品。公司现有厂房占地面积 8 万平方米，可仓储原料 12 万担，年生产能力 1.5 万吨，生产机械上拥有国内领先的两条清洁化砖茶生产线、立体化砖茶成型车间、黑茶原料分选净化车间。该公司千两茶生产技艺已列入"国家非物质文化遗产保护名录"。该公司集中倾力打造了"白沙溪"品牌，其五大系列产品保持、传承了传统安化黑茶的独特工艺。其中：茯茶系列茶叶色泽黑褐，金花茂盛，金花颗粒大，色泽鲜艳，内质香气"菌花香"高而持久，滋味醇和尚浓，汤色红明；黑砖茶砖面平整，花纹图案清晰，棱角分明，厚薄一致，色泽黑褐，内质香气纯正或带茶叶清香，汤色橙黄尚明，滋味醇厚，微涩；花砖茶砖面平整，花纹图案清晰，棱角分明，厚薄一致，色泽黑褐，内质香气纯正或带松烟香，汤色橙红尚明，滋味醇厚；花卷茶品质独特稳定，是安化黑茶独具特色的拳头产品，色泽黑褐有光泽，香气醇正，或带菌花香，滋味醇厚；湘尖茶外形条索紧实，色泽乌黑油润，内质香气高而浓，有松烟香，滋味醇厚，汤色橙黄明亮。

目前，该公司五大黑茶系列产品已经成为支柱产品，在现有产品基础上，进一步开发方便泡饮产品，引领黑茶市场导向，促进黑茶消费。该公司"白沙溪"黑茶品牌系列产品正逐步"健康中国、享誉全球"。

湖南省君山银针茶业有限公司

　　湖南省君山银针茶业有限公司，是由湖南省茶业有限公司和湖南省岳阳市供销合作社、君山公园等单位共同出资组建，集茶叶科研、种植、加工、销售、茶文化传播于一体，融产供销、贸工农一体化的现代化科技型企业；是国家级农业产业化重点龙头企业。公司投资3000多万元整合君山茶业资源，取得君山公园茶场的独家经营权，拥有15万多亩"君山"名优茶生产基地；300多个"君山"名茶示范专卖店；1000多家加盟专卖店；1万多个经营网点；一个国际茶文化研究中心；一个市级茶叶研究所；一支君山银针艺术团；2012年，公司高举复兴黄茶产业大旗，在岳阳市君山区旅游路南端计划总投资1.58亿元，兴建占地近百亩的"君山银针黄茶产业园"。

　　公司立足国内、国际市场，引进国外先进的防伪系统和茶叶保鲜设备，充分发挥茶业资源优势、延伸历史文化品牌，以"弘扬中华茶文化"为己任，致力于茶叶科研开发、生产、加工、茶文化研究与推广。在企业管理和企业文化建设方面下大力气，大胆改革创新，加快探索产业多元化发展道路，不断开发新产品，扩大市场份额，致力将"君山"品牌打造成一流的茶叶品牌。已通过ISO9001:2008质量管理体系、GB/T28001-2001职业健康安全管理体系、ISO14001:2004环境管理体系、ISO22000-2006食品安全管理体系认证。

　　公司核心产品"君山银针"是久负盛名的"中国十大名茶"之一，多次在国内、国际各种舞台亮相并取得系列成绩。1956年参加德国莱比锡国际博览会荣获金奖，并获"茶盖中华，价压天下"的美誉。1959年，君山银针在首届中国十大名茶评比中，代表黄茶类荣获"中国十大名茶"称号。1972年，成为中国政府代表团在联合国总部纽约招待各国使节的首选茶叶。1988年参加中国首届食品博览会获金奖。2006年君山牌君山银针经国家商务部、外交部批准，被指定为赠送俄罗斯总统普京的国礼茶。2008年，君山牌君山银针入选"奥运五环茶"。2009年，"君山"商标被国家工商总局认定为中国驰名商标。2010年，君山牌君山银针获评金芽奖中国黄茶标志性品牌。

企业联系方式

地址：湖南省岳阳市君山公园
邮编：414000
电话：0730-85018881
网址：http://www.junshantea.com.cn

茶款名称：大团结

茶类：黄茶

产品特点：传承千年的黄茶工艺，融汇古今，开创出独到的紧压型黄茶。大团结采用君山茶业基地君山岛上四面环水的君山茶园优质原料，均为一芽一叶初展鲜叶，经十道工序，1080小时烘焙的黄茶特殊工艺加工压制而成。含有丰富的茶黄素，滋味醇和，系茗品之精华。此茶在通风干燥条件下，可长期常温保存，更具醇厚口感，越存越香。

茶款名称：黄金条

茶类：黄茶

产品特点：黄金条是君山黄金系列战略产品，精选洞庭湖畔一芽一叶初展鲜叶，经黄茶特殊工艺加工压制而成。古法之上，焖黄与紧压相结合，确保黄金条醇和甘甜口感，含有丰富的茶黄素，更以独特的产品形式，加上传统的祝福寓意，真正实现送礼与自饮的完美结合。

茶款名称：君山毛尖

茶类：黄茶

产品特点：以君山茶园优质鲜叶为原料，以传统的黄茶工艺为基础，经过杀青、闷黄、初揉、初干、复揉、复干、再闷、做条、提毫、摊凉和烘焙等工序精制而成。恢复发展了君山传统的贡茶品种。君山毛尖黄茶产品，承袭优良茶脉，融合现代工艺精心打造。条索紧细，挺秀有毫，香气馥郁，汤色黄杏明亮，叶底嫩匀，具有浓郁的醇嫩香，入口鲜甜爽口，回味甘甜悠长。富含茶黄素、茶多酚、氨基酸、可溶糖、维生素等丰富营养物质，系称茶之精华。

茶款名称：君山银针

茶类：黄茶

产品特点：君山银针由单一茶芽经特殊工艺精致而成，其芽头肥壮挺直匀齐，满披茸毛，色泽金黄光亮。冲泡后，茶香扑鼻，沁人心脾，茶汤入口，甘醇鲜爽，回味无穷。汤色茶影，交相辉映，极具欣赏价值。当沸水倒入透明的玻璃杯，茶芽首先浮于水面，稍过片刻，茶芽迅速吸水，继而徐徐下沉，由于茶芽吸水时放出的气泡，使每个茶叶含一水珠，雅称"雀舌含珠"；有的茶芽忽上忽下，时起时落，俗称"三起三落"；然后竖于杯底，杯中奇观，栩栩如生，为古今赞叹。

茶款名称：天之和

茶类：黄茶

产品特点：传承千年的黄茶工艺，在现代人的手中勃然新生，融汇古今开创出独到的紧压型黄茶。采用君山茶业基地君山岛上四面环水的君山茶园优质原料，均为一芽一叶初展鲜叶，经黄茶特殊工艺加工压制而成。含有丰富的茶黄素，滋味醇和。

推介专家 / 社团负责人：

张永立（国茶专家委员会秘书长）/ 黄德开（湖南省茶业协会副秘书长）

推荐理由：

君山银针，是湖南省君山银针茶业有限公司的核心产品。1956 年参加莱比锡国际博览会并荣获金奖，得誉"茶盖中华，价压天下"。君山银针多次在国内、国际各种舞台亮相并取得系列成绩，是中国十大名茶之一。色、香、味、形俱佳，世称"四美"，是黄茶中的品鉴之作。湖南省君山银针茶业有限公司是"国家级农业产业化重点龙头企业"，整合君山茶业资源，取得君山公园茶场的独家经营权，延伸历史文化品牌，不断开拓创新，走出了一条产业化经营的新型合作之路。

湖南中茶茶业有限公司

　　湖南中茶茶业有限公司是中粮集团（COFCO）成员企业，是中粮集团在华中地区的优质茶叶种植、生产、加工、研发和营销中心，也是国内首屈一指的安化黑茶企业。旗下包括中茶湖南安化茶厂有限公司和石门东山峰生态茶厂有限公司等成员企业，拥有中国茶叶出口非洲的首选品牌"沙漠之舟"和安化黑茶标杆性品牌"中茶·黑茶园"，并于2013年重磅推出了"中茶·武陵绿"高山生态绿茶品牌。

　　公司前身为成立于1950年的中土畜湖南茶叶进出口有限公司，曾引领湖南省茶叶行业近半个世纪的发展历程。经过多年不断努力，公司已完成了从单纯的茶叶出口企业向国内市场和国际市场齐头并进的综合型茶叶经营企业，致力于打造从茶园到茶杯的全产业链茶叶经营企业，利用华中地区优质的茶叶资源为世界茶人提供高品质的茶饮生活体验，成为奉献健康、改变生活方式的行业领导者。

　　公司一直以"传承经典，分享健康"为使命，遵循"共赢合作，创造价值"的发展原则，秉承"高标准的品质把控"的制茶精神，致力于安化黑茶的全国推广与普及。2010年，公司完成了"中茶·黑茶园"牌安化黑茶的新形象的塑造，赋予了"中茶牌"新的内涵和价值；2011年，公司完成了"中茶·黑茶园"牌安化黑茶的初步渠道布局，品牌专营店铺遍布全国各地；2012年，"湖南安化茶厂110周年"厂庆活动盛大召开，并成功推出"传世1902典藏茶"系列产品；2013年，携手中粮营养健康科学院，酝酿从现代微生物学的角度出发，运用现代科学技术对于传统安化黑茶制茶工艺和机理进行科学诠释，从而全面提高安化黑茶的行业技术水平。公司还将整合各方面的科研技术和智力团队，从茶叶种植到黑茶品饮整个产业链环节对安化黑茶的加工、研发和消费进行研究和推广，让"中茶·黑茶园"牌安化黑茶成为经典茶品和健康品质生活方式的代表。

企业联系方式

地址：湖南省长沙市芙蓉中路二段122号
邮编：410015
电话：0731-82098410
网址：www.hntea.com.cn

茶款名称：1kg 手筑茯砖
　　　　　（润黑）

茶类：黑茶

产品特点：中茶·黑茶园牌 1kg 手筑茯砖（润黑）精选上等黑毛茶为原料，采用"木仓发酵"工艺，纯手工压制而成。茶砖松紧适宜，砖内金花茂盛，花香饱满，汤色红亮，滋味醇厚甘爽，堪称饮用佳品。

湖南中茶茶业有限公司、中茶湖南安化茶厂有限公司携手中粮营养健康科学院，以安化茶厂百年木仓为载体，科学创立公司特有的工艺技术——"木仓发酵"工艺，提高了产品品质，形成独特品质风味。

推介专家：

包小村（国茶专家委员会委员，湖南省茶叶研究所所长）

推荐理由：

该产品精选上等黑毛茶原料，采用 "木仓发酵"创新工艺，纯手工压制而成。品质优异，茶砖松紧适宜，砖内金花茂盛，花香饱满，汤色红亮，滋味醇厚甘爽；作为国内首屈一指的安化黑茶企业优秀产品，其质量安全可靠，从采摘到成品高标准品质把控；性价比高，市场零售价为 218 元 / 块，在同类黑茶产品中有明显价格优势。我非常乐意将该产品推荐给广大消费者。

湖南华莱生物科技有限公司

湖南华莱生物科技有限公司创立于 2007 年，是一家集食品保健品研发、生产和黑茶种植、生产、销售于一体的现代化高科技企业。公司总部位于湖南省安化县冷市镇，注册资金 8000 万元人民币，总资产近 6 亿元。

在近几年的发展中，公司在基地建设、生产、研发等方面总投资超过 4 亿元，下辖湖南华莱冷市黑茶产业园、万亩有机黑茶种植基地、中国安化黑茶种苗繁育中心、GMP 深加工生产车间、叶子茶厂等多个黑茶种植生产基地。年上缴国家利税超过 4000 万元，安置当地农村劳动力 1500 余人，相关产业链就业人数达 8 万人以上。形成了以"华莱健"品牌为核心，集种苗繁育、种植、科研、加工、销售于一体的完整产业链，为安化黑茶产业的稳步发展做出了极大贡献。

为保障产品质量，公司将茶叶种植基地选址在空气清新、水质纯净、土壤未受污染、具有良好生态环境的安化山区，并采取原生态有机化培管，从根源上杜绝化肥、农残。此外，公司致力于清洁化和机械化生产，先后投入巨资引进多种高端生产设备，严格把住原料关，对生产流程全程监管，从而全面保障公司产品的品质和质量。短短几年，公司已先后荣获国家高新技术企业、中国驰名商标、中国茶叶行业百强企业、湖南 2013 茶叶助农增收十强企业、农业产业化省级龙头企业等多项殊荣。

未来，公司将继续肩负"发展黑茶产业，铸造民族品牌"的使命，在"把华莱打造成安化黑茶产业中的标杆、中国茶产业中的航母"的总体目标下，积极发扬民族创新精神，将湖南华莱打造成一家弘扬中国茶道文化和最具创新能力的全球领军企业。

企业联系方式

地址：湖南省益阳市安化县冷市镇华莱黑茶产业园
邮编：413502
传真：0737-7321969
邮箱：hunanhualai@126.com
购买热线电话：0737-7321399
电商平台：www.chinahualai.com

茶款名称: 华莱健千两茶
　　　　　 (安化黑茶千两系列)

茶类: 黑茶

产品特点: 以二级、三级安化黑毛茶为主要原料, 经过筛分、拣剔、拼堆等工艺加工后, 再采用汽蒸、装篓、压制、日晒干燥等工艺加工而成。外形呈长圆柱体状的安化黑茶成品及经过切割形成的各种规格的茶饼, 包括千两茶、五百两茶、三百两茶、百两茶、十六两茶等规格的产品, 以及在保证产品质量情况下创新研制出的其他同类型新产品。

茶款名称: 华莱健金茯
　　　　　 (安化黑茶茯砖茶系列)

茶类: 黑茶

产品特点: 以安化黑毛茶为原料, 经过筛分、拼配、渥堆、压制定型、发花干燥、成品包装等工艺生产的块状安化黑茶成品。茯砖茶内的"金花"学名称为"冠突散囊菌", 内含丰富的营养素, 对人体极为有益, 金花越茂盛, 则品质越佳, 干嗅有黄花清香。

茶款名称：华莱健天尖茶
　　　　　（安化黑茶天尖系列）

茶类：黑茶
产品特点：以安化县境内生产的一级黑毛茶为主要原料，经过筛分、烘焙、拣剔、拼堆、
踩制压包、凉置干燥等工艺生产的篓装安化黑茶成品。

茶款名称：速溶茶

茶类：黑茶（安化黑茶）
产品特点：以优质茯砖茶为主要原料，运用超临界萃取技术与膜分离、膜浓缩技术，
在超低温条件下高效萃取和高倍浓缩茯砖茶中的香味因子、活性成分和功能因子，创
造出的具有鲜明时代消费特点的现代速溶茶。

推介专家/社团负责人：
刘仲华（国茶专家委员会副主任，湖南农业大学茶学博士点领衔导师、茶学学科带头人）/朱
泽邦（湖南省益阳市茶叶局办主任）
推荐理由：
该系列茶品质优异、口感醇厚、金花茂盛、菌香浓郁，开汤后汤色红浓、滋味纯厚、香气纯正；
且具有独特的药理功效。越来越受广大追求健康生活的消费者青睐。

湖南国茯茶业发展有限公司

　　湖南国茯茶业发展有限公司，成立于 2013 年 8 月，注册资金 1000 万元，是湖南润和集团旗下的又一全资子公司。公司以"中国首个国礼茯茶"为品牌定位，坚持"用纯正安化原料、打造中国顶级茯茶"为发展理念，旨在整合安化黑茶资源，引领安化黑茶提档升级，独具匠心，打造中国顶级茯茶，填补中国高端茯茶礼品的空白，成为中国茶业市场高端茯茶产品的专业供应商。国茯茶业定位于中国最高品质、单品最高价位之茶，是代表中国国家高度的国礼之茶、军民团结民族团结之茶、中国当下老百姓健康之饮。国茯发花工艺为国家二级保密机密，国茯制作工艺为国家第二批非质文化遗产。严格遵循"一流原料、一流科研、一流生产、一流营销、一流管理"五个"一流"指标，打造成为代表中国茶、民族茶、湖南茶、团结茶、安化茶最高单品茶，竭力铸造国茯茶业的金字招牌。

企业联系方式

地址：湖南省长沙市岳麓区麓谷大道 658 号麓谷信息港 A 栋 16 层
邮编：410205
电话：0731-85204308
网址：www.rinh.cn

茶款名称：国茯1373

茶类：黑茶（茯砖茶）

产品特点：净重 1600 克，顶级醇料，荒野好茶。采用 2006 年特级老料新压，砖面为黑褐色，砖面平整，棱角分明，厚薄一致，发花普遍茂盛。产品含有冠突散囊菌"金花"——安化黑茶所独有的益生菌种（也叫霸王菌）。菌花香纯正，滋味醇和微甘，汤色橙红明亮。

公元 1373 年，黑茶始见于文字，大量的史料证明大漠深处雪域高原，哪里有安化黑茶哪里就有生命存在，千百年来被西北少数民族誉为生命之茶。

茶款名称：国茯1949

茶类：黑茶（茯砖茶）

产品特点：特级毛料，荒野好茶。净重 2000 克，采用 2009 年一级老料新压，砖面为黑褐色，砖面平整，棱角分明，厚薄一致，发花普遍茂盛。产品含有冠突散囊菌"金花"——安化黑茶所独有的益生菌种（也叫霸王菌）。菌花香纯正，滋味醇和微甘，汤色橙红明亮。

1949 年新中国成立，开启了伟大的边销茶时代，安化黑茶被西北少数民族呼之为毛主席茶，共产党茶。

茶款名称：国茯2013

茶类：黑茶（茯砖茶）

产品特点：一级毛料，荒野好茶。净重2000克，采用2009年2011年拼料新压，砖面为黑褐色，砖面平整，棱角分明，厚薄一致，发花普遍茂盛。产品含有冠突散囊菌"金花"——安化黑茶所独有的益生菌种（也叫霸王菌）。菌花香纯正，滋味醇和微甘，汤色橙红明亮。

2013年茶逢盛世，国茯诞生，引领高品质安化黑茶新时尚，点燃人类健康新希望，国茯将成为全国56个民族乃至全人类的健康之饮。

推介专家：
刘仲华（国茶专家委员会副主任，湖南农业大学茶学博士点领衔导师、茶学学科带头人）

推荐理由：
湖南润和集团国茯茶业发展有限公司生产的国茯系列三款产品，是湖南安化黑茶顶级产品的杰出代表，三款产品标号分别代表湖南黑茶发展历史的三个时间节点。产品选用安化境内云台山大叶种优质原料，配方独特，加工工艺先进，品质监控严谨。干茶色泽黑褐油润，金花茂盛，汤色橙红明亮，菌花香浓郁，滋味醇厚悠长。投放市场以来，颇受消费者欢迎，销售网点遍及10余个省市自治区，销售业绩快速提升，潜力巨大。

湖南黑美人茶业股份有限公司

　　黑美人茶业股份有限公司坐落于益阳市龙岭工业园内，是一家集茶业科研、茶园基地建设、黑茶文化传播于一体的大型现代化企业。公司自建3800亩欧盟有机茶认证标准的生态茶园，拥有传统的安化黑茶千两花卷、三尖、四砖等系列产品的完整生产线，并建成国内独家首条黑茶自动化包装生产线。既生产传统经典的花卷茶，又有独家开发的直泡茶。其中爱·简单，美人茶等多个系列的产品都受到业内和消费者的强烈推崇。

　　凭借优异的原料品质和先进的生产技术，使黑美人收获了多项自主知识产权硕果，不仅在国内历届大型茶叶博览会屡获金奖，还顺利通过湖南省"双高"企业评定，被评为湖南省食品行业最受大众欢迎十大企业、中国茶叶行业百强企业。

企业联系方式

地址：湖南省益阳市赫山区春嘉路6号
邮编：413000
电话：400-0737-819
网址：www.hmrtea.com
淘宝天猫：http://:heimeiren.tmall.com

茶款名称：美人茶

茶类：黑茶

产品特点：

美人茶系安化黑茶，其特点为：

1. 天尖原料，古法焙制，黑砖工艺。
2. 口感醇厚，汤色透亮，品鉴佳品。

茶款名称：尊品 美人茶

茶类：黑茶

产品特点：

1. 芽尖原料，色泽乌黑，条索均匀刚挺。
2. 具纯正松烟香和独特陈香，汤色橙红、饮之口感醇爽甘冽。
3. 采用日本进口的食品级玉米纤维制作的立体包装。

推介专家 / 社团负责人：

刘仲华（国茶专家委员会副主任，湖南农业大学茶学博士点领衔导师、茶学学科带头人）/ 朱泽邦（湖南省益阳市茶叶局办主任）

推荐理由：

该公司建成国内独家首条黑茶自动化包装生产线，独家专业开发黑茶直泡茶，散装直泡，方便快捷，其中爱·简单、美人茶等多个系列的产品成为都市白领家居、办公、旅行极佳的随身饮品，受到业内和国内外广大消费者的强烈推崇，市场前景广阔。

湖南泉笙道茶业有限公司

泉笙道，水自香。经过十年的探索和运营，湖南泉笙道茶业有限公司无论在经营战略、企业文化，还是在创新经营、营销规模上，都取得了令人瞩目的成就。作为茶饮机的首创者，泉笙道迅速改变杯泡的传统饮茶习惯，让人享受易备、恒温、浓淡相宜的茶水，一步踏上现代生活的快乐节奏。作为黑茶养生的先行者，泉笙道让人们从饮茶健康提升到养生修行，体会调饮的乐趣，释放心灵的沉积，愉悦身心。作为茶文化的发扬者，走进黑茶古老的传说，寻求茶马古道种种风情，探索禅意盎然的品茶生活，使人流连忘返中感悟升华。

如同以往茶之丝绸之路，茶之草原之路，茶之海洋之旅及茶马古道，今天的茶叶之路也非易事。公司"泉笙道"、"禅洱"、"和藏"品牌自 2008 年起在中国主流的茶业博览会上多次获得金奖，泉笙道的营销网络扩展到全国 21 个省市，已然成为全国黑茶行业的强势品牌。从目前经营成果上，泉笙道已经接近一条符合国情的茶叶发展道路。

公司 2014 年投产了一条茯茶生产线，它拥有多项技术创新和发明专利，是目前最现代化的黑茶生产线，将极大地改变黑茶依赖人工的基本格局。公司研发与管理团队与湖南农业大学、湖南茶叶研究所、湖南师范大学等单位不断深化合作，有机地将文化、产品、管理、生活方式融合在一起，推出服务性产品，使公司合作伙伴们越来越多，效益越来越好，心情越来越快乐。公司将以茶文化为内核，仍然专注品牌建设和优质黑茶生产与研发，成为公司合作伙伴的良师益友，成为消费者可信赖的法人。

企业联系方式

地址：湖南省长沙市马王堆中路蔚蓝天空大厦 9 楼
邮编：410016
电话：0731-82699999
网址：www.chisondo.com

茶款名称：茯茶之道

茶类：黑茶
产品特点：本茶品精选存放两年以上的纯一级黑毛茶原料，采用传统工艺精制而成，是代表湖南黑茶文化特色、传统工艺特征和正宗茯茶口感的经典茶品。茶品砖面平整、棱角分明、砖形完整，呈黑褐色尚润；茶面条索紧实清晰较完整，梗细小且较少，松紧度适中；砖内金花茂盛、颗粒饱满，分布均匀，干茶香纯正；汤色橙黄明亮，菌香浓郁持久，有陈香；口感极为醇和，爽滑回甘；叶底黑褐发亮，匀齐尚嫩。

茶款名称：原生茯茶

茶类：黑茶

产品特点：本茶品精选优质的纯山地黑毛茶原料，未经切割，尽量保持毛茶自然的原生风貌，并最大程度保证其内含物的品质，结合优化的传统工艺精制而成。茶品砖面平整、棱角分明，条索紧实完整，走向清晰且有韵律感；砖面呈棕褐色尚润，砖内梗少、松紧适中，砖内金花茂盛、颗粒饱满，分布均匀，干茶香纯正；汤色橙黄明亮，菌香浓郁持久，兼有明显的山地茶香气特征；口感较醇厚，回甘持久；叶底棕褐发亮，叶形大而完整，匀齐尚嫩。

推介专家：
包小村（国茶专家委员会委员，湖南省茶叶研究所所长）
推荐理由：
茯茶之道，制作的工艺较好，尤其是其发花工艺，砖内金花非常茂盛，且颗粒饱满，是湖南特色传统茯茶。原生茯茶，在制作时保留了其叶形的原生风貌，茶砖表面耐看，是一款具有自然原生态特色的湖南黑茶。泉笙道公司注重企业文化和创新经营，有机地将文化、产品、管理、生活方式融合在一起，"泉笙道""禅洱""和藏"品牌自 2008 年起在中国主流的茶业博览会上多次获得金奖。

茶祖印象（湖南）茶业有限公司

　　茶祖印象公司，以茶祖神农氏故邑茶陵县为根据地，是一家集茶祖文化研究与传播、茶树繁育与种植、茶叶加工与销售、茶叶品牌展示交易、茶食品与茶制品生产与销售、茶业旅游与观光休闲等于一体的综合性茶产业集团。

　　茶祖印象以"弘扬中华茶祖文化，振兴中国茶产业"为己任，以中华茶祖文化产业园为平台，向世界传播博大精深的中国茶文化。

　　茶祖三湘红产品投入市场后，引起了强烈的反响，深受广大消费者的好评，同行业争相模仿。公司在"茶祖三湘红"的品牌推广和渠道建设投入力度大，市场见效快。一年多时间就达到了过1亿元的销售，已经成为湖南红茶第一品牌和中国顶级红茶。公司的市场目标是三年之内实现5亿元的销售规模。

企业联系方式

地址：湖南省长沙市万家丽中路二段 68 号华晨双帆国际 22 楼
全国免费热线：4000-118-333
网址：http://www.chazuyinxiang.com

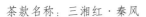
茶款名称：三湘红·秦风

茶类：红茶
产品特点：产品外形条索紧结，色泽乌润，汤色红亮，香高持久，滋味醇厚。
文化释义：风云会，王者兴，华夏自古有《秦风》。

茶款名称：三湘红·汉赋

茶类：红茶
产品特点：产品外形条索紧结，色泽乌润带金毫，汤色红亮，甜香中透花香，滋味醇厚回甘。
文化释义：武帝风，相如赋，茶道风流《汉赋》香。

茶款名称：三湘红·盛唐

茶类：红茶
产品特点：产品外形条索紧结匀齐，色泽乌润带金毫，汤色红亮，甜花香高长，汤色红亮，滋味甜醇。
文化释义：青莲诗，陆羽茶，薪传逸韵在《盛唐》。

茶款名称：三湘红·宋韵

茶类：红茶

产品特点：产品外形条索紧结显锋苗，金毫显露，色泽乌润，甜花香清雅悠长，汤色金红明亮，滋味醇爽回甘，饮后齿颊留香，余韵悠然。

文化释义：帝子书，大观茶，《宋韵》悠悠香味长。

茶款名称：三湘红·元曲

茶类：红茶

产品特点：产品外形紧秀匀齐，满披金毫，色泽乌润，汤色红艳，甜花香清悦，滋味鲜醇，曲终味不尽。

文化释义：闻妙曲，问青花，御品《元曲》味无瑕。

茶款名称：三湘红·永乐

茶类：红茶

产品特点：产品外形秀美，色泽乌润，金毫披覆，汤色红艳明亮，甜香中透着愉悦花香，
清悦缠绵，滋味甜醇甘爽，隽永怡人。

文化释义：品极致，韵非常，《永乐》巅峰旷世煌。

推介专家：

刘仲华（国茶专家委员会副主任，湖南农业大学茶学博士点领衔导师、茶学学科带头人）

推介理由：

茶祖印象公司联合湖南农业大学、湖南省茶叶研究所的顶级专家团队，历经两年的努力，研
发出"茶祖三湘红"，品质优异，汤色橙黄或橙红艳丽，滋味鲜醇、回味甘爽，蜜香花果香
交融。该产品获"2012 湖南茶业十大创新产品"荣誉，国际茶叶委员会主席及欧盟、美国、
英国、加拿大、俄罗斯茶业协会主席等国际一流专家一致认为"茶祖三湘红可与世界顶级红
茶相媲美"。

湖南省道然茶业有限公司（安化县实验茶场）

    道然茶业公司一直将"弘扬安化黑茶文化，振兴民族黑茶经济"作为己任和使命。公司的前身安化县实验茶场，是中国近代茶业界著名的茶叶培育、研发、生产、人才培养基地，始建于 1916 年，至今已有近百年的历史。

    公司集茶叶种植、生产加工、销售、科研、旅游、茶文化传播于一体，拥有"从茶园到茶杯"完整生态产业链。道然茶业秉承从源头开始把控品质的经营理念，斥巨资在黑茶之乡——安化，打造生态有机茶园，面积达 2 万余亩。目前拥有高山、库区、茶岛等各类优质茶园多个，其核心基地凤凰岛，被中国农业部评为中国十大最美茶园之一，被国土资源部认定为"雪峰湖地质公园"。公司拥有黑茶初制加工厂 6 家，精制加工厂 2 家，率先通过了 ISO9001 国际质量体系认证，并成为茶行业 QS 认证的 A 级企业，全面保证茶叶安全、卫生，达到国家及地方质量标准。

    公司打造了 5 个国家级茶叶示范基地与科研中心，聘请茶行业知名专家、学者组建道然茶业技术顾问团，将科研理论与实践进行完美结合，全程为道然系列产品质量提供技术支撑与保障；国家级非物质文化遗产千两茶制作技艺传承人，千两茶第五世嫡系传人刘向瑞老先生将安化千两茶的传统标准技艺传授给道然茶业，并协同相关部门及行业协会共同成立安化千两茶研究会，全面复兴和传承国家级非遗秘技，建立安化千两茶行业标准。

    公司研发团队自主研发了安化黑茶茶膏及茯砖茶表里发花高新技术产品，并已获批了两项国家专利，现已经开始工厂规模化生产。公司产品囊括安化黑茶、绿茶、红茶三大品类，形成了适应市场需求的完整产品线。公司于 2011 年全面启动国内市场的开发，加大渠道拓展与网点建设的力度，在 20 个地区上百个大中型城市建立道然一级经销商 50 余家、专卖店 300 余家，构建了完善的营销网。

企业联系方式

地址：湖南省长沙市芙蓉区雄天路 98 号广发隆平创业园
邮编：410000
电话：0731-89825398
网址：www.daorantea.com

茶款名称：刘向瑞千两茶

茶类：黑茶

产品特点：该茶系安化黑茶。采用中国最美茶园——安化凤凰岛大叶种野生茶为原料，经国家级非物质文化遗产大师（刘氏家族唯一仍健在的千两茶传人）监制，传承中国非物质文化遗产制作工艺，通过百年茶场——安化县实验茶场技艺制作而成。其外形古朴大气，汤色橙黄或红亮，滋味甜润醇厚，香气浓郁，经久耐泡。

其制作在原料选择上，经过筛制、拣剔、整形、拼堆程序；在加工上，经绞、压、踩、滚、锤工艺，经历近80道传统工序，置于凉架上。经夏秋季节49天日晒夜露（不能淋雨），在自然条件催化下自行发酵、干燥，吸日月之精华，纳天地之灵气，自然晾干。陈放越久，质量越好，品味更加。这种独特的工艺，造就了该系列产品独特的品种特征和对人体独特的药理功效。

推介专家/社团负责人：

刘仲华（国茶专家委员会副主任，湖南农业大学茶学博士点领衔导师、茶学学科带头人）/朱泽邦（湖南省益阳市茶叶局办主任）

推介理由：

该产品采用中国最美茶园——安化凤凰岛大叶种野生茶原料，由刘氏家族唯一仍健在的千两茶传人监制，在百年茶场——安化县实验茶场制作而成。其制作工艺独特，外形古朴大气，汤色橙黄或红亮，滋味甜润醇厚，香气浓郁，经久耐泡，且对人体具有独特的药理功效，深受广大黑茶收藏爱好者和消费者的追捧。

湖南益阳香炉山茶业有限公司

　　湖南益阳香炉山茶业有限公司位于桃江县千年古镇马迹塘镇万寿宫片区,前身为桃江县香炉山茶厂。现有员工85人,其中技术骨干25名,年生产能力达2800余吨,工业总产值突破6000万元。是国家民委、发改委、财政部、农业部等九部委联合定点的国家民贸用品定点生产企业,同时也是国家技术质量监督总局核定的安化黑茶地理保护标志生产基地之一。公司自有茶园3000亩,和农户签约茶园7000亩及加工厂。2008年改制成功,重新注册成立"湖南益阳香炉山茶业有限公司"。2010年香炉山黑茶华丽转身,凭籍厚重绵长的制茶历史,吸引了获得国家级专利的独特发酵发花工艺茯砖大师谭书林、安化黑茶花卷茶传承大师李国平、从事茶叶研究近30年的高级农艺师高大可教授等25人组成的技术团队加盟,为香炉山茶业生产高品质黑茶提供了强有力的技术保障。公司产品通过了ISO9001-2001质量管理认证体系、HACCP国际食品安全认证和出口茶叶企业的专业认可,且申报了中欧地理标志互认产品。2010年被评为市级农业产业化龙头企业、优秀创业富民企业、湖南诚信企业和湖南省富民强省模范企业公司。2010年6月被湖南省企业质量信用等级评定委员会评定为湖南省质量信用A级企业。

　　公司是中国黑茶界的老牌骨干企业,专业生产黑茶。主要品种有"金花茯茶""原生茯砖茶""精制茯砖茶""特制茯砖茶""花卷茶""手筑茯砖""三尖茶"系列等。产品质量上乘,为同类产品中的佼佼者,多次被国家权威机构评定为名优产品,已获得欧盟认证证书,取得了进入国际精品批发中心的准入资格,对外远销欧洲和东南亚。公司在广东、湖南、湖北、青海、甘肃、新疆等省拥有自己销售网络,产品畅销大江南北。

企业联系方式

地址: 湖南省桃江县马迹塘镇
邮编: 413405
电话: 0737-8322158
网址: www.xlshc.com

茶款名称: 天尖茶(篓装天尖)

茶类: 黑茶
产品特点: 天尖茶,竹蔑篓精致,形状美观。里面的茶呈团块状,有一定的结构力;搓散团块,茶叶紧结扁直,乌黑油润。汤色红黄透亮,香气松烟香、枫果香,滋味浓厚,叶底黑褐,叶片完整嫩度好,匀整。

茶款名称：原叶茯茶

茶类：黑茶

产品特点：茶的原料优质，全为安化地带原料制作。加工工艺独特，金花茂盛、外形美观。内质好、口感佳、汤色透亮、可持久冲泡十几泡不退色、不浑浊，叶底匀整。

推介专家 / 社团负责人：
包小村（国茶专家委员会委员，湖南省茶叶研究所所长）/ 朱泽邦（湖南省益阳市茶叶局办主任）
推荐理由：
湖南益阳香炉山茶业有限公司早在上世纪 90 年代就被国家认定为全国民贸用品订单生产单位之一，是专为新疆、青海、内蒙等少数民族生产清真食品的专供企业，是中国黑茶界的老骨干企业。从 1983 年建厂至今，连续 30 多年从事茶生产，产品颇受欢迎，与边疆人民和广大客户结下了深厚友谊。特别是近年黑茶市场不断发展，公司吸引了高端技术团队加盟，为生产高品质黑茶提供了强有力的技术保障。

河南中盛文化旅游发展有限公司

　　河南中盛文化旅游发展有限公司，是由中国老子文化发展公益基金会和北京中控信融投资有限公司发起成立的一家大型文化旅游综合开发公司。公司于2012年启动了信阳灵龙湖生态文化旅游区项目，旨在打造一批融茶文化、民俗文化、禅文化、观光农业采摘及休闲度假、养生养老等为一体的旅游线路。

　　灵龙湖生态文化旅游区位于有"大美茶乡"美誉的信阳市浉河区东双河镇，旅游区域内有灵龙湖有机茶园、灵龙湖生态文化园、茶叶精制加工厂，集茶叶种植、生产加工、销售、茶文化传播等于一体。公司积极引导茶农组建专业合作社，形成"公司＋合作社＋农户"的经营模式，公司致力于打造浉河区无性系茶苗的繁育基地和茶叶机械化生产的先行区、示范区。

　　公司于2013年经国家工商管理总局批准注册"灵龙湖"商标。零污染、无农残、原生态的"灵龙湖"野生毛尖，将继续秉持精益求精的理念打造最自然的生态茶饮。公司亦将充分利用得天独厚的区位自然地理环境优势，挖掘毛尖茶的药用及调理价值，研发一系列的茶汤温泉、茶宴等养生产品。

企业联系方式

地址：信阳市浉河区 107 国道与湖东大道交叉口东 100 米
邮编：464000
传真：0376-6516397
邮箱：hnzsmy@126.com
网址：http://www.xyllh.com
购买热线电话：0376-6511166/6516397

茶款名称：灵龙湖牌野生毛尖

茶类：绿茶

产品特点：该茶的主要特色在于采摘于野生茶树，茶籽发芽后无人为干预在自然环境中生长。成茶干净、不含杂质，色、香、味、形均有独特个性。其颜色鲜绿，有光泽；香气高雅、清新；味道鲜爽、醇香、回甘；外形匀整、白毫明显，汤色明亮清澈。

信阳毛尖是中国十大名茶之一，素来以"细、圆、光、直、多白毫、香高、味浓、汤色绿"特色饮誉中外，具有生津解渴、清心明目、提神醒脑、去腻消食等多种功用。

毛尖季节等级可划分为明前茶、谷雨茶、春尾茶、夏茶、白露茶。

推介专家：

张义丰（国茶专家委员会副主任，中国科学院地理科学与资源研究所研究员、农业与乡村发展研究室副主任）

推荐理由：

该公司是河南省非物质文化遗产信阳毛尖采制技艺传承基地和创业带动再就业实践基地，同时也是茶旅一体化发展的研究基地。公司已被灵龙湖旅游区纳入茶文化旅游的重点，发展前景广阔。

![龙潭茶 THE LONGTAN TEA SAA TCHI SHARING]

信阳市龙潭茶叶有限公司

龙潭茶叶有限公司为信阳毛尖集团——原河南信阳五云茶叶（集团）有限公司旗下公司，成立于1989年。经过多年发展，公司成为集初制生产、精制加工、科研、产品销售、品牌建设及弘扬茶文化于一体的农业产业化国家重点龙头企业。

公司依托自有35万亩"五云两潭一寨"毛尖茶核心茶园基地，建设一座占地650余亩的茶产业加工园区，10余个茶叶标准化精制加工厂，6个50吨储量的冷链系统，一座可容纳500吨的茶叶保鲜冷库。拥有多条国际全自动毛尖茶生产线及多条自动灌装线，生产线每小时可投鲜叶量达600公斤，满负荷生产，每年可生产200万公斤干茶，茶叶生产效率显著提高。

公司旗下拥有"龙潭""五云山""陆羽"三大品牌，其中核心品牌"龙潭"有50个系列近400款产品，深受广大消费者的欢迎。至2013年公司下辖10个分公司，368家专卖店、会所，在全国大中城市设立769家合作代理商，260家加盟专卖店，并以较快的速度不断扩张。

2013年成立龙潭茶叶集团并制定全球战略，以"大爱龙潭，责任龙潭，国际龙潭，文化龙潭"的四个系统化工程为核心，转化为龙潭的三个目标：一是转型成为全球一站式、平民化茶叶制造运营商；二是实现千城万店大渠道计划，并打造具有世界影响力的中国文化礼品一线品牌；三是把茶提升为茶农的致富茶，消费者喝得起的大众茶，全球70亿人爱喝的放心茶。

在十二五末，公司制定了发展100万亩茶园、带动10万茶农致富、综合销售100亿元、创利税10亿元的"四个一"工程。以核心产业的转型升级为抓手，在产前、产中、产后的关键环节上加快转变，同时带动包装、运输、农副产品等产业繁荣，从而实现信阳茶向大产业、大品牌、大市场、大经济的目标迈进，真正推动茶产业向着健康、稳健、高效的方向发展，为中原经济建设做出新的贡献。

企业联系方式

地址：信阳市浉河区鸡公山大街289号
邮编：464000
电话：0376-6601296
网址：http://www.longtantea.com

茶款名称：龙潭牌大山野茶

茶类：绿茶

产品特点：龙潭牌大山野茶，外形条索紧实，色泽乌润，开汤汤色橙黄亮丽，显金圈，入口滋味醇厚，甘甜，鲜活，喉韵悠长，齿颊留香。此茶产量很低，因其地域和茶叶品质的特殊性，实为茶中极品。

推介专家：

刘新（国茶专家委员会委员，中国农业科学院茶叶研究所研究员）

推荐理由：

这是自北纬32度海拔800米以上深山采集的野生茶。清明前后采摘标准的一芽一叶初展鲜叶，经资深炒茶大师采用信阳毛尖传统工艺炒制而成。条形自然舒展呈兰花形，色泽翠绿，香气清香持久，汤色嫩绿明亮，滋味浓郁回甘，叶底绿润鲜活。冲泡之后，茶芽朵朵如盛开的兰花，饮之唇齿留香，回味无穷。特此推介。

信阳市文新茶叶有限责任公司

　　信阳市文新茶叶有限责任公司成立于 1992 年，是一家集信阳毛尖和文新信阳红红茶的种植、加工、销售、科研、茶文化于一体的省级农业产业化重点龙头企业。公司在北京、上海、武汉、郑州、广州、深圳等地分别成立了分公司，拥有信阳市文新茶文化旅游示范园区、信阳市文新茶文化科技示范园区各一座。目前有员工 1800 余人，是信阳率先成立党、团、工会组织的民营企业。公司在全国各地现有直营专卖店（馆）169 家，加盟经销商 318 家。"文新"牌系列产品是受世界知识产权保护的原产地产品，先后荣获中国驰名商标、中国名牌农产品等荣誉。公司在全省率先实现茶叶加工的绿色化、产业化、工业化和标准化生产，被评为全国青年文明号、AAAA 标准化良好行为企业，连续六年被评为全国茶叶行业百强。

　　文新公司的快速发展，得到了中央、省、市各级政府和领导的关心、支持。公司自成立以来，采取"公司＋农户＋基地＋合作社"的经营模式，生产基地辐射带动茶园面积 30 余万亩，带动 10 万户茶农增收致富。未来 5 年，怀着"国人好茶梦，茶农幸福梦，文新家人梦，名茶复兴梦"的文新梦，公司力争实现"五个一"目标：在全国开设一千家专卖店；成为一家中国茶叶企业十强；成为一家上市企业；成为一家全国农业产业化重点农头企业；打造国际知名茶叶品牌，成为一家国际化大公司。

企业联系方式

地址：信阳市浉河区中山北路 205 号
邮编：464000
电话：0376-6235866
网址：http://www.xywenxin.com

茶款名称：文新牌信阳毛尖

茶类：绿茶

产品特点：文新牌信阳毛尖茶，外形细、圆、紧、直、多白毫，色泽翠绿，冲后香高持久，滋味浓醇，回甘生津，汤色明亮清澈。

茶款名称：文新牌信阳红

茶类：红茶

产品特点：文新牌信阳红外形紧细多毫、色泽乌润、汤色红亮、花香隽永，滋味香醇，叶底红艳，果香气明显。

推介专家：

刘新（国茶专家委员会委员，中国农业科学院茶叶研究所研究员）

推荐理由：

信阳毛尖是中国历史名茶，文新公司是信阳的优秀企业，产业规模大，管理规范，基地良好，知名度高。企业负责人是全国人大代表，有责任和担当。特此推荐。

溧阳市凌峰生态农业开发有限公司

溧阳市凌峰生态农业开发有限公司成立于 2006 年，目前已总投资 6000 余万元，开发高效农业。园区位于风景秀丽的国家 5A 级旅游度假区——天目湖景区上游，241 省道环绕园区，交通极为方便。园区开发规划面积 5000 余亩，其中核心区面积 3000 亩，已开发种植优质白茶 1200 亩，无性系良种绿茶 800 亩，黄金芽 200 亩，各种特色时令水果 300 亩。营造生态防护林 300 亩，栽植各种绿化苗木 5 万株，园区基础设施完善，路相通、沟相连、林成网的总体格局已经形成，电力、通信、灌溉设施已建成并全部投入使用。已建成标准化、清洁化加工厂房 3800 平方米。集培训中心、接待中心、农产品展示厅等多功能用房 2000 平方米。

公司所生产的长峰牌系列"寿眉""绿茶""白茶"连续多次被评为"中茶杯"、江苏省"陆羽杯"、"天目湖杯"特等奖，并且被"溧阳市茶叶节"及"一村一品"第十届国际研讨会组委会指定为唯一礼品用茶和第十二届中国溧阳茶叶节暨第八届天目湖旅游节指定接待用茶，享有永久冠名权，还获得"中国著名品牌"、"常州市品牌产品"证书。江苏省质量技术监督局公布实施的江苏省地方标准《寿眉茶》及《寿眉茶》加工技术规程由该企业起草。常州市及溧阳市分别授予该公司"常州市农业龙头企业"、"常州市现代农业产业园区"，"溧阳市十大科技示范园区"，"溧阳市资信 AAA 级企业"，溧阳市信用（合同）AAA 级企业"、"溧阳市青少年素质拓展基地"，"溧阳市农林局农民科普培训基地"、"溧阳市科普教育示范基地"及"溧阳市林业科技示范基地"等称号。

企业联系方式

地址：江苏省溧阳市天目湖镇东风圩
邮编：213300
网址：www.lfsty.com

茶款名称：长峰寿眉

茶类：绿茶

产品特点：长峰寿眉茶为炒烘结合类扁形绿茶。条索扁略弯，色泽翠绿显白毫，形似寿者之眉；内质香气清雅持久，汤色清澈绿亮，滋味鲜爽醇和，叶底嫩匀。

推介专家 / 社团：

蒋俊云（国茶专家委员会委员，国家一级评茶师，高级工程师）/ 常州市茶叶行业管理协会

推荐理由：

寿眉茶是江苏省溧阳市地方名茶，外形似老寿星的眉毛，扁略弯，披白毫，取意于寿比南山。溧阳生产寿眉茶的企业近 20 家，年产量超过 30 吨，但从茶园管理、采摘制作、产品质量到带动农户致富，溧阳市凌峰生态农业开发有限公司一直处于领先地位，是江苏省地方标准 DB32/T 1260-2008《寿眉茶》、DB32/T 1261-2008《寿眉茶加工技术规程》的起草单位。

市场营销实践表明，长峰寿眉加工精细，质量上乘，是只好茶。

溧阳市天目春雨茶业有限公司

溧阳市天目春雨茶业有限公司位于原 104 国道旁苏浙皖边界市场对面，是一家以茶叶为主导产业的民营企业，主要从事国内天然绿茶、白茶、红茶等名优茶的生产与销售，并致力于与茶叶相关的工艺包装的设计和加工。

公司所售茶叶全部源自于分公司——天目春雨茶场，茶园共占地 500 多亩，位于国家 4A 级天目湖旅游景区内。良好的自然生态环境和小气候条件，适宜茶树的生长，茶园采用无公害有机管理，年生产天目春雨牌系列翠柏、白茶 1 万余公斤。公司茶叶销售遍布全国各地，作为特色销售的小椭圆、小方罐、足球听、复活蛋等听罐茶与本地多家星级宾馆、酒店已形成长期的供销合作关系，公司同时在南京、常州、扬州等地设有专卖店，受到所有客户的一致好评。

多年来，公司一直着重于企业形象的创建和维护。公司产品先后荣获中日韩茶王赛金奖、上海国际茶文化节金奖、第八届中茶杯特等奖、一村一品国际研讨会指定用茶、第十三届中国溧阳茶叶节暨第十届天目湖旅游节唯一指定礼品用茶等殊荣。公司创立的"天目春雨"品牌，2012 年被认定为常州市知名商标，2013 年又被认定为江苏省著名商标，2014 年被评为溧阳十大特色农产品品牌。公司全体员工在董事长的带领下，始终坚持"自然、绿色、有机、健康"的理念，全力打造"一流的管理、一流的品牌、一流的服务"。

企业联系方式

地址：江苏省溧阳市溧城镇清溪路东侧 E 区 24-29 号
邮编：213300
传真：0519-87333998
邮箱：tmcycy@126.com
网址：www.tmcycy.com
购买热线电话：0519-87333888
电商平台：Http://shop70060531.taobao.com

茶款名称：天目春雨牌翠柏茶

茶类：绿茶

产品特点：翠柏茶形如翠柏，隐喻新四军抗日先烈如苍松翠柏，万古长青；茶叶条索扁平，色绿显毫，清香幽雅持久，滋味醇厚鲜爽，汤色清沏明亮，叶底黄绿明亮，嫩匀成朵。翠柏茶采摘分三个级别：特级为肥壮芽苞，1级为一芽一叶初展，2级为一芽一叶和少量一芽二叶初展。鲜叶采摘后摊放4小时左右，经过杀青、搓揉、整形、筛分摊凉、辉锅干燥等工艺流程，运用拉、滚、抓、抖、甩、搓、捺、磨、吐、解等10大手法制成干茶。

茶款名称：天目春雨牌天目湖白茶

茶类：绿茶

产品特点：本品是一种轻微发酵茶，选用白毫特多的芽叶，以不经揉炒的特异精细的方法加工而成。制作中采用萎凋、烘焙（或阴干）、拣剔、复火等工序。其中萎凋是形成本茶品质的关键工序。茶叶形如凤羽，条形匀整，色泽翠绿金黄，茶香清爽幽雅，冲泡之后，茶芽朵朵，叶底玉白，叶脉绿色，香气浓烈，滋味鲜爽甘醇，汤色鹅黄明亮。营养成分高于常茶，经生化测定，氨基酸含量比普通茶叶高两倍，茶多酚含量比普通茶叶低一半，叶绿素含量甚低，品种珍稀，风格独特，品质超群。

茶款名称：天目春雨牌工夫红茶

茶类：红茶

产品特点：本工夫红茶，以适宜制作本品的茶树新芽叶为原料，经萎调、揉捻（切）、发酵、干燥等典型工艺过程精制而成。茶芽壮多毫，具有优良的发酵性能和丰富的多酚类物质，茶多酚和儿茶素较高，内含物质十分丰富。茶条细嫩、紧结、橙芽满披、金黄芽毫、色泽油润、香高味浓、叶底鲜红，冲泡后呈红色汤汁，味甘性温。

红茶具有提神消疲、生津清热、减肥美容、利尿、消炎杀菌、解毒、养胃护胃、强壮骨骼、抗氧化延缓衰老、抗癌、舒张血管，益于心脏等诸多功效。

推介专家：

刘新（国茶专家委员会委员，中国农业科学院茶叶研究所研究员）

推荐理由：

天目春雨，2013 年被认定为江苏省著名商标，2014 年被评为溧阳十大特色农产品品牌。公司自有基地、加工厂和销售网络，还在湖北英山建有基地，实力较强，生产的天目春雨牌天目湖白茶、翠柏茶和工夫红茶品质良好，特此推荐。

江苏天目佳生态农业有限公司

江苏天目佳生态农业有限公司位于国家 4A 级旅游风景区源头伍员山麓。公司占地 3500 多亩，其中茶园 2500 多亩，年产各类茶叶 1 万多公斤，苗木 500 多亩，果园 300 亩。公司园区内生态环境优越，无任何污染，是生产绿色食品茶、有机茶的理想基地。公司以"倡导绿色消费，引领健康未来"为理念，大力弘扬"敢于创新，勇于开拓"的企业精神，精心打造企业品牌和产品品质。公司在大中专院校和杭州茶研所专家的指导下，在农林技术人员的关心下，历时五年，2003 年成为溧阳首家通过有机茶认证的企业。

为确保茶叶品质，提升品牌形象，公司制定了质量管理手册和企业标准，规定每个人在质量工作中的任务和职责，确定各个工作环节、工序之间的工作关系、程序，做到质量工作事事有人管，人人有专责，办事有标准，工作有检查，保证茶叶从栽培、采摘到加工都有规范标准指导。同时公司紧密联系南农大、杭州茶研所等大中院校、科研部门，聘请专家、技术人员对员工进行培训，提高员工的技术素质，强化质量意识。有效的质量保证措施确保了产品的品质，通过品牌效应进一步扩大了产品的市场覆盖面，提高了市场占有率，形成了产销两旺的态势。

公司先后获江苏省消费者信赖 AAA 级品牌企业，常州"三八"农业标准化示范基地，江苏现代高效农业"三八"示范基地，常州市帼现代农业科技示范基地，江苏"陆羽杯"名特茶评比一等奖等荣誉。未来公司将抓好主业，多元发展，为绿色产业发展壮大拓展更广阔的空间。

企业联系方式

地址：溧阳市溧城镇清溪路东侧 E 区 24-29 号
邮编：213300
邮箱：tmcycy@126.com
网址：www.tmcycy.com

茶款名称：天目神眉茶

茶类：绿茶
产品特点：天目神眉茶由江苏天目佳生态农业公司生产，茶叶产自环境幽雅的伍员山麓生态园区，茶叶外形为条索状，微扁略弯似眉毛，故称神眉。茶叶色泽绿翠，香气呈熟板栗香，清雅持久，茶汁鲜爽醇和，汤色清澈明亮。

推介专家 / 社团：
蒋俊云（国茶专家委员会委员，国家一级评茶师，高级工程师）/ 常州市茶叶行业管理协会
推荐理由：
该茶叶生长在无污染区，远离闹市、路边。该场是溧阳最大的一个茶场，加工技术精细。天目神眉茶外形弯曲似眉，色绿形扁，内质清汤绿叶，香高味醇，是只好茶。

苏州市吴中区庭山碧螺春茶叶有限公司

苏州市吴中区庭山碧螺春茶叶有限公司创建于1993年，注册资金250万元，位于金庭镇（原西山镇）。生产厂房面积2000平方米，公司以"庭山"牌注册的洞庭山碧螺春茶叶生产基地坐落在洞庭西山福源坞，占地面积2500亩，年产优质洞庭山碧螺春茶3.3万余公斤。该基地茶果间作，四季花香，四周20公里内均无污染源，更无污染企业。是原产地生产洞庭山碧螺春茶叶的龙头企业，苏州市龙头企业。庭山牌碧螺春茶叶采用的生产模式是基地加农户的生产模式，形成了统一采摘、统一加工、统一包装、统一检验、统一销售的产业化经营模式。公司正朝着洞庭山碧螺春茶的"生产标准化、产品系列化、营销规范化"目标，不断完善，不断迈进。

公司以"庭山"牌注册的洞庭山碧螺春茶先后获苏州市名牌产品、苏州市知名商标、江苏名牌产品、江苏省著名商标称号。还获得江苏省诚信企业、中国名茶博览会金奖及洞庭山原产地域产品保护十大基地和十大品牌企业称号。庭山牌洞庭山碧螺春茶叶生产基地通过绿色食品认证、无公害农产品认证，企业通过ISO9001:2008质量管理体系认证及ISO22000:2005食品安全管理体系认证。为了更好地保护洞庭山碧螺春茶叶原产地品牌，使洞庭山碧螺春茶叶能真正成为消费者心目中信得过的品牌，公司在继承十几年积累经验的基础上，狠抓基地茶园建设，实施有机茶、无公害茶基地建设工程，严格把好产品的每一道质量关，使庭山牌碧螺春茶叶成为苏州吴中茶叶生产示范基地。

企业联系方式

地址：苏州市吴中区金庭镇金庭路150号
邮编：215111
电话：0512-66270228
网址：http://www.tingshan168.com

茶款名称：庭山牌洞庭山碧螺春茶

茶类：绿茶

产品特点：特级一等。外形条索纤细、卷曲呈螺、满身披毫；色泽银绿隐翠鲜润；整碎匀整，净度洁净。内质香气嫩香清鲜，滋味清鲜甘醇，汤色嫩绿鲜亮，叶底幼嫩多芽、嫩绿鲜活。

推介专家 / 社团：

蒋俊云（国茶专家委员会委员，国家一级评茶师，高级工程师）/ 常州市茶叶行业管理协会

推荐理由：

"庭山"牌洞庭山碧螺春茶是国家原产地洞庭山碧螺春茶地理标志产品保护区域内最大的生产企业，是一个具有 20 年生产、销售洞庭山碧螺春的企业。企业具有完备的销售网络及充足的生产基地，内部管理严格，形成了统一管理、统一采摘、统一加工、统一包装、统一检验、统一品牌、统一销售的企业化经营模式。企业以"庭山"牌注册的洞庭山碧螺春茶多次获得江苏名牌产品、江苏省著名商标、绿色食品，是原产地生产洞庭山碧螺春茶叶的最大企业，是苏州市龙头企业。

宜兴市太华镇胥锦茶场

　　宜兴市太华镇胥锦茶场位于苏浙皖三省交界的丘陵山区。生态环境优美，地理位置得天独厚，松竹环抱，山泉相依，土壤含有富硒成分，是茶树生长的好地方。茶场现有有机茶生产基地 358 亩，白茶 100 亩，黄茶 138 亩，鸠坑茶 60 亩，福鼎品种 60 亩。茶园边种植竹林和果树、香樟树，是有机茶园的天然隔离带。茶树由自然降水灌溉，周围无任何污染企业，空气新鲜，茶园用菜饼施肥，除草采用中耕翻土与人工除草相结合。茶场主要生产"井峰"牌阳羡雪芽、白茶、碧螺春、黄茶、红茶等产品。在国家、省、市有关评茶中多次获奖。

企业联系方式

地址：江苏省宜兴市太华镇胥锦村
邮编：214235
电话：0510-87381450
网址：www.yxxjcc.com

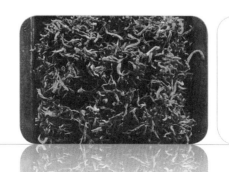 

茶款名称：井峰牌碧螺春

茶类：绿茶
产品特点：井峰牌碧螺春，汤色嫩绿明亮，清香高雅，滋味醇厚，甘爽，叶底嫩绿。
该茶 2007 年、2008 年获"中茶杯"全国名优茶评比一等奖，2012 年获江苏省"陆羽杯"名茶评比一等奖。

茶款名称：井峰牌黄茶

茶类：黄茶
产品特点：春季新梢鹅黄色，颜色鲜亮；夏秋季新梢淡黄色，犹似晨曦中缕缕金色霞光。产品外形条顺平直状，色泽金黄油润，汤色鹅黄透亮，内质嫩香持久，滋味鲜爽醇和，叶底嫩黄明亮，具有"三绿三黄"的品质特色。该茶 2013 年获"中茶杯"全国名优茶评比一等奖，2014 年获江苏省"陆羽杯"名特茶评比特等奖。

茶款名称：井峰牌红茶

茶类：红茶
产品特点：井峰牌红茶，条索紧细金毫，色泽多润，匀整，汤色红浓尚亮，香气纯正。

推介专家 / 社团：
蒋俊云（国茶专家委员会委员，国家一级评茶师，高级工程师）/ 常州市茶叶行业管理协会
推荐理由：
宜兴胥锦茶场生产的碧螺春茶外形内质均可，价廉物美，进入常州市场较受欢迎。绿茶及白茶、黄茶品质都不错，价格较合理，消费者欢迎，市场适销。该企业是个好茶生产单位。

溧阳市玉莲生态农业开发有限公司

溧阳市玉莲生态农业开发有限公司，创建于 2000 年春，是中国茶叶行业协会会员企业、江苏省农业科技型企业、常州市农业高新技术企业，也是农业产业化龙头企业和常州茶叶行业协会副会长单位。园区位于风景秀丽的国家 4A 级天目湖旅游度假区内，茶园四周，群山环抱，苍翠如海，云雾缭绕，鸟语花香，山青水秀，环境优美，是供人们深呼吸的天然氧吧。天目山余脉的南山独特小气候和天然富硒土壤，是玉莲白茶生长的"黄金宝地"。园区规划总面积 8000 亩，核心区开发面积 5000 亩，资产总额 6000 万元，计划总投资 1.2 亿元。

企业是江苏省科技厅认定的江苏省农业科技型企业和常州市认定的常州市农业高新技术企业，也是江苏省溧阳高效农业科技园的骨干企业之一。企业一贯以人为本，尊重人才和知识，现有职工 100 人，林、茶、果专业技术人员 35 名，其中高级职称者 5 名。与南京农业大学茶叶研究所、江苏省农科院园艺所和江苏丘陵地区镇江所等科研院校建立产、学、研长期合作，技术力量雄厚，承担完成了国家级、省级、常州市级等科技项目 29 项。已引进白茶、果树、名贵苗木等新品种 36 个，获天目湖白茶外观设计专利 2 项，成功研制玉莲白茶、白茶碧螺春和白茶金毫（红茶）等新产品。玉莲牌白茶注册商标被认定为江苏省著名商标和常州市知名商标。园区生产的玉莲牌白茶产品，荣获全国中茶杯和江苏省陆羽杯特等奖、常州市名牌产品和常州市名优农产品称号。

企业联系方式

地址：溧阳市天目湖镇田家山村姚家湾
邮编：213333
电话：0519-87986888
传真：0519-87986555
邮箱：1436513622@qq.com
网址：www.tmhbc.com
购买热线电话：13338790158　13338796668
电商平台：http://yu-lian.taobao.com

茶款名称：玉莲白茶

茶类：绿茶
产品特点：芽叶嫩黄泛白，茎脉翠绿，色如玉霜，形似凤羽，汤色明亮，清香浓郁，甘醇鲜爽，氨基酸含量高，而茶多酚含量低。

推介专家 / 社团：
蒋俊云（国茶专家委员会委员，国家一级评茶师，高级工程师）/ 常州市茶叶行业管理协会
推荐理由：
玉莲白茶在溧阳地区及常州市范围较闻名，无论形状和内质均为上乘。外观嫩黄泛白，色如玉霜，形似凤羽，清香栗香浓郁，滋味甘醇鲜爽。是只好茶。

金坛市御庭春茶业有限公司

御庭春茶业有限公司始创于 1991 年，经过 20 年的风雨洗礼，已发展成集种植、采摘、加工、销售为一体的现代化茶叶企业。下属的湖西茶叶种植园，自有良种茶园 500 余亩，并以合作社形式签约周边 70 多户茶农，总采摘面积超过两千亩。2012 年投产的新加工厂，引进当下最先进的加工设备，由数十位从事茶叶制作 20 年以上的老师傅进行茶叶制作。公司以守卫金坛本土茶道传承为己任，以承技、持德、圆志为座右铭，为每一个客户提供不同价位的顶级产品。过人的质量是发展的基石，也是公司业务扩展的主要途径。历年所获奖项涵盖业内所有顶级茶叶评选活动。曾连续七年被选为国礼茶。多次在中茶杯、陆羽杯及上海世界茶博会评比中获得荣誉。2010 年荣获江苏省著名商标。

企业文化：用良心种茶，以质量为豪。从茶树肥料的选用到田间日常管理，严格按照绿色食品的标准要求，通过国家食品 QS 认证、ISO9001 国际质量体系认证、ISO14001 环境管理体系认证以及食品安全管理体系（HACCP）认证。核心业务：茶叶种植、制作、销售。坚持以质量控制为本，建立自己的生产基地，成立茶叶种植合作社，科学田间管理。结合传统工艺进行机械化生产，创立自主品牌，以质量为推广核心，以产品的特色凝聚高质量的客户群体。制茶理念：还原传统工艺，追求技术创新。茅山作为道教第一福地，第八洞天，上清派宗坛，1500 年前就有制茶的史料记载。后由南朝梁时有"山中宰相"之称的陶弘景将茅山茶道推至高峰。公司一直秉承追求顶级绿茶的宗旨，不断在制作工艺上进行改进，2011 年公司取得了自主研发的紫砂炒茶锅的国家创新专利。旗下品牌：天壶®、秦汉相府®、相府白茶™、尚书红™、御庭清风®。

企业联系方式

地址：江苏省金坛市东环二路 33-A
邮编：213200
电商：http://qhxf.taobao.com

茶款名称：天壶牌金坛雀舌

茶类：绿茶

产品特点：金坛雀舌以其形如雀舌而得名，属扁形炒青绿茶。为江苏省新创制的名茶之一。天壶牌金坛雀舌成品条索匀整，状如雀舌，干茶色泽绿润，扁平挺直；冲泡后香气清高，色泽绿润，滋味鲜爽，回味甘甜，叶底嫩匀、汤色明亮。内含成分丰富，水浸出物、茶多酚、氨基酸、咖啡碱含量较高。

推介专家 / 社团：

蒋俊云（国茶专家委员会委员，国家一级评茶师，高级工程师）/ 常州市茶叶行业管理协会

推荐理由：

金坛雀舌是在金坛 1500 历史制茶历史上总结创新出的优质茗茶，金坛作为中国茗茶之乡最早可以追溯到隋朝。金坛雀舌是中国地理标志产品，品牌价值高达 7 亿元。

御庭春茶业有限公司的天壶牌金坛雀舌以外形秀美，汤色明亮，滋味醇厚，回味甘甜，香气清爽，赢得了赞美，博得广大消费者的钟爱，并在中茶杯、陆羽杯中多次获得多种荣誉，故推荐该产品为中华好茶。该茶生产企业在金坛地区闻名，是个好茶生产单位。

金坛市麓醇茶叶有限公司

　　金坛市麓醇茶叶有限公司公司坐落于茅山东麓。茅山山势巍峨，植被苍翠、景色宜人，这里四季分明、气候温润，雨水量充沛，土地肥沃，是极为理想的茶叶种植地区。公司是由原江苏省金坛市国营茅麓茶场改制后成立的股份制企业，生产的茶叶注册商标为"查根香"牌，拥有茶园375亩。近10年间，引进福建、浙江、江苏等优质无性系良种茶苗种植的茶园，春茶开采期较早，品质优、产量高，宜生产优质、高档的绿茶。

　　公司年生产茅山青峰、金坛雀舌、茅山白茶1500千克，另制作红茶、毛峰茶等2000千克，茶叶制作有传统工艺手工炒制和先进的机械制作。公司拥有雄厚的技术力量，由江苏省常州市茶叶协会作主要技术指导，公司聘用协会茶叶农艺师多人，并且拥有多名茶叶技术员的团队。企业以产品质量求生存，秉承传统手工工艺，灵活运用机制炒制工艺，不断开发适应市场需求的新产品，以满足各层次消费者的需要。

企业联系方式

地址：江苏省金坛市茅麓茶场2工区
邮编：213254
电话：0519-82432600
网址：http://5077628.mmfj.com

茶款名称：查根香牌茅山青峰

茶类：绿茶
产品特点：查根香牌茅山青峰是新创制的特种绿茶。采摘细嫩、初展一芽一叶为主要原料，制作一斤干茶需3.5万－4万个芽头。其品质特点：色泽翠绿，锋苗显露，身骨重实，条索略扁挺直，匀整光滑，内质香气鲜嫩高爽，汤色清澈明亮，滋味鲜爽醇厚，叶底嫩绿均匀。

推介专家/社团：
蒋俊云（国茶专家委员会委员，国家一级评茶师，高级工程师）/常州市茶叶行业管理协会
推荐理由：
该"茅山青峰"是由历史传统产品"茅麓旗枪"改制而成，质量提高，品质优良，是只好茶。

江西省宁红集团有限公司

　　江西省宁红集团有限公司是中华老字号、农业产业化国家重点龙头企业，位于生态环境优美，地理位置优越和气候条件独特的江西省修水县。修水是"宁红工夫茶"核心产区。宁红集团现有占地面积160亩的现代化茶文化产业园，生产各大茶类的标准厂房1万平方米及先进机械设备；自有茶园面积5535亩，与48家茶农、茶企签订合作协议，建立合作茶园2.6万亩；茶叶贸易市场4.4万平方米。现有员工436人，中级以上科技人员58人。

　　宁红工夫是我国最早的工夫红茶之一。主产区江西省修水县。宁红工夫红茶生产历史悠久，始于道光初年。鼎盛时宁红工夫最高输出量可达30万箱，畅销欧洲，是当时中国名茶之一，而且输出宁红工夫的价格不菲，遂有"茶盖中华，价甲天下"之誉。曾在上海出口，每磅卖价24块银元。当时坊间还传有"宁红不到庄，茶叶不开箱"的说法，以示宁红工夫深受商贾及大众的喜爱。宁红产区位于赣之西北边隅，全境山多田少、地势高峻、树木苍青、雨量充沛、土质肥沃、气候温和，云凝深谷、雾锁高岗，茶树生长根深叶茂，茶叶肥硕、叶肉厚软，内含营养成分丰富，内质香高持久，滋味醇厚甜和，汤色红亮，叶底红匀。

企业联系方式

地址：江西省九江市修水县城南秀水大道下路源路口
邮编：332400
网址：www.ninghongjituan.com

茶款名称：宁红工夫

茶类：红茶

产品特点：宁红工夫茶以其特有的风格而称誉于世。特级宁红工夫茶采用高山小叶种鲜叶为原料，紧细多毫，锋苗显露，略显红筋，乌黑油润。鲜嫩浓郁，鲜醇甜和，冲泡后汤色红艳、清净透亮，温汤薯香细腻、冷汤清和高雅，叶底红嫩多芽。威廉·乌克斯在《茶叶全书》中曾述："宁红外形美丽紧结，色黑，水色鲜红引入，在拼和茶中极有价值。"

推介专家：

余悦（国茶专家委员会委员，江西省社会科学院首席研究员）

推荐理由：

茶叶名品，屡获嘉奖，业绩突出，特此推荐。

浮梁县浮瑶仙芝茶业有限公司

　　浮梁县浮瑶仙芝茶业有限公司是一家集生产、加工、贸易、自营出口一体化企业，系江西省首批农业产业化龙头企业。公司被评为中国茶业行业百强企业、全国工业食品优秀龙头食品企业、全国食品工业科技进步优秀企业、江西省一级诚信企业和全国重信用守合同企业。并通过ISO9001质量体系认证、ISO22000食品安全管理体系认证、欧盟BCS有机认证、中国有机茶认证。年加工出口工夫茶、绿茶、名优茶、袋泡茶3000吨，承担着全县茶叶产品的主渠道销售任务。

　　公司拥有海拔600米以上高山有机茶基地，茶园面积8000多亩，辐射带动茶园3.5万亩。公司基地被授予：农业部园艺作物（茶叶）标准园、中国第一批"优质茶园"，中国茶叶学会茶叶科技示范基地、全国农业综合开发产业化示范基地、鄱阳湖生态农业示范基地、江西省首批茶叶出口备案基地等称号。

　　产品以"浮瑶仙芝"名优绿茶和"浮红"传统工夫红茶为主，实行红绿并举。"浮瑶仙芝"绿茶获得了江西省十大名茶、江西省著名商标、江西省名牌产品、中国茶行业杰出品牌－金芽奖等称号。"浮红"2009年获得江西省著名商标、江西名牌农产品等称号，2011年被评为中国十大名优红茶之一，2013年获得江西老字号等称号。在国际市场上，产品远销俄罗斯、美国、欧盟、新加坡等，以及我国香港地区，是外贸口岸加工、生产、储存、出口茶叶的重点加工企业。

企业联系方式

地址：江西省景德镇市浮梁县城仙芝街8号
邮编：333400
传真：0798-2627313
邮箱：futea.china@.com
网址：www.fultea.com
购买热线电话：0798-2626312　18179806222　18179806111
电商平台：http://fuliangtea.1688.com

茶款名称：贡品浮红特级

茶类：红茶

产品特点：浮红秉承传统工夫红茶的生产工艺（鲜叶－萎凋－揉捻－发酵－做型－干燥），具有条索紧细、色泽乌润、香气浓郁、汤色红艳、叶底赤亮、滋味甘醇等特点。晚清程雨亭在《整饬皖茶文牍》中称"饶之浮梁，向做红茶"。浮梁是国家农业部命名的中国红茶之乡。十九世纪末就开始生产红茶，并逐渐成为中国红茶的主产区。浮红的产地在地理上属世界三大高香红茶产区之一。在对外通商过程中，浮红为晚清、民国时期主要出口红茶品种。1915年美国旧金山"巴拿马万国博览会"浮梁工夫红茶与国酒茅台同获金奖。中国参展代表团总监陈琪为浮红赠照留念并欣然题辞"祁红浮红，茶中英豪"，从此浮红之名闻于天下。

推介专家：

张永立（国茶专家委员会秘书长）、陈雨前（景德镇陶瓷学院副校长）

推介理由：

浮红作为世界三大高香红茶之一，以"色艳、香郁、味醇、形美"称誉海内外。1915年获得巴拿马万国博览会金奖，1949年选为国礼为斯大林79寿辰贺礼。如今，浮红也是全国十大名优红茶之一，获江西老字号、江西著名商标、江西名牌农产品称号。本推介产品生产企业通过了中国有机、德国BCS有机双重认证和ISO22000食品安全管理认证。在国际市场，浮红作为英国皇室用茶外，还远销美国、欧盟等，以及我国香港地区，深受消费者青睐。

婺源县华源茶业有限责任公司

　　婺源县华源茶业有限责任公司创立于 2000 年春。公司拥有完善的销售网络体系，下辖多家批发销售中心，几十余家直营品牌连锁形象店，并与国内众多知名企业强强联合，互惠互利，共创品牌。2006 年底获得 QS 认证，2008 年获有机食品认证。公司相继注册了婺牌、婺里香、婺女香品牌商标。婺牌、婺里香系列茶叶 2008 年、2009 年连续两年荣获上海茶文化艺术节金奖，2009 年获西安茶博会最高荣誉金奖，2010 年公司生产的婺源茗眉获金奖茗眉荣誉称号。

　　公司以"公司＋基地＋农户"的模式为依托，大力发展高山无公害茶园，确保了公司产品原料来自高山深处；又以"严谨传统工艺＋现代技术"相结合、加工流程层层把关，确保了公司产品质量的稳定性，使生产的产品十多年来一直深受广大消费者的喜爱。

企业联系方式

地址：江西省上饶市婺源县工业园
电话：0793-7352169
网址：www.cdhtea.com

茶款名称：婺牌婺里香绿茶

茶类：绿茶

产品特点：婺牌婺里香绿茶以婺源高山早春茶芽为原料精制而成。其外形细嫩，芽肥壮，匀齐，汤色明亮，味醇厚、回甘，叶底芽叶厚实鲜艳。　成茶外形细嫩扁曲，多毫有峰，色泽油润光滑，滋味醇甜，鲜香持久。

茶款名称：婺牌文公红茶

茶类：红茶
产品特点：婺牌文公红茶以婺源高山早春茶芽为原料精制而成。其外形细嫩，芽肥壮，匀齐，汤色红浓明亮，滋味醇厚，　成茶外形细嫩卷曲，多毫有峰，色泽为金、黄、黑相间。

茶款名称：婺牌白牡丹

茶类：白茶
产品特点：婺牌白牡丹是婺牌最近推出的一款白茶，外形毫心肥壮，叶张肥嫩，汤色杏黄或橙黄清澈，叶底浅灰，叶脉微红，香味鲜醇。

推介专家：
余悦（国茶专家委员会委员，江西省社会科学院首席研究员）
推荐理由：
茶叶名品，屡获嘉奖，业绩突出，特此推荐。

青岛晓阳工贸有限公司

　　青岛晓阳工贸有限公司成立于1998年，是一家集崂山茶研发、种植、加工、销售和茶文化研究于一体的农业产业化龙头企业。十余年来，公司在致力于发展崂山茶事业，弘扬崂山茶文化，引导广大茶农科技种茶、科学管理茶园，共同维护崂山茶品牌等方面都做出了积极努力，先后被评为中国优秀茶叶企业、中国茶叶行业百强企业、中国茶叶学会科技示范基地、国家农业旅游示范点、山东省农业产业化重点龙头企业。"晓阳春"牌崂山茶被认定为山东省著名商标和山东省名牌产品。同时也是2008年北京奥运会帆船赛和2014青岛世界园艺博览会赞助单位。公司现有茶园1000亩，其中200亩位于海拔570米以上的崂山茗香谷内，谷中土地肥沃、水质优良、远离公路喧嚣和汽车尾气污染，为崂山茶生长提供了得天独厚的自然环境。

企业联系方式

地址：青岛市崂山区王哥庄街道晓望村
邮编：266105
电话：0532-87849177
网址：www.xiaoyangchun.com

茶款名称：东海龙须

茶类：绿茶

产品特点：东海龙须茶产于山东省青岛市崂山区晓阳春茗香谷有机茶基地，选用无性系茶树品种福鼎大白茶为原料，采摘标准为一芽一叶初展。其品质特征为外形芽叶肥壮匀齐，形态自然，色泽翠绿，白毫显露，汤色嫩绿明亮，香气清高持久，具花香，滋味鲜醇爽口，叶底肥壮成朵，嫩匀明亮。冲泡后芽叶一旗一枪，簇立杯中交错相映，芽叶直立，上下沉浮，栩栩如生，宛如青兰初绽，翠竹争艳。

推介专家：
刘新（国茶专家委员会委员，中国农业科学院茶叶研究所研究员）
推荐理由：
东海龙须茶由青岛晓阳工贸有限公司创制，产于山东省青岛市崂山区晓阳春茗香谷有机茶基地。该茶选用无性系茶树品种福鼎大白茶为原料，采摘一芽一叶初展鲜叶，经摊青、杀青、回潮、理条、烘焙、复烘焙等工序加工而成。茶叶外形芽叶肥壮匀齐，形态自然，色泽翠绿，白毫显露，汤色嫩绿明亮，香气清高持久，具花香，滋味鲜醇爽口，叶底肥壮成朵，嫩匀明亮。先后荣获青岛市第五届、第六届名优茶评比特优奖，第七届、第八届、第九届中茶杯名茶评比一等奖等多项荣誉。产品在青岛、济南、北京、上海、南京等地销售，受到广大消费者的喜爱。

陕西东裕生物科技股份有限公司

　　西东裕生物科技股份有限公司，是专业从事茶产业开发的科技创新型企业。主营业务涉及茶叶有机种植，名优茶清洁化、标准化生产加工，生物资源开发利用，茶叶有效成分提取分离，茶食品等。是全国茶业行业百强企业，全国食品工业龙头企业，陕西省省级农业产业化重点龙头企业。

　　公司在陕南生态茶区的西乡、勉县拥有3个有机生态茶园，并严格按照食品质量安全控制标准建设清洁化全自动绿茶生产线，年产汉中仙毫、特级炒青等各类有机绿茶500余吨，产品批量销售到北京、上海、俄罗斯等地。

　　2010年，东裕茶业按照系统工程管理的理念，采用最新的茶业生产技术，在西乡枣园茶叶观光园新建了国内最先进的全自动、清洁化茶叶生产线两条，即东裕汉中仙毫生产线和东裕绿茶生产线，全面实现茶叶加工和茶叶产品包装的安全化、清洁化、生态化、现代化。2012年同浙江大学和杭州中国茶叶研究所展开产学研合作，建设完成了年产200吨的植物提取生产线，致力于实现茶多酚绿色制备工艺的产业技术产业转化，并投入生产运用，该生产线建设项目被列为科技部十二五国家支撑计划。按照GMP要求设计建造，生产面积3000平方米，可年产提取物200吨。提取生产运用现代植物提取分离制备技术，定向分类获取茶叶有效成分——茶多酚。采用国内最先进的膜分离纯化绿色制备技术，达到同行业领先水平，茶多酚产品广泛的应用于食品、药品、健康产品和日用化工领域里。

　　"东"牌汉中仙毫于2007至2014年连续八年蝉联中国（北京）国际茶叶博览会金奖，其中，2011、2012、2013年连续3年荣获最高奖——特别金奖。2013年"东"牌汉中仙毫荣获第31届巴拿马国际博览会金奖。被陕西省汉中市人民政府授予"汉中仙毫品牌建设特别贡献奖"。

企业联系方式

生产地址：陕西省汉中市西乡县沙河镇枣园村
邮编：723500
电话：0916-6308238
营销地址：陕西省西安市碑林区文艺北路190号中联颐华苑B-1304
邮编：710054
电话：029-87816586
购买热线：400-605-8955
传真：029-87809659
邮箱：dongyu@chinadongyu.com
网址：http://www.chinadongyu.com
电商平台：
天猫：http://dongdy.tmall.com
京东：http://dongyu.jd.com

茶款名称："東"牌汉中仙毫

茶类：绿茶

产品特点："東"牌汉中仙毫，外形条索扁平，挺秀显毫，色泽翠绿；内质香气清高，带优雅兰花香，汤色嫩绿明亮；滋味醇厚，鲜爽甘甜，"清韵"明显。且富含天然锌、硒等微量元素。

茶款名称："東"牌博望绿雪

茶类：绿茶

产品特点：博望绿雪，为追思丝绸之路开拓者张骞，以张骞的封侯名命名创新此款产品。产品产自汉中西乡县大巴山东裕五里坝生态茶园。制作特点：鲜叶适度光照萎凋，蒸汽杀青，初揉捻后再烘干时做形提毫。外形条索呈波浪卷曲，色泽翠绿，白毫似雪；内质香气鲜嫩清高带兰花香，汤色清绿明亮见"飘雪"；滋味鲜爽回甘显清韵，叶底幼嫩明亮。

茶款名称："東"牌汉中红

茶类：红茶

产品特点："東"牌汉中红，品质受自然环境、品种和气候等影响极大。每年只能在白露前十天后一月内（最好为白露后一周），在大巴山北坡西乡五里坝高山有机茶园采摘，茶树品种为群体小叶种；温度必须稳定在15～25度的晴好天气采摘制作，才能得到满身金毫、色如黄金的外形和浓郁的玫瑰花香。由炒茶技师用手工结合部分机械设备、用现代炒制结合传统优质木炭烘焙而成。其外形紧细秀丽、色泽乌润、金毫显露，内质香气馥郁，天然花香、果香彰显，滋味甜爽、回味悠长，汤色浓亮，叶底鲜亮柔软。

推介专家：

张永立（国茶专家委员会秘书长）、张为国（国茶专家委员会委员，陕西茶产业发展战略联盟理事长，国家一级评茶员）

推介理由：

该公司是专业从事茶产业开发的科技创新型企业，是全国茶业行业百强企业，全国食品工业龙头企业，拥有先进的生产技术和现代生产线。产品原料来自陕西西乡县内的大巴山深处，具有高山、有机、富含天然锌、硒等微量元素的特点。产品制作采用传统与现代工艺结合，品质卓越。"東"牌汉中仙毫连续 8 年荣获中国国际茶业博览会金奖，其中 2011、2012、2013 年 3 次荣获绿茶类最高奖特别金奖。2013 年"東"牌汉中仙毫荣获第 31 届巴拿马国际博览会茶叶类金奖。"東"牌汉中红茶树品种群体小叶种，产品色艳、香高、味醇、形美，产量稀少，弥足珍贵，2013 年 11 月在第十一届中国国际茶业博览会获得金奖。

汉中福地茶业有限公司

汉中福地茶业有限公司位于中国南水北调水源涵养核心地区——汉中，是一家专注中国生态红茶发展的大型茶业企业。主营业务涉及茶叶种植，名优茶清洁化、标准化生产加工，生物资源开发利用，茶叶有效成分提取分离，茶食品。

汉中产茶历史悠久，已有三千多年历史，自古就是出产名茶贡茶的地方，是被公认的地球上同纬度中最适合茶树生长的地方，以生产名优绿茶"汉中仙毫"出名。2013年7月4日，在时任汉中人大主任、茶业协会会长郑宗林和陕西理工学院党委书记张义明的大力推动下，一个以地方行业领导、权威专家、高等院校、企业为主体的陕西理工学院秦巴红茶研究所正式成立。

陕西理工学院秦巴红茶研究所科研人员在经过大量的实验和筛选后，选用秦岭南麓巴山一带中小茶叶品种为原料，成功试制出汉中首款高端工夫红茶"汉山红"。茶叶权威专家蔡如桂给予"汉山红"高度评价："具有形质兼优的品质特征，达到了中国工夫红茶一流品质。"茶研所首批试制的一万盒"汉山红2013专家品鉴装"2013年8月19日隆重上市，四个月时间便全部售罄；同年12月14日"汉山红"荣获陕西首届"创造力·中国梦——创造力品牌。"2014年10月31日第十一届中国国际茶业博览会在北京农业展览馆开幕，来自汉中的"汉山红"牌高端工夫红茶获名优红茶类"唯一特别金奖"，标志着汉中红茶正式入围中国名优红茶序列。

企业联系方式

地址：陕西省汉中市汉台区滨江路茶城 E2 座 210 室
邮编：723000
邮箱：fudichaye@sina.com
购买热线电话：0916-2523752
电商平台：微信公众平台账号："fudichaye"或"汉山红"

茶款名称：汉山红

茶类：红茶

产品特点： 制茶用鲜叶采自汉中市南郑县周家坪南侧海拔1200米的汉山有机茶园，绿色、无污染。鲜叶选用汉中本地优良品种楮叶种，以中、小叶类为主。由经验丰富的制茶师傅严格按照陕西理工学院秦巴红茶研究所研发的汉中工夫红茶工艺流程、标准精制而成。成品红茶原料细嫩，制工精细，外形条索紧直，匀齐，色泽乌润，金毫显露，汤色、叶底红艳明亮，香味甘甜浓郁，茶形漂亮耐泡。富含胡萝卜素、维生素A、钙、磷、镁、钾、咖啡碱、异亮氨酸、亮氨酸、赖氨酸、谷氨酸、丙氨酸、天门冬氨酸等多种营养元素。符合汉中茶叶"香高、味醇、形美、耐泡、保健"的特点，达到国内优质工夫红茶水平。

推介专家：

张星显（国茶专家委员会委员，汉中市茶产业办公室主任，农业技术推广研究员）

推荐理由：

"汉山红"红茶为陕西理工学院汉中秦巴茶叶研究所领衔研制的高端红茶，选用的原料细嫩，鲜叶多采自海拔800-1000米云雾缭绕的高山茶区，经萎凋、揉捻、发酵、烘干等红茶标准加工工艺精制而成。"汉山红"干茶外形条索紧细、匀齐，色泽乌润，金毫显露，汤色红亮，滋味鲜爽醇和、香气芬芳馥郁、持久，叶底柔软鲜亮，富含锌、硒及多种营养元素，为汉中高端红茶的典型之作，深受广大消费者好评。

汉中市云山茶业有限责任公司

　　汉中市云山茶业有限责任公司位于茶叶之乡的南郑县法镇，于 2007 年 3 月创办成立，注册资金 500 万元。厂区占地面积 1500 平方米，公司现有各类茶叶机械 60 台（套），年加工能力 200 余吨。2013 年末拥有资产总额 3620 万元，其中净资产 2762 万元。2013 年生产绿茶 148 吨，实现销售收入 3266 万元，利税 328 万元，利润 205 万元。

　　公司坚持走高端运作，打造绿色品牌，注重产品质量提升，视质量为企业的生命，注册"云山"牌商标，主要产品有汉中仙毫、汉中绿茶、云山翠竹、南湖炒青。茶园严格按照有机茶园要求引进标准化管理，科学化采摘，规范化加工。公司生产的汉中仙毫名茶多次在市县茶叶评比会上获得金奖；2009 年 5 月在全国中茶杯评比中获得一等奖；2008-2013 年，在第五届－第十届中国国际茶博会上连续六年获得金奖。

　　公司技术力量雄厚，西北农林科技大学在公司建立了试验示范和大学生实习基地，已形成集生产、加工、产品研发、销售为一体的产业化经营格局，公司 2000 亩生态茶园基地全部通过有机认定。公司 2008 年初通过国家食品质量安全 QS 认证，2012 年被评为陕西省农业产业化重点龙头企业、陕西省十佳茶园、汉中市现代农业园区。是陕西省茶叶研究会常务理事单位、省茶叶协会常务理事单位、汉中市茶业协会会员单位、南郑县茶业协会会员单位。多次受到市县的表彰，已成为南郑茶业的标杆企业。

企业联系方式

地址：陕西省南郑县汉山镇南大街 88 号
邮编：723100
电话：029-82290285
网址：www.sxyunshan.com

茶款名称：云山牌汉中仙毫

茶类：绿茶

产品特点：该茶以单芽头主打，形美如眉，泽色绿嫩，气味醇和，幽香耐久。茶叶内含有机物质丰富，氨基酸含量较高，茶多酚含量适中，形成了滋味鲜爽、回味甘醇、经久耐泡、清香持久的品质特点。

推介专家：

郑宗林（国茶专家委员会副主任，汉中市人大原主任，汉中市茶业协会会长）、张星显（国茶专家委员委员，汉中市茶产业办公室主任，农业技术推广研究员）

推荐理由：

云山牌汉中仙毫鲜叶采自公司黄云山有机茶园，以单芽或一芽一叶初展为主，该基地海拔800米左右，最高1300米，空气清新，无污染。该茶采用手工和机械相结合的加工工艺生产而成。外形微扁挺直，翠绿显毫，汤色嫩绿明亮，滋味鲜爽回甘，香气鲜醇持久，叶底黄绿匀整，富含锌硒。产品在北京、西安、广州等国际国内大型博览会上多次获得金奖，深受消费者喜爱。

汉中绿娇子茶业有限公司

　　汉中绿娇子茶业有限公司成立于 2007 年 9 月，注册资金 500 万元，法人代表莫仪辉。公司主要生产销售汉中仙毫、汉中炒青系列绿茶和食用菌加工销售。兼营全国高中档名茶、茶叶机械、茶叶包装和饮茶器具的销售。公司联合农户种植有机生态茶园 3965 亩，无公害茶园 6800 亩，无性系良种茶树科技示范园 200 亩，拥有总资产 2142 万元，其中固定资产 1192 万元，员工 136 人，年生产能力 300 吨。2013 年高、中档有机绿茶和无公害茶 182 吨，实现销售收入 3202 万元，利税 588 万元。公司通过无公害茶叶生产基地认证、有机茶园认证、国家食品质量安全 QS 认证、有机食品认证、国际质量管理体系 ISO9001:2008 认证；公司拥有黄云翠竹、绿娇子和 LVJIAOZI 三枚商标，其中黄云翠竹商标被陕西省工商行政管理局评为陕西省著名商标；是汉中市农业产业化重点龙头企业，是陕西省茶叶协会、陕西省茶业研究会、汉中市茶叶学会、汉中市茶协会员单位。2012 年绿娇子现代农业园区被陕西省政府确定为第三批省级农业园区；公司先后多次被省、市、县评为先进企业、诚信企业、重合同守信誉企业、质量安全先进单位、文明工商企业、陕西省十大好茶榜上榜企业等荣誉称号。

　　绿娇子现代农业园区是南郑县第一个省级现代农业园区，主要以发展茶产业为主，规划面积 3385 亩，预算总投资 1.26 亿元。园区主要围绕三区一中心进行规划，即高新技术展示区 350 亩、标准化生产示范区 2420 亩、加工综合服务区 15 亩及苗木繁育中心 600 亩。园区采取"龙头企业 + 基地 + 农户"和订单生产等形式，依托企业带动，把农户分散经营联合起来，就地销售、加工、上市，实现企业、农户双赢。园区项目建成后，年可出圃茶苗 7200 万株，年产干茶 500 吨，接待游客 5 万余人，可带动周边近 2300 余户农户从事茶园种植、采摘，可解决 5000 名农民的就业问题，可实现年总产值 9000 余万元，年利润 2400 万元，必将成为美丽乡村的示范点和城乡一体化建设示范点。

企业联系方式

地址：陕西省南郑县牟家坝镇河东新街
邮编：723104
电话：0916-5511114
网址：www.lvjiaozi.com.cn

茶款名称：*绿娇子牌汉中仙毫*

茶类：绿茶
产品特点：鲜叶采自公司高山有机茶园单芽或一芽一叶初展，采用手工和机械相结合的加工工艺生产
而成。该茶外形微扁挺直，翠绿显毫，汤色嫩绿明亮，滋味鲜爽回甘，香气鲜醇持久，叶底黄绿匀整，
富含锌硒。

推介专家：
郑宗林（国茶专家委员会副主任，汉中市人大原主任，汉中市茶业协会会长）、张星显（国
茶专家委员委员，汉中市茶产业办公室主任，农业技术推广研究员）
推荐理由：
绿娇子牌汉中仙毫鲜叶采自高山有机茶园单芽或一芽一叶初展，采用手工和机械相结合的加
工工艺生产而成。该茶外形微扁挺直，翠绿显毫，汤色嫩绿明亮，滋味鲜爽回甘，香气鲜醇
持久，叶底黄绿匀整，富含锌硒。在北京、西安、广州等国际国内大型博览会上多次获得金奖，
市场销售一直看好。

宁强县千山茶业有限公司

　　宁强县千山茶业有限公司，成立于2003年10月，注册资本1000万元，是一家集茶叶种植加工、研制开发、营销服务于一体的股份制企业，属陕西省农业产业化重点龙头企业、陕西省十强茶叶企业、汉中市茶产业发展突出贡献企业。主要生产、经营青木川牌汉中仙毫、千山雪芽、宁强毛尖等有机绿茶系列产品，2012年在西北农林科技大学茶叶研究所的技术支持下开发了"千山红"系列红茶。公司3400亩茶园被认定为国家农业部有机茶标准化种植示范基地、陕西省（千山）现代农业园区。茶叶清洁化加工厂，位于宁强县循环经济食品产业园区，建筑面积3800平方米，安装了茶叶清洁化生产线。"青木川"牌商标为陕西省著名商标。2004年中华（陕西）茶人联谊会第三届年会，公司负责人王有泉被评为该届茶王。公司生产的青木川牌汉中仙毫在2008-2013年中国（北京）国际茶业博览会上连续6年获金奖。

　　近年来公司在大力发展茶叶产业的同时，还涉足文化旅游产业，收集了大量古代民俗文化物件，将建设羌文化民俗博物馆一个。2014年又购买了青木川镇一处古代院落，总面积约3000平方米，该院落是《一代枭雄》中原型人物魏辅唐的四姨太瞿瑶璋的故居，当地人称"瞿家大院"，是清中期建筑，建筑风格古朴，极具魅力。公司目前正在修建通往瞿家大院的道路，并着手承包大院周边1000多亩土地，建设高标准休闲观光茶园，将茶产业和文化旅游产业有机结合，带动茶产业升级发展。

企业联系方式

地址：陕西省汉中市宁强县汉源镇
邮编：724400
网址：www.hzqscy.com

茶款名称：青木川牌汉中仙毫

茶类：绿茶
产品特点：外形微扁、挺秀匀齐、嫩绿显毫，香气高锐持久，汤色嫩绿清澈鲜明，滋味鲜爽回甘，叶底匀齐鲜活、嫩绿明亮，且富含天然锌、硒等微量元素。

茶款名称：青木川牌千山红

茶类：红茶
产品特点：外形细紧卷曲，色泽乌润，金毫显露，汤色红艳明亮，香气馥郁，滋味绵长，回味甘甜。

推介专家：
郑宗林（国茶专家委员会副主任，汉中市人大原主任，汉中市茶业协会会长）、张星显（国茶专家委员委员，汉中市茶产业办公室主任，农业技术推广研究员）
推荐理由：
青木川牌汉中仙毫鲜叶采自公司有机茶园，采用传统和现代工艺相结合的加工工艺生产而成。该茶外形扁平挺直，翠绿显毫，汤色清澈明亮，香气鲜醇持久，叶底嫩绿匀整，富含锌硒。多年在国际国内大型茶业博览会上获得金奖，受到消费者好评。
千山红系列红茶是在西北农林科技大学茶叶研究所的技术支持下开发的，公司茶园通过有机茶认证，茶叶清洁化加工。外形细紧卷曲，色泽乌润，金毫显露，汤色红艳明亮，香气馥郁，滋味绵长，回味甘甜，颇受消费者喜爱。

汉中山花茶业有限公司

汉中山花茶业有限公司位于城固县，是"丝绸之路"开拓者张骞的故乡。这里北倚秦岭、南屏巴山，冬无严寒，夏无酷暑，昼夜温差大，空气清新，水质和土壤无污染，土壤腐殖质丰富，当地生态环境优良，森林覆盖率达50.12%，空气洁净，气候温暖湿润，山青水碧无污染，土壤有机质含量高，生长的茶叶富含锌硒，富含人体健康密切相关的生化成分茶多酚、咖啡碱、脂多糖等。

公司有二十多年的制茶工艺，拥有生态茶园基地5000亩，建成国内最先进的清洁化流水生产线2条。有职工320名，技术人员8名，年生产各类绿茶150吨。公司多次被授予优良级企业、诚信单位。2007年被汉中市委、市政府评定为市级农业产业化重点龙头企业，2010年公司生产基地被县政府授名为"城固县茶叶科技专家大院"，并连续2年被评为优秀科技示范园区，2011年被评为陕西省十强茶叶企业和陕西省守合同重信用单位，2012年被评为陕西省农业产业化重点龙头企业。2013年被评为汉中市茶产业发展突出贡献企业。"张骞牌"商标荣获陕西省著名商标称号。

公司茶园基地、茶叶产品取得中国农业科学院茶叶研究所有机茶认证，国家食品质量生产许可QS认证，ISO9001质量管理体系认证，生产的有机绿茶属卫生、安全、放心的绿色饮品。公司生产有张骞牌汉中仙毫、汉中毛尖、汉中炒青绿茶三大系列产品，建有高效、稳定、安全、快捷的配送、销售服务体系，从张骞牌有机绿茶的种植－生产加工－配送－销售都有全程服务体系。张骞牌汉中仙毫在北京举办的中国国际茶业博览会上，连续5年荣获金奖产品称号。2013年在首届陕西好茶榜评选活动中荣获陕西好茶榜十大上榜品牌，张骞牌汉中仙毫被国家农业部农产品发展服务中心评为极具发展潜力品牌产品。2014年在汉中茶城杯汉中仙毫赛茶大会上，荣获汉中仙毫金奖、十强茶叶龙头企业等五项大奖。CCTV-3《欢乐中国行》栏目组和CCTV-7《农业频道》摄制组，先后在山花茶业公司优质生态茶园基地进行实景拍摄。

企业联系方式

地址：陕西固城天明三化村
邮编：723208
电话：0916-7238537
邮箱：shanhua-tea@163.com
网址：www.shanhua-tea.cn

茶款名称：张骞牌汉中仙毫

茶类：绿茶
产品特点：茶外形微扁挺秀均齐，嫩绿显毫，香气高锐持久，汤色嫩绿清澈鲜明，滋
味鲜爽回甘，叶底均齐鲜活，嫩绿明亮。

推介专家：
郑宗林（国茶专家委员会副主任，汉中市人大原主任，汉中市茶业协会会长）、张星显（国茶专家委
员委员，汉中市茶产业办公室主任，农业技术推广研究员）
推荐理由：
张骞牌汉中仙毫鲜叶采自公司生态有机茶园单芽或一芽一叶初展，以手工为主机械为辅加工而成。
该茶外形微扁挺秀，翠绿略显毫，汤色黄绿明亮，香气鲜醇，有板栗香，滋味鲜爽回甘，叶底黄绿，
富含锌硒。连续多年在国内大型茶业博览会上获得金奖，市场销售一直看好。

陕西苍山茶业·咸阳泾渭茯茶有限公司

陕西苍山茶业有限责任公司是国家级农业产业化重点龙头企业，是集茶叶加工销售、茶园基地建设、茶叶科研、茶文化传播于一体的现代型茶叶产业集团，现拥有14家子公司。公司获得全国茶业百强企业、新中国茶事功勋企业、中国最具发展潜力企业称号，是国家农业综合开发单位、国家有机茶重点示范单位、国家级星火计划项目实施单位、全国茶叶标准化技术委员会委员单位、陕西省省级企业技术中心。董事长纪晓明带领团队创建了"中国首个高标准、清洁化、紧压茶生产体系"。

咸阳泾渭茯茶有限公司是陕西苍山茶业集团所属的全资子公司，聚集了国内一流的茶叶专业技术人才，科研技术力量雄厚，强大的科技创新能力为泾渭茯茶引领国内黑茶产业发展提供了强有力的保障。公司现有1位博士、17位硕士和80余位茶学专业本科生专注于茯茶生产技术、品质、功能等全方位研究，并与安徽农业大学、湖南农业大学、西北农林科技大学、陕西科技大学、中国农业科学院茶叶研究所、中华全国供销合作总社杭州茶叶研究院等多家科研院所建立了战略协作关系。近年来，先后获得省级科技成果1项，市级科技奖励1项，专利24项，公司所产泾渭茯茶六大系列产品在国内外各大茶业专业展会中屡获金奖，广受好评，远销日本、韩国等国家和我国台湾省。其制作技艺被列入陕西非物质文化遗产，泾渭茯茶园区被授予国家AAA级旅游景区。

企业联系方式

地址：陕西咸阳市世纪大道东段北侧
邮编：712044
电话：029-33675838
邮箱：jingweifutea@126.com
网址：www.jingweifutea.com

茶款名称：泾渭茯茶－陕西官茶

茶类：黑茶

产品特点：精选陈存六年的优质陕南晒青茶为原料，采用中度发酵、蒸制、发花而成。茶砖金花茂盛，茶汤色泽红艳明亮，滋味甜醇爽滑，甘醇浓厚，品饮之后香气会停留于杯中。陕西官茶是陈茶加工而成，茶汤易冲泡出来，十几泡之后，茶汤色泽逐渐变淡，但回甘犹存，而且更加纯正。叶底黑褐均匀，质地稍硬。

陕西茯茶始于1368年，因为当时生产、购销由官府严控而称官茶。官茶是历史最悠久、产销量最大、最具特色的茶产品，曾随丝路驼队一路流香，远销西亚、东欧、俄罗斯等地，如今已经成为一张富有陕西本土历史文化气息的名片。此款官茶是依照上世纪30年代赵居敬益生源记茯茶复制而成，内附页及品鉴证书背面印有民国早年陕西财政厅厅长王德溥签署的"陕西官茶票"，见证了独特的官茶历史文化。

推介专家：
李三原（国茶专家委员会委员，陕西省林业厅党组书记、厅长，茶文化研究专家）
推荐理由：
陕西官茶，即中华茯茶之源。因其历史上由政府严格控制，以官收官销或官督商销方式沿丝路远销西北广大地区、推行茶马交易而得名。茯茶属黑茶类紧压保健茶，茶体紧结，色泽黑褐，金花茂盛，茶汤橙红透亮，滋味醇厚悠长。其消食健胃、杀腥解腻、降脂减肥、降压降糖、生津御寒的饮用功效凸显，被誉为西北地区各民族的"生命之茶"。如今陕西官茶逐渐被市场所熟知，成为陕西具有代表性的名片，是陕西非物质文化遗产中拥有浓厚历史地域性的一款茶品，其市场潜力日益增长，同时助茶农增加，带动陕茶发展，走向世界。

四川省峨眉山竹叶青茶业有限公司

　　四川省峨眉山竹叶青茶业有限公司（前身为峨眉山竹叶青茶厂，建于 1987 年）位于举世闻名风景秀丽的峨眉山麓，公司成立于 1998 年。是以生产"竹叶青"系列名优茶为主，集茶园栽培管理、初制生产、精制加工、产品研发、国内外销售、茶文化观光旅游为一体的经济实体。目前是农业产业化国家重点龙头企业、全国著名的名优茶生产企业之一。公司独家拥有"论道""竹叶青""碧潭飘雪"等品牌，产品包括名优绿茶、花茶、红茶等高、中、低档系列。2006 年 6 月"竹叶青"被国家工商总局认定为"中国驰名商标"，2011 年 5 月"论道"被国家工商总局认定为"中国驰名商标"。

　　竹叶青茶业长期坚持以科技创新提升产品质量、以品牌建设促进企业发展为企业目标。在 2002 年公司承担建设了由国家科技部等六部委批准建立的首批试点园区之一的"四川乐山国家农业科技园区茶叶科技园"。而后以此为依托建立了"国家茶叶产业技术体系乐山综合试验站""茶叶科技创新转化中心""四川省茶叶工程技术研究中心名优绿茶分中心"三个技术研发平台，大力推进科技创新发展。公司还通过了 ISO9001:2008 国际质量体系认证、HACCP 管理体系认证。生产基地通过了"中国良好农业规范认证（GAP）"。

企业联系方式

地址：四川省峨眉山市佛光东路 666 号
邮编：614200
电话：0833-5523267
传真：0833-5563536
邮箱：tang@zhuyeqing-tea.com
网址：www.zhuyeqing-tea.com
购买热线电话：0833-5538888、5562889
电商平台：
竹叶青官商城：http://www.zhuyeqing-tea.com
天猫旗舰店：
http://bambooleafgreen.tmall.com/shop/view_shop.
htm?spm=0.0.0.0.kfXWVA
京东旗舰店：http://zhuyeqing-tea.jd.com

茶款名称：竹叶青牌绿茶

茶类：绿茶

产品特点：竹叶青牌绿茶，外形扁平光滑、独芽、颗粒均匀，色泽嫩绿鲜润，滋味鲜醇，嫩栗香馥郁、韵味悠长。原料产自峨眉山海拔800—1200米高山生态茶园，后经特定的初加工和特定提香设备精制而成，每500克饱含3.5万—4.5万颗芽心。

"竹叶青"牌绿茶为中国驰名商标，曾获世界绿茶协会金奖，为中国国家围棋队指定用茶、中国网球公开赛指定用茶、世界华商大会指定用茶、全国糖酒商品交易会指定用茶，并连续6年受邀参加世界顶级私人物品展（TOP MARQUES）中国展品、作为国礼赠予摩纳哥亲王、俄罗斯总统，上海世博会昆宴－梦幻牡丹亭指定用茶；21世纪奢华品牌榜之"中国顶级品牌"。

茶款名称：碧潭飘雪牌花茶

茶类：花茶

产品特点：本品外形紧细挺秀、卷曲，白毫显露，汤色黄绿明亮清澈，滋味醇爽回甘，花香鲜浓持久、韵味悠长。其原料采用峨眉山海拔800—1200米生态茶园早春嫩芽为茶坯，与含苞未放的茉莉鲜花经过六次窨制而成，花香、茶香交融，并加入鲜花精制的干花瓣于茶中。冲泡后朵朵白花漂浮于黄绿明亮的茶汤上如同天降瑞雪，颇具观赏性和美感，香气清悠品位高雅，有浓郁的茉莉花香。

碧潭飘雪牌花茶，1993年由徐金华先生在四川创制。泡饮选用盖碗，茶叶泡好时就像碧潭上飘了一层雪，由此得名碧潭飘雪，系四川花茶乃至中国花茶的一张名片。

推介专家：

刘新（国茶专家委员会委员，中国农业科学院茶叶研究所研究员）

推荐理由：

四川省峨眉山竹叶青茶业有限公司是国家重点龙头企业，长期坚持以科技创新提升产品质量、以品牌建设促进企业发展，在全国拥有较高的知名度，在品牌打造方面也是我国茶叶企业的典范，生产基地通过了中国良好农业规范认证（GAP）。"竹叶青"被国家工商总局认定为"中国驰名商标"。竹叶青牌绿茶，原料来自峨眉山高山生态茶园，经特定的初加工和特定提香设备精制而成，具有独特的品质和形态。滋味鲜醇，嫩栗香馥郁、韵味悠长。竹叶青牌绿茶曾获世界绿茶协会金奖，并被作为国礼赠送外国政要。碧潭飘雪牌花茶系花茶的一张名片，其采用峨眉山海拔800-1200米生态茶园早春嫩芽制作茶坯，与茉莉鲜花经过六次窨制而成，并加鲜花精制的干花瓣于茶中，成茶品质、形态独特，冲泡后颇具观赏性，香气清悠品位高雅。特此推荐。

峨眉雪芽
EMEI XUEYA TEA

峨眉山旅游股份有限公司峨眉雪芽茶业分公司

峨眉雪芽，由西部第一家上市旅游企业——峨眉山旅游股份有限公司全资控股的峨眉雪芽茶业集团公司倾力臻献。

坐拥峨眉山不可复制资源优势，依托国有控股上市企业强势实力，集珍稀高山林间有机茶叶种植、生产加工、销售、研发为一体，秉承持续性发展战略，鼎力稳健，以实力缔造品质，以责任赢得信赖。

峨眉雪芽产区位于世界自然与文化双遗产、中国四大佛教名山、5A级风景区——峨眉山海拔800~1500米核心景区。公司拥有自有可控有机种植标准茶园3万余亩，建立了有机茶产品链可追溯体系。

拥有现代清洁化的初制、精制生产加工厂，全套世界领先进口自动化、数字化生产线。

一个由现任中国农业科学院茶叶研究所研究员、博导、中国茶叶学会名誉理事长和国际茶叶协会副主席——陈宗懋院士领衔的专家团队，为峨眉雪芽生产技术指导，严控品质。

公司拥有峨眉、成都2家销售公司及1家网络销售公司，销售网点遍布全国。

企业联系方式

地址：峨眉山市名山南路中段峨眉雪芽大楼
邮编：614200
传真：0833-5093585
邮箱：emeixueya1@163.com
网址：www.beatea.com
购买热线电话：400-0833-999
电商平台：http://emeixueya.tmall.com

茶款名称：峨眉雪芽·金峨红

茶类：红茶
产品特点：干茶：颜色呈深红色，色泽油润均匀茶芽肥壮紧实，金毫显露；汤色：茶汤红艳，七泡之后仍有余香，滋味果香浓郁，异于其他红茶；叶底：外形肥厚齐整，颜色紫铜匀亮，发酵均匀，茶叶舒展匀整。
峨眉雪芽高端红茶系列，撷采春季新发鲜嫩茶芽，承袭中国红茶传统工艺精髓，严守纯正工夫红茶工艺精制。娟秀紧细，棕褐油润，芽毫分明，汤色红艳透亮，金圈凸显，果香浓郁，蜜韵显露，层次丰富。融通尘世隽永况味，成就现代高端红茶典范。

茶款名称：峨眉雪芽·雪霁有机绿茶

茶类：绿茶
产品特点：干茶：完整、紧实、扁平光滑、挺直、较显峰苗，色泽一致，绿润有光泽；汤色：黄绿透亮，叶底：均匀、肥厚、绿嫩、亮。
采自峨眉山海拔 1200—1500 米林茶共生有机茶园核心区域，清明前凌露时分采摘鲜嫩茶芽，颗颗拣剔，经硕果仅存的焙茶大师手工精焙。饱满匀齐，弧形宛若新月，色泽匀净一致，嫩绿鲜润；嫩香中氤氲兰花幽香，汤色黄绿明亮，鲜爽甘醇。香、色、味、形至臻完美，品味有机绿茶之珍稀。

茶款名称：峨眉雪芽·禅心

茶类：绿茶
产品特点：干茶：紧实饱满、扁平光滑、挺直、显峰苗，色泽绿润有光泽；匀整、洁净。汤色：黄绿透亮。叶底：均匀、肥厚、鲜嫩。

采自峨眉山至高核心产区，海拔 1200—1500 米高山生态标准茶园。甄选清明前鲜嫩芽头，层层历练。芽形匀齐一致，细秀挺立雅致，若新月明心；汤色微黄透亮，清香馥郁，嫩香凸显，滋味醇爽；叶底嫩绿鲜亮，厚实饱满，色泽鲜亮。品茶禅一体，呈佛家祥瑞，悟山水灵音，感茶之至美。

茶款名称：峨眉雪芽·峨香雪

茶类：花茶
产品特点：干茶：外形秀美，毫峰显露，茶芽肥嫩，茉莉花瓣鲜嫩完整。汤色：清亮呈淡黄色。上等茉莉花茶，香气浓郁，口感柔和，不苦不涩、没有异味。叶底：茉莉花茶叶底柔软嫩绿，肥壮成朵。

采自峨眉山海拔 800—1500 米高山生态标准茶园，精选春季新发鲜嫩茶芽，以三伏季上好茉莉花蕾，采用古法加工技艺拌合，六窨一提。花如雪，芽挺立，上下之间，如林间花舞，饮之沁人心脾，齿颊留香。品茉莉袭人之芬芳，体味一花一世界之曼妙。

推介专家：
刘勤晋（国茶专家委员会副主任，西南大学教授，武夷学院特聘教授）
推荐理由：
峨眉雪芽有机绿茶经有关部门严格检测和认证，理化指标、卫生指标均优于国家标准，市场信誉度高，反映良好；茶叶形、色、香、味均为名优茶顶级水平。
禅心绿茶为峨眉雪芽拳头产品，亦为目前市场主力，其外形挺秀匀直，色泽绿润带毫，香气清纯，汤色黄绿明亮，滋味醇爽回甘，叶底嫩绿匀明亮。
峨眉雪芽"峨香雪"花茶，选料精细，色泽绿润，显毫，香气浓郁，汤色绿黄，明亮，滋味鲜醇，为茉莉花茶中佼佼者。
金峨红工夫红茶采用优质茶叶一芽一叶初展为原料，芽叶匀整，色泽乌润，金毫明显，香气浓郁，有焦糖香；汤色红亮耐泡，滋味醇厚，叶底嫩匀明亮。
同意推介中华好茶。

四川省茶业集团股份有限公司

　　四川省茶业集团股份有限公司于 2013 年 10 月成立，是以原四川省叙府茶业有限公司经整体改制而成的四川首家集茶树良种繁育、种植示范、茶叶初精深加工、品牌营销、科技研发与推广、茶文化应用与茶旅游发展及其他茶叶关联产业等为一体的现代茶产业集群。旗下设科技研发公司、创意策划公司、茶树良繁公司、生产经营公司、进出口贸易公司、品牌营销公司、连锁经营公司、茶机公司、包装公司、旅游发展公司、基金公司、小额贷款公司等多家控股或参股公司。

　　同时，以公司为主体，联合省内多家茶叶企业共同发起组建了四川省茶业集团。集团核心企业为农业产业化国家重点龙头企业、全国农业产业化优秀龙头企业、四川省优秀民营企业、宜宾市十强民营企业等；拥有自建和联建茶园基地 40 万余亩，带动农户 20 万余户；通过季节性采茶制茶等增加农民工就业 10 万余人；拥有目前中国最大的茶业科技园（核心区占地面积 4800 余亩）和高山有机茶基地 1.05 万亩，拥有全国茶行业唯一的"国家认定企业技术中心"和全省茶行业唯一的"四川省茶业工程技术研究中心"平台优势，与中国茶叶研究所、四川省茶叶研究所、湖南农业大学、四川农业大学等省内外科研院所、大专院校开展了长期的战略合作，引领川茶乃至全国茶产业的技术进步和产业升级。

　　为全面贯彻落实党的"十八大"精神和省委省政府"科学发展，加快发展，多点多极支撑"的发展战略，公司秉承"抱团发展，联合共赢"的发展理念，坚持创新驱动，实施"五大创新发展模式"——茶叶全产业链发展的产业模式、企业为主体的产学研创新研发模式、投资与经营的分权管理模式、共建共享的品牌营销发展模式、多方共赢的利益分配模式，以资本和核心竞争力为纽带，以提高共同利益为核心目标，面向全省茶叶重点区域和国内外重点茶叶市场，发挥各自的资源优势，开展多种形式合作，积极培育川茶集团联盟企业，快速将川茶集团做大做强，三年实现 "三个 100" 的目标：年销售收入达 100 亿元以上，带动全省茶园面积 100 万亩以上，带动持续增收农户 100 万户以上，成为推进川茶千亿产业发展的领头羊和排头兵。

企业联系方式

地址：宜宾市翠屏区红丰东路 19 号
邮编：644000
电话：0831-3555567
品鉴热线：400-886-1808
川茶汇电话：18181905655
成都营销中心地址电话：028-85562018
网址：www.scteag.com
邮箱：xflongya@163.com

茶款名称：优黑优红

茶类：新型黑茶

产品特点：优黑优红，拥有三个加工专利的创新优质黑茶，以一芽三叶为主的原料经过特殊工艺精制而成。条索紧实，色泽乌润。冲泡后花果香自然清雅，汤色橙红明亮，滋味醇厚回甘。在防潮、避光、无异味的条件下，产品可长期存放，汤色愈加透亮，滋味口感更显醇和。

茶款名称：天府龙芽

茶类：红茶

产品特点：天府龙芽·四川工夫红茶，选用金秋湖丹霞地貌生态早茶基地的单芽为原料，经过13道工序精制而成，聚巴蜀之灵秀，凝天府之雄浑。外形条索紧秀，金毫满披，匀整。冲泡后，汤色红艳，嗅之甜香与果香完美相融，形成独特的橘糖香，韵香高长，品之滋味鲜醇甜润，极具欣赏与品饮价值。

茶款名称：叙府金芽

茶类：红茶

产品特点：叙府金芽，属中小叶工夫红茶，选用金秋湖丹霞地貌生态早茶基地的单芽为原料精致而成。条索紧细，金毫显露，色泽均匀。冲泡后，甜香与果香完美相融，形成独特的橘糖香，汤色红亮，滋味醇厚甘爽。观其形，闻其香，品其味，游心浩瀚，令品饮者沉醉在金秋丰收的喜悦之中，感悟人生圆满的境界。

茶款名称：天府龙芽·御龙·茉莉花茶

茶类：花茶

产品特点：天府龙芽·御龙·茉莉花茶，选用高山茶园之茶芽加工而成的绿茶和茉莉鲜花为原料窨制而成。外形挺直秀雅，白毫显露，香气鲜灵浓郁，汤色绿黄清澈，滋味鲜醇爽口。

茶款名称：天府龙芽·特种绿茶

茶类：绿茶

产品特点：天府龙芽·特种绿茶，选用高山茶园之独芽精制而成。其外形挺直秀雅，匀整、饱满一致，色泽嫩绿鲜润，香气嫩香馥郁持久，汤色嫩绿鲜亮清澈，滋味鲜爽甘醇。嗅之嫩香清幽高长，品之滋味醇厚回甘，极具欣赏与品饮价值。

推介专家：

刘勤晋（国茶专家委员会副主任，西南大学教授，武夷学院特聘教授）

推荐理由：

优黑优红为川茶集团应用青、黑茶工艺创新之黑茶产品。香高味醇耐冲泡及其特殊保健功能，为大宗黑茶市场之佼佼者。为川茶销区广大中端茶客，尤其女性茶客所欢迎。

天府龙芽是川茶集团知名品牌代表产品，为中国驰名商标产品，在全国各大超市均有良好销售纪录，产品品质稳定，市场认可度高。以香高、味醇、价格适中深受市场欢迎。

川茶集团茶园地处川南主茶区宜宾，其丹霞地貌土壤气候极其适合高香红茶生产。产品特殊花果香，为工夫红茶独有。川茶集团企业规模大，产品多次得奖，市场占有率高，金芽极受消费者欢迎。

天府龙芽特种茉莉花茶采用四川南部盛产优质复瓣茉莉伏花，多次叠窨工艺，产品外形秀丽，色润均匀，香气隽永，汤色黄绿，滋味浓醇，乃花茶上品。

天府龙芽特种绿茶，是四川省推出品牌绿茶产品。外形秀丽匀整，色润多毫，香气清纯，汤色淡绿，滋味醇和，叶底嫩匀，是难得一见的好茶。

特此推荐。

川红集团
CHUAN HONG GROUP

宜宾川红茶业集团有限公司

　　宜宾川红茶业集团是一家集茶叶种植、生产加工、贸易、科研为一体的现代化茶业集团公司，四川省农业产业化经营重点龙头企业，国家边销茶定点生产企业及自主出口许可的茶叶企业，"川红工夫"红茶传统制作技艺传承者及省非物质文化遗产保护单位。公司现有员工 298 人，其中专兼职科研人员计 60 多人。

　　截至 2013 年底，公司总资产 1.78 亿元，实现销售收入 3.42 亿元，利税 5824 万元。公司拥有7 个初精制生产车间、12 条茶叶加工生产线，年生产能力达到 6000 吨，2014 年新建成一条年产1000 吨的自动化、智能化川红工夫红茶生产线。现拥有 8 项已授权的国家发明专利，1 项实用新型专利；已通过 ISO9001 国际质量管理体系认证；拥有川红、林湖、金江三大系列品牌，共计六大品种 100多个产品。公司商标"林湖""金江"均为四川省著名商标，"林湖牌茶叶"被评为四川省名牌产品。

　　通过"公司＋专合社＋基地"和"公司＋茶农＋基地"等多种合作方式，建立自己的核心茶园基地，面积约 2.5 万亩，拥有 1 个绿色食品基地、1 个出口茶基地和 6 个无公害优质茶园基地，辐射周边近10 万亩茶园。目前公司投资 1.5 亿元正在高县漆溪乡建设一个万亩川红生态观光茶园基地，该项目将于 2015 年全部完工。

　　公司还通过直营、加盟店及电子商务销售平台等三大营销模式。分别在全国各大城市建立了营销直营店、办事处和分销商近 200 家，并且打通了淘宝、天猫、京东商城等主流综合电商平台的销售渠道，实现红茶在线茶叶销售。

企业联系方式

地址：宜宾市南岸长江大道西段 20 号
电话：400-8878-418
传真：0831-2101128
网址：http://www.schctea.com

茶款名称：川红工夫

茶类：红茶

产品特点：川红工夫，其条索紧细、色泽乌润、显锋苗。冲泡后，具有香气清鲜带橘糖香、汤色红亮、滋味鲜醇甜爽、叶底红亮的品质特点。

茶款名称：红贵人

茶类：红茶

产品特点：红贵人，采用温和日光萎凋与自然萎凋结合，微波止酶、增香，手工提毫，炭火焙制，手工精选等独到工艺，造就了其身形细紧、满披金毫、香气高雅、汤色红艳明亮、滋味鲜醇甜爽、叶底鲜亮匀整的优异品质。

推介专家：
杜晓（国茶专家委员会委员，四川农业大学教授）
推荐理由：
川红工夫是传统历史名茶，是中国三大工夫红茶之一。川红工夫产自极品红茶的孕育地——四川宜宾，其创制是为促进国际交流。在国际茶叶市场上，川红工夫始终以"文化大使"的形象和"国际金奖"的品质征服着世界各国的消费者。
红贵人是中国中高端红茶的代表性产品。该产品在原料基地、产品生产、包装设计、市场推广等各环节都拥有一套科学完善的标准体系。红贵人的创制，改变了传统红茶的发展格局，也为中国茶产业的发展探索了一条新的发展之路。

宜宾醒世茶业有限责任公司

　　宜宾醒世茶业有限责任公司前身为筠连茶厂。筠连茶厂系1956年国家投资建设的全国茶叶5个示范厂之一，所产工夫红茶作为川红工夫的代表全部出口前苏联和欧洲各国。1959年国庆前夕，筠连茶人将精心创制的"黄金白露"红茶寄往北京，敬献毛主席并向国庆十周年献礼。

　　公司茶叶生产基地处于乌蒙山北麓海拔800米以上山区，远离城市、生态天然。醒世茶业茶叶精加工厂坐落在筠连县海瀛农产品加工工业园区，占地36.26亩，集茶叶精加工、茶叶仓储、茶叶科研、名茶品鉴、茶文化展示于一体。

　　公司拥有醒世·黄金白露、醒世·长江红、醒世甘红、醒世苦丁等自主品牌，并形成系列产品销往全国各地。醒世·黄金白露2009-2013年连续获得5个北京中国国际茶业博览会金奖，醒世苦丁荣获第二届中国（上海）国际食品博览会金奖，被中国食品工业协会评为中国茶叶知名品牌。

　　公司围绕"打造四川红茶第一品牌、打造中国小叶苦丁第一品牌"的发展目标，致力于基地建设、产品研发、品牌建设和市场营销，努力实现"生产天然原味健康茶品、帮助茶农持续稳定增收、帮助企业员工实现梦想"的宏大愿景。

企业联系方式

地址：四川宜宾筠连县筠连镇北环路9号
邮编：645250
邮箱：scybxs@163.com
网址：www.1959.cc

茶款名称：醒世·黄金白露

茶类：红茶

产品特点：此茶原料采自海拔 800-1000 米优质生态茶园，在白露前后十天待气温稳定在 15℃-25℃时采摘，每一斤需要 6 万-9 万颗嫩芽芽尖制作。条索紧细、秀丽，金毫显露，色泽饱满，香气馥郁；汤色金黄，滋味鲜醇，回味悠长，地域特征显露，是工夫红茶中的顶级品。

茶款名称：醒世苦丁

产品特点：醒世苦丁为代用茶。芽叶紧细均匀，色泽润绿，芽头肥壮，叶色鲜亮，倾吐自然精华，鲜翠欲滴！醒世苦丁包括高山苦丁、花语苦丁等系列名优产品，原料来源于海拔 1000 多米以上的乌蒙山余脉，是天然绿色的健康食品。醒世苦丁系列产品荣获第二届中国（上海）国际食品博览会金奖，杭州西湖国际名茶博览会上获特别奖，被中国食品工业协会评为中国茶叶知名品牌；获中国绿色食品发展中心 AA 级绿色食品认证。

推介专家：
张永立（国茶专家委员会秘书长）
推荐理由：
黄金白露珍藏了半个世纪的红色记忆，打破了宜宾筠连过去祖祖辈辈白露不采茶的习惯，并因醒世茶业挖掘创新、精心制作，已成为中国功夫红茶的佼佼者，连续 5 年获得北京中国国际茶业博览会金奖。由于只有在白露前后采制才能得到显露的金毫和独特的花香，故而非常珍贵。特此推介。

广元市白龙茶叶有限公司

广元市白龙茶叶有限公司成立于 1999 年 4 月，注册资本 780 万元，主营茶叶生产、加工、销售，是市级农业龙头企业、工业规模企业、省级新农村建设示范企业。现有总资产 3185 万元，职工 67 人，公司下属有向阳茶场（厂）、白龙茶厂及西安、兰州、银川等茶叶销售部。公司通过了 QS 认证和 ISO9001-2008 质量管理体系认证。

公司现有核心茶园 480 亩，以"公司＋专业合作社（协会）＋基地"的经营模式，已发展白龙名优茶基地 2.7 万余亩，社员 1268 户，遍布 7 个乡（镇），带动农户 2819 户。以公司为发起人组建的向阳茶叶协会被认定为市级示范协会，2009 年公司又在乔庄片区组建了甬川茶叶专业合作社，被广元市委、市政府表彰为十佳农民专业合作经济组织。公司拥有 100 吨/年扁形名优茶清洁化生产线 1 条、500 吨/年大宗茶清洁化自动生产线 1 条。2013 年实现销售收入 1.132 亿元，其中七佛贡茶 8600 万元，实现利润 773 万元。

公司依托中茶所专家组作为技术支撑，通过了国家有机茶认证，使青川茶叶跃上了新台阶，在西北地区享有极高的美誉。公司研制的"白龙湖"牌绿茶已发展到 6 个系列 48 个品种。白龙玉竹和白龙雪芽曾获国内外多项大奖，七佛贡茶多次荣获中茶杯一等奖、特等奖及银奖，被审定为四川名茶，并被省政府授予四川名牌产品称号。

企业联系方式

地址：四川省青川县孔溪乡产业园
邮编：628100
电话：0839-7210018
网址：http://bailongtea.nongyeweb.com

茶款名称：七佛贡茶

茶类：绿茶
产品特点：七佛贡茶外形扁平、尖削，色泽绿润，香高持久，滋味醇和，汤色绿亮，叶底匀整。
七佛茶产于青川县七佛乡，茶区平均海拔800米左右，气候温和，雨量充沛，林木繁茂，山间终年云雾缭绕，山脚四季清流妙漫，土壤肥沃，冬暖夏凉，无任何工业污染源，是有机茶生产的理想环境。七佛贡茶的独特品质是因为七佛乡独特的地理环境所决定的，其名称因武则天曾在七佛乡建立贡茶园而得。

推介专家：
张义丰（国茶专家委员会副主任，中国科学院地理科学与资源研究所研究员、农业与乡村发展研究室副主任）
推介理由：
青川县是汶川大地震的重灾区，茶产业是青川灾后重建的成功代表。广元市白龙茶叶有限公司的七佛贡茶（白龙玉竹与白龙雪芽）曾获国内外多项大奖，被审定为四川名茶。其"公司＋专业合作社（协会）＋基地"的发展模式，具有较强的持续发展能力。

四川省花秋茶业有限公司

　　四川省花秋茶业有限公司成立于 1997 年，经过 18 年的发展，目前已是一家集茶叶种植、加工、贸易、科研、农业旅游开发为一体的国家级农业产业化经营重点龙头企业，国家级农产品加工业示范企业，省级扶贫龙头企业，中国驰名商标企业，中国十大花茶品牌企业。在基地建设、现代化加工、科技创新、品牌营销、团队建设等方面都取得了较大的成绩。

　　公司采用"公司＋专合组织"、"公司＋村集体＋农户"股份合作的农业产业化经营模式，在邛崃市夹关、平乐、临济、天台山等重点产茶镇乡建设优质茶叶基地 3.8 万多亩。以建成标准化的原料基地为目标，提升茶叶食品安全水平和原料附加值。基地 1.9 万多户茶农在公司带动下，户均增收 2500 元以上，为地方经济发展和老区人民增收致富作出了积极贡献。

　　公司生产加工基地占地 100 余亩，拥有四条名优茶连续加工生产线，在四川省率先通过有机茶加工体系认证；引进目前国内最先进的两条蒸青茶自动化加工生产线和西部首条出口抹茶加工生产线，分别通过了 ISO9001 质量管理体系认证和 ISO22000 食品安全生产管理体系认证，成为四川首个达到欧盟出口标准的茶叶企业，极大提升了企业产品的加工能力和加工水平。

公司专注于茶叶生产，以"花秋"为注册商标的发酵茶、有机茶、新花茶、出口桑抹茶等四大系列五十余个特色品种畅销国内各地，远销东南亚十余个国家和地区，深受消费者青睐。依托康熙御题"天下第一圃"、花秋贡茶的深厚文化历史底蕴和大力实施品牌战略，公司产品等分别荣获中国驰名商标、四川省名牌产品、四川省十大名茶、中国十大花茶品牌、国际名茶金奖称号。

企业联系方式

地址：四川省成都邛崃市夹关工业区
邮编：611500
电话：028-88806138
网址：http://www.huaqiutea.com

茶款名称：王者之香·邛崃黑茶

茶类：黑茶

产品特点：王者之香·邛崃黑茶，是四川省花秋茶业有限公司结合产地的优质茶叶资源，经过多年的技术研发和原料储备后于 2014 年推向市场的中高端黑茶产品，集古茶树菁华与千年黑茶文化于一身。其内含物丰富，且愈陈愈香。外形黑褐、滋味醇和、汤色橙红明亮、香气纯正带甜香、叶底黄褐。

茶饮源于巴蜀，自秦入蜀后逐渐向外传播。古临邛（今成都邛崃、雅安等）产茶历史悠久，尤以火井品质为最，及至唐末五代，更有羌番部落的贸易定制茶，开启茶马互市之先河！邛州之火井茶经长途运输不断变化，到达销区后变得乌润醇和，由此而形成乌茶，即当今之邛崃黑茶。

推介专家：

刘新（国茶专家委员会委员，中国农业科学院茶叶研究所研究员）

推荐理由：

四川省花秋茶业有限公司经过 18 年的发展，成为国家级农业产业化经营重点龙头企业，花秋茉莉花茶等系列产品在川内外享有较高的声誉。公司长期坚持科技创新，引进先进的蒸青茶自动化生产线和抹茶加工生产线，生产出口新产品。公司建成稳固的茶叶生产基地，并按质量体系认证管理全产业链，确保茶叶质量安全。近年来，公司根据市场需求，开发了王者之香·邛崃黑茶新产品，继承并发扬了黑茶生产工艺，创制出高档黑茶产品，已试销成功，市场正不断扩展和提升。

雅安茶厂股份有限公司

雅安茶厂股份有限公司（原四川省雅安茶厂有限公司）是中国规模最大的藏茶生产基地，2010年上海世博会联合国馆藏茶指定供应商、中国茶叶标准化技术委员会委员，国家边销茶标准工作组承担单位，藏茶业内唯一通过国家有关部门认定的"四川老字号"企业，全国四大边茶厂之一，四川省农业产业化省级重点龙头企业，四川质量管理先进企业，国家低氟边茶研究和生产基地，并率先在藏茶行业内通过QS认证、质量管理体系认证、食品安全管理体系认证、诚信管理体系认证和有机藏茶认证。公司始建于明嘉靖25年，距今已有469年的不间断制茶历史，是目前藏茶行业中规模最大、历史悠久，集生产、科研、销售为一体的现代化企业，是国家长期指定生产民族特需商品（边销茶）的重点企业，为边疆特别是藏区的稳定团结、和谐发展起到积极作用。公司生产的"康砖"、"金尖"两大系列产品历来是销往藏区的主流传统产品，在藏区人民心中有着不可替代的忠诚度和美誉度，中国驰名商标"康砖"和四川省著名商标"金尖"更是非物质文化遗产中的百年品牌。

公司与热爱藏茶的各界有志之士携手共进，密切合作，期望全身心地做好藏茶产业。与时俱进，把传统藏茶引入现代化、规模化、标准化、市场化和国际化的运行轨道，为神秘古老藏茶这一民族瑰宝打造崭新形象。秉承"做好茶、做放心茶、做健康茶"的理念，为消费者提供更多健康选择。

企业联系方式

地址：四川雅安国家农业科技园区1号
邮编：625000
传真：0835—2323999
邮箱：yacc1546@126.com
网址：www.jjzc168.com
购买热线电话：0835—2323888
电商平台：天猫：雅天露茶叶专营店　http://ytlchaye.tmall.com

茶款名称：康砖－世博

茶类：黑茶

产品特点：产品精选成熟小叶种茶为原料，经 32 道传统复杂工艺精制而成。汤色棕红明亮，滋味醇厚，回味甘甜，红、浓、陈、醇，彰显藏茶魅力。曾荣获 2010 年上海世博会名茶评优金奖，口感独特，包装别致，是品饮或馈赠之首选。

茶款名称：康砖－世代

茶类：黑茶

产品特点：该产品选用一芽两三叶精制原料拼配，利用国家非物质文化遗产的传统工艺精工压制。外形呈巧克力分块状，香气纯正，汤色红黄明亮，滋味醇厚，回味甘爽。曾荣获 2010 年上海世博会名茶评优金奖，雅安市雨城区首届"青衣江杯"斗茶大赛金奖。

推介专家 / 社团负责人：
刘勤晋（国茶专家委员会副主任，西南大学教授，武夷学院特聘教授）/ 王振霞（雅安市茶业协会副会长）

推荐理由：
雅安茶厂是藏销边茶康砖、金尖的老字号生产厂家，具有边茶生产加工传统技艺等非物质文化遗产传承悠久历史，在我国藏区享有广泛的声誉。其康砖－世代、康砖－世博等产品选料严格，存贮科学有序，加工考究，包装及卫生指标完全符合国家有关规定。特别康砖－世博，外形规则匀整，色泽暗褐油润，香气陈韵明显，汤色红亮，滋味醇厚，叶底暗褐明亮。符合藏族同胞消费需求，深受消费者喜爱。特予推荐。

四川省蒙顶山皇茗园茶业集团有限公司

　　四川省蒙顶山皇茗园茶业集团有限公司位于世界茶文化发源地、蒙顶山茶原产地域产品保护地、国家级绿色食品（茶叶）原料基地——雅安市名山区。集团公司成立于2009年11月，现拥有3家子公司和9家加盟茶业，是一家集茶叶种植、加工、生产、销售、科研于一体的省级农业产业化经营重点龙头企业，四川省小巨人企业，四川省农产品加工示范企业，蒙顶山茶代表性茶企。2013年，公司在品牌营销上取得了重大进展，销售额连续四年取得突破，达1.98亿元，被中国茶叶流通协会评为2013年度中国茶业综合实力百强。

　　公司长期致力于生产"绿色、有机、健康"茶叶，高度重视茶叶基地建设，目前，皇茗园建有核心基地1.5万亩，标准茶园1100亩，五年内集团规划建设10个千亩有机茶园，目前2个1000亩有机茶园建设正在开工建设。集团公司自成立以来，高度重视茶叶科研，经省科技厅批准建有四川首个绿茶工程技术研发中心。公司与四川农业大学专家教授长期合作，共同研发了皇茗园特色甘露、皇茗园红茶等产品，皇茗园牌黄芽、毛峰、石花等蒙顶山茶的共性技术也相继获得了改善。通过科研技改，皇茗园系列产品形成了工艺独特、品质优异的特点，先后获得中国黄茶企业推荐品牌、中华名茶、四川省著名商标、哈博会国际金奖、四川省城市文化名片等20余项国际国内大奖及荣誉。

企业联系方式

地址：四川省雅安市名山区中峰乡
邮编：625100
邮箱：hmycha@163.com
网址：www.hmycha.com

茶款名称：皇茗园牌蒙顶甘露

茶类：绿茶

产品特点：此茶为卷曲形茶代表产品。原料选用蒙顶山春分清明期间高山芽头及一芽一叶半初展鲜叶经摊凉、杀青、揉捻、做形提毫、烘干提香精制而成。品质特征：外形细秀匀卷，嫩绿油润银毫；内质香气嫩香馥郁，滋味鲜嫩醇爽，汤色嫩绿清澈明亮，叶底嫩绿匀亮。

茶款名称：皇茗园牌蒙顶甘露
　　　　　花茶（甘露飘雪）

茶类：花茶

产品特点：蒙顶甘露花茶在《蒙山茶》产品分类中归入特色茉莉花茶，为蒙山茶原产地标志产品，该款茶为花茶代表产品。采用蒙顶山春分清明期间高山全芽经鲜叶摊凉、杀青、揉捻、做形提毫、烘干提香、精制整理而成的蒙顶甘露为茶坯，与茉莉鲜花通过多次窨制而成。品质特征：外形紧细多毫，黄绿润，匀净；内质香气鲜灵持久，滋味鲜爽回甘，汤色嫩黄绿明亮，叶底明亮完整。

茶款名称：皇茗园牌蒙顶黄芽

茶类：黄茶

产品特点：皇茗园牌蒙顶黄芽为黄茶类代表产品，其制作工艺编入茶学专业教科书，为蒙山特色名茶。原料采自蒙山茶区海拔 1000—1200 米高山无污染春分前早春实心独芽，经摊凉、杀青、闷黄、压扁做形、烘干提香精制而成。其品质特征：具有黄茶类"三黄"（外形嫩黄、汤色杏黄、叶底黄亮）的品质特征。外形扁平挺直，嫩黄油润，全芽匀净；内质香气甜香馥郁，滋味鲜爽甘醇，汤色浅杏黄明亮，叶底黄亮鲜活。

茶款名称：皇茗园牌醉念红颜
　　　　　（醉念飘雪）

茶类：红茶

产品特点：皇茗园牌醉念红颜，以蒙顶山海拔 1000 米以上早期全芽为原料，按照传统工夫红茶加工工艺精心制作而成，属工夫红茶顶级品种。其外形细小而紧细，颜色为金、黄、黑相间，置于茶盘中似奔腾之骏马，内质香气浓郁，味甜，醇厚，连泡十二次仍饱满甘甜，堪称绝世珍品。本款茶是公司红茶类工夫红茶的典型代表。因原料珍稀，每 500 克需数万颗野生芽尖，采茶女工只能日采两千颗，全程手工制作，精细考究而倍显珍贵。

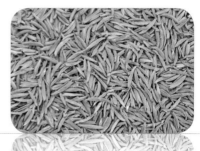 

茶款名称：皇茗园牌蒙顶石花

茶类：绿茶

产品特点：此茶为扁形茶代表产品。特点：蒙顶石花在《蒙山茶》产品分类中归入特色名茶，为蒙山茶原产地标志产品。原料选用蒙顶山春分前后高山实心芽头经摊凉、杀青、压扁做形、烘干提香精制而成。品质特征：外形扁平匀直，嫩绿油润，内质香气嫩香浓郁芬芳，滋味鲜嫩甘爽，汤色嫩绿清澈明亮，叶底细嫩芽叶匀整。

推介专家 / 社团负责人：

张义丰（国茶专家委员会副主任，中国科学院地理科学与资源研究所研究员、农业与乡村发展研究室副主任）、杜晓（国茶专家委员会委员，四川农业大学教授）/ 陈书谦（中国茶叶流通协会名茶专业委员会副主任，中国国际茶文化研究会学术委员会委员、常务理事）

推荐理由：

四川蒙顶山皇茗园茶叶有限公司生产的蒙顶山茶工艺独特，品种优异，且属于"绿色、有机、健康"之精品，同时蒙顶山茶又是实施茶旅一体化的重要领域。该公司是四川省农业产业化重点龙头企业，蒙顶山茶区基地、生产、销售科研为一体的大型企业，蒙顶山茶业商会会长单位。该企业技术力量雄厚，产品质量长期得到市场好评，在历届国家级评比中获得优异成绩，是深受消费者喜爱的诚信经营企业。雅安市绿茶技术工程研究中心、国家农业园区绿茶工程技术中心相继落户该企业。

雅安市友谊茶叶有限公司

国家非物质文化遗产、国家非遗生产型保护示范基地、藏茶制作技艺国家非遗传承人，包揽三项国家级非遗，是雅安市友谊茶叶有限公司的崇高荣誉。公司还是国家定点企业，国家藏茶储备库，省级龙头企业，藏茶行业典范企业。2002 年荣获四川省乡镇企业重点龙头企业称号，2003 年获四川省质量技术监督局、省工商协会"非公有制企业质量工作先进单位"称号。其产品获中国茶叶流通协会授予的三绿工程放心茶称号，获四川省旅游产品金奖。

公司成立于 1992 年，由藏茶世家五代传人甘玉祥创建，是藏茶（南路边茶）专业生产企业。现有员工 200 余人，厂区面积 2 万多平方米，其中 2000 平方米的藏茶文化展示厅，集藏茶历史、文化、技艺及产品展示于一体，吸引着来自世界各地的友人。公司致力于将先辈代代相传的藏茶制作传统"五大工艺"和"发酵三要素"技艺完整保留，并在实践中不断探索、总结提高，掌握着藏茶核心技术。

公司 2000 年成为四川农业大学茶学系教学实践基地；2002 年被国家商务部、民委等七部委评为国家边销茶定点企业；2005 年接待西藏十一世班禅访问；2007 年成立雅安藏茶研究中心；2013 年接待四川省省委书记和省长考察，引起省委省政府领导对雅安藏茶发展的高度重视。

公司把传统藏茶制作技术与现代科技有机地结合起来，进行生产和技术的创新，开发出既让藏民族喜爱，又适合全民族饮用的新型藏茶，并大胆提出"藏茶汉饮"，结束了千百年来藏茶只供藏区饮用的历史。让藏茶走向更广阔的国内全民族市场和国际大市场，并倡导"同饮一壶茶，共爱一个家"的爱国情操。

"公司＋基地＋农户"的经营模式，使企业和茶农联动发展。雅安共有茶园 40 万亩，其中 50% 为农民私家茶园，公司自有茶园 5000 亩，公司除了采摘自有茶园以外，大量的茶叶原料来自于茶农。一方面使公司的茶叶原料得到有效的保障，使企业的经营呈良性循环状态；另一方面为茶农的茶叶销售提供了可靠的保证，解决了茶农的后顾之忧。

企业联系方式

地址：雅安市雨城区多营镇茶马大道 264 号
邮编：625000
电话：0835-2610303
网址：http://xiongdiyouyi.tmall.com

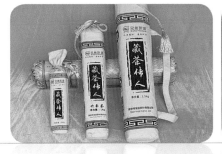

茶款名称：藏茶传人条茶系列

茶类：黑茶
产品特点：叶质肥厚鲜嫩，叶面油亮光滑，茶汁香浓，色泽红亮，味道醇和，彰显藏茶特有的四绝——红、浓、醇、陈。茶汤色透红鲜活可爱，茶味地道爽口酣畅，入口不涩不苦滑润，有陈香味且保存时间越久的老茶陈香味越浓厚。助消化、富营养，是理想的饮品。

茶款名称：藏香粽子茶金粽

茶类：黑茶
产品特点：采摘于老君山顶龙池边，方圆不足500平方米野茶园，水雾环绕，野草相伴，品种稀有，用甘氏五代传承技术精心发酵，山间村姑巧手捏制成形，并用雅安本土特有的粽叶包装。粽叶的青香与藏茶的醇香巧妙结合，香浓味正、鲜滑爽口、醇厚回甘。年产量不足200斤，弥足珍贵。

推介专家 / 社团负责人：
杜晓（国茶专家委员会委员，四川农业大学教授）、张义丰（国茶专家委员会副主任，中国科学院地理科学与资源研究所研究员、农业与乡村发展研究室副主任）/ 陈书谦（中国茶叶流通协会名茶专业委员会副主任，中国国际茶文化研究会学术委员会委员、常务理事）
推荐理由：
雅安是我国藏茶的主要产地，友谊茶叶有限公司又是雅安黑茶的主要加工企业。雅安藏茶（南路边茶）制作技艺已经有1300多年的历史，一直沿用传统手工制作技艺，经历代制茶技师的不断创新与改良，形成了完整的独特的技术成果，在黑茶领域里自成一派。纯正的技艺所制作的藏茶传人条茶系列产品具有乌黑油亮、醇香浓郁、色美味正等特点，藏茶粽黑茶别具特色，个性鲜明。特此推荐。

四川省雅安义兴藏茶有限公司

　　四川省雅安义兴藏茶有限公司源于 1995 年建厂，经过十多年的发展，于 2007 年成立有限公司，多次评为市级龙头企业。公司地处康藏茶马古道起点，在宋代所建的"茶马司"遗址处，占地面积 1.5 万平方米，按照现代化企业兴建。生产车间宽敞明亮整洁，办公及生活区绿树成荫，环境优美。公司在硬件和软件设施方面作了很大的技改投资，生产车间结构均按 QS 标准设计。公司具有自主质量检测能力，设计年生产能力为 8000 吨藏茶系列产品，是一家集茶叶（藏茶）生产、销售及科研开发为一体的专业性民营企业。公司自成立以来，积级开展生产技术改进和产品质量研发工作，在技术上对紧压茶、内销藏茶生产线全面改进，突破传统的技术理念，采用旋转式连续生产设备，生产效率提高 4 倍以上，并申请了多项发明专利。公司产品已经在广州、上海等多个市场获得了消费者的好评。

企业联系方式

地址：四川省雅安市名山区新店镇
电话：400-88-1546　　0835-3490888
邮编：625101
公司官网：http://www.yayx.net
天猫网店：http://yixingchahao.tmall.com

茶款名称：古道秘藏散藏茶

茶类：黑茶

产品特点：古道秘藏散藏茶：优选蒙顶雨极高山上佳原叶，经 32 道古法历练而成。
其汤色澄亮透红，陈香四溢，入口甘甜醇厚。

茶款名称：古道金藏圆饼藏茶

茶类：黑茶

产品特点：古道金藏圆饼藏茶：通过特殊工艺持久发酵制作而成。汤色为陈年红酒色，
口感浓稠醇和甘甜绵柔，厚实、细腻。

推介专家 / 社团负责人：
杜晓（国茶专家委员会委员，四川农业大学教授）/ 陈书谦（中国茶叶流通协会名茶专业委员会副主任，
中国国际茶文化研究会学术委员会委员、常务理事）
推荐理由：
藏茶富含近 500 种对人体有益的有机化合物，700 多种香气化合物，10 多种矿物质，具有多重养身功效。
有抗辐射、去油消脂、降三高、润肠通便、促进新陈代谢等多种养生调理之功用。口感醇厚，深受广
大茶友喜爱，是自饮或赠送亲友的上佳珍品。

四川吉祥茶业有限公司

　　四川吉祥茶业有限公司，是一家集茶叶基地建设、产品研发、生产加工、贸易为一体的国家边销茶定点生产企业和国家边销茶储备企业，是国家级扶贫龙头企业，四川省农业产业化重点龙头企业和全省"两个带动"先进企业，全国供销系统农业产业化重点龙头企业，雅安市农业产业化重点龙头企业及雅安市茶业发展示范企业。公司吉祥牌被评为四川省著名商标，藏茶被评为四川名牌农产品。

　　公司以四川农业大学为技术依托单位，成立了"雨城区吉祥藏茶专家大院"及"雅安市蒙顶山红茶制作技术研究所"，以加快公司科技创新步伐及产业化发展。公司建立起一套完善的标准管理体系，目前已通过了 ISO 国际质量管理体系认证、HACCP（危害分析与关键控制点）认证、QS 食品安全认证、"C 标志"认证，取得对外贸易经营者备案登记证、茶叶自营出口权、《蒙山茶原产地域产品保护》地理标志使用权。

　　在茶叶基地建设方面，公司所在地为雨城区蒙山后山茶区，包括上里、中里、碧峰峡、北郊四个乡镇的茶园，幅员面积 223.4 平方公里，无任何污染源且生态环境极佳。公司抓住"退耕还林、还茶"政策机遇，以点带面，2003 年已在《蒙山茶地理标志产品保护》区域内实现"公司＋基地＋农户"的现代农业产业化模式，先后建成 3 万亩无公害茶园基地。

　　公司主要有各具特色的三大茶叶系列产品：即边销茶、名优茶、藏茶三大系列。边销茶系列有吉祥康砖茶、吉祥金尖茶以及自主研制成功并批量生产的低氟砖茶；名优茶系列有蒙顶甘露、蒙顶黄芽、蒙山翠竹、蒙山毛峰、雨城云雾、蒙顶岩茶、吉祥蕊、绿茶、花茶等各类有机和无公害名优茶；藏茶系列产品有品质较高的多种紧压饼（砖）茶，散藏茶等，供内销、外销。产品坚持按传统独特工艺和现代制茶机械、技术相结合生产，严格按各类茶的相关国家标准要求进行生产，严格茶叶质量控制，卫生管理控制，产品多次获得国内外茶叶专业评比大奖。

企业联系方式

地址：雅安市雨城区假日广场 2-26 号
邮编：625000
电话：0835-2361684
网址：www.jixiangtea.cn

茶款名称：吉祥康砖茶
　　　　　吉祥金尖茶

茶类：黑茶
产品特点：康砖茶、金尖茶亦为传统南路边茶。依古法炮制而成，历经了做庄茶初制（或复制）、精制、拼配、蒸压等四大工序和三十二道工艺，成为具有红、浓、醇、陈四绝特色的上乘黑茶。"红"指茶汤色橙红明亮，鲜活可爱，"浓"指汤味厚，饮用时浓爽适口；"醇"指入口不涩不苦、滑润甘甜、滋味醇厚，"陈"指陈香味，在一定时期内保存时间越久的藏茶，茶香味越浓厚。其生产工艺及技术经过上千年漫长岁月的生产实践和经验积累，形成了独具一格的制茶工艺和完整严格的标准。

茶款名称：吉祥红

茶类：红茶
产品特点：外形色泽乌润，显金毫，条索肥壮重实。内质汤色橙红明亮，金圈明显，呈现明显的花香或地瓜香，滋味醇厚、甜和，耐冲泡，叶底厚软红匀。

茶款名称：吉祥黄芽

茶类：黄茶
产品特点：外形扁平匀直，谷黄油润，细嫩显毫，甜香馥郁。内质汤色嫩黄碧亮，滋味甘甜而醇，叶底嫩黄明亮。

茶款名称：吉祥甘露

茶类：绿茶
产品特点：外形细秀匀卷，嫩绿油润，全芽银毫，嫩香馥郁。内质汤色嫩绿鲜亮，滋味鲜甘醇爽，叶底嫩黄明亮。

推介专家：
张义丰（国茶专家委员会副主任，中国科学院地理科学与资源研究所研究员）、舒曼（国茶专家委员会委员，河北省茶文化学会常务副会长）
推荐理由：
吉祥牌茶叶，产品坚持按传统独特工艺和现代制茶机械、技术相结合生产，严格按各类茶的相关国家标准要求进行生产，严格茶叶质量控制，卫生管理控制，产品多次获得国内外茶叶专业评比大奖。
雅安作为新兴的以茶产业为主体的国家农业科技园区名至实归，本人（张义丰）有幸以西南片园区评估专家组组长的身份对雅安茶产业进行了深入考察。尤其是对中国驰名商标吉祥牌地理标志产品蒙山茶格外关注，进行深研，确有中华好茶之地域识别与人文基础。特此推荐。

茶米生茶叶有限公司

　　茶厂位于我国台湾省南投县名间乡发源，1981 年由茶农转型为茶商，致力发展茶文化，并以茶米生命名。1975 年蒋经国先生至南投巡视期间，品尝该茶赞不绝口，赐名"松柏长青茶"。1983 年第七代传人林庆雄先生受台东县农会邀请指导茶叶技术，获李登辉先生颁发的讲座感谢，赐名"福鹿茶"。第六代林忠義先生随父栽培茶及制作茶叶，于 1984 年 5 月 19 日荣获南投县第三届茶叶活动优良春茶比赛松柏长青武夷茶组头等奖。第七代林庆雄先生继承并发展祖业，于 1981 年到基隆创业茶行。1994 年 8 月 13 日获茶叶技术讲习结业证书，随后多次担任茶赛主审师和评审委员。第八代林家均先生继承祖业，并保存整理老茶，建设品牌。2000 年 10 月 22 日参加农民农业专业训练——茶叶产制技术研习班，获结业证书。

茶款名称：台湾冻顶乌龙老茶

茶类：乌龙茶

产品特点：冻顶茶历史悠久闻名中外，被誉为台湾"茶中之圣"。经由一百多年栽培发展，在台湾茶市场上居于领先地位。冻顶茶外形紧结整齐卷曲成球状，色香、味醇属于冻顶茶独特技艺，清香扑鼻，茶汤入口生津富活性，落喉滑顺、回甘、韵味强久。天然、纯净无污染。本款茶贮存 30 年以上经过多年自然催化，以龙眼树木碳细火覆焙，产生缓慢转化，茶汤呈琥珀红色，完全是自然转化而成。滋味甘醇，落喉韵味强，久而耐炮。由于碳焙大大降低咖啡因含量，不会影响睡眠，是其特色。纯手工工艺，香味独特，属茶中珍藏。

推介专家：

董淑平（国茶专家委员会委员，国家艺术品鉴定师）

推荐理由：

茶米生公司林庆雄先生前辈自福建漳州渡海来台湾，代代耕耘靠茶生活。至今已有八代传人致力发展茶，运用台湾独特的地理环境，再加上林家独特的茶工艺，形成今天的台湾茶，大大丰富了茶文化的内涵。茶米生冻顶老茶，生长于高海拔，纯天然，无污染。贮存 30 年以上，经过多年自然催化，以龙眼树木炭细火覆焙，产生缓慢转化而成。由于炭焙大大降低咖啡因含量，不会影响睡眠，不伤胃，是其特色。茶米生的冻顶乌龙老茶中的营养物质对人体有很多保健作用。

云南大益茶业集团有限公司

　　大益茶业集团是目前中国首屈一指的现代化大型茶业集团，集团母公司为云南大益茶业集团有限公司，集团旗下包括勐海茶厂（勐海茶业有限责任公司）、东莞大益茶业科技有限公司、北京皇茶茶文化会所有限公司、北京大益餐饮管理有限公司、江苏宜兴益工坊陶瓷工艺品有限公司等成员企业，拥有享誉海内外的"大益"品牌。集团自成立以来，以"奉献健康，创造和谐"为使命，遵循"共赢合作""创造和分享价值"的发展原则，秉承"一心只为做好茶"的制茶精神，为全球消费者提供高质量的茶叶产品及茶生活服务，并致力于引领中国茶产业发展至国际水平，提升并弘扬中华优秀茶文化。

　　作为专业茶产品及相关服务供应商，以"大益"牌普洱茶为代表的众多产品，均获国家环保总局有机食品发展中心颁发的"有机"（天然）食品证书，多次荣获国际、国家、部省级金银奖，并通过欧盟国际有机认证，远销日本、韩国、马来西亚、欧美等国家和我国港台地区。"大益茶制作技艺"也于2008年入选国家级非物质文化遗产名录。2010年，大益集团正式签约广州2010年亚运会，是中国茶企业首次成功赞助国际大型综合性体育赛事。同年11月，大益集团获准在勐海茶厂设立茶行业首个博士后科研工作站。2011年，"大益"牌经国家商务部正式认定为"中华老字号"和"中国驰名商标"。大型茶文化品牌推广活动"大益嘉年华"自2011年起已成功举办三届，时尚健康茶风席卷数万市民。至今，大益茶已成为经典茶品与健康品质生活方式的代表。

企业联系方式

地址：云南省昆明市春城路219号东航投资大厦12楼
邮编：650200
传真：0871-63147572
邮箱：dyjtddb@126.com
网址：www.dayitea.com
服务电话：400-739-7262
电商平台：大益天猫旗舰店

茶款名称：7542

茶类：普洱生茶

规格：357克／饼，7饼／提

产品特点：7542是大益出厂量最大的生茶。以肥壮茶菁为里，幼嫩芽叶撒面，研配得当，面茶色泽乌润显芽毫，心茶肥壮。该茶品香气纯正持久，有花果香，滋味浓厚回甘好，汤色黄亮，叶底匀齐。因其研配时主要以中壮茶菁为骨架，配以细嫩芽叶撒面，结构饱满，存放后期变化较为丰富，被市场誉为"评判普洱生茶品质的标杆产品"，并获2002年中国普洱茶国际学术研讨会金奖。

茶款名称：7572

茶类：普洱熟茶

规格：357克／饼，7饼／提

产品特点：7572是大益出厂量最大的熟茶。茶品原料以金毫细茶撒面，青壮茶菁为里茶，采用国家级非物质文化遗产"大益茶制作技艺"精心制作而成。色泽红浓，香气馥郁，综合品质极高。被誉为"评判普洱熟茶（普饼）品质的标准产品"，并获得2002年中国普洱茶国际学术研讨会金奖。

茶款名称： 金色韵象

茶类： 普洱生茶

规格： 357 克／饼，7 饼／提

产品特点： 勐海茶厂高档生茶，使用经过 7 年自然陈化的云南大叶种晒青毛茶为原料，秉承大益茶制作技艺精制而成。茶面色泽青黄微褐，油润有光泽，显暗金毫；茶菁条索紧实，嫩度适中，饼形周正稍紧结。内质初显陈醇风韵，叶底肥硕软嫩，汤色橙黄，滋味醇浓，陈韵显露，香气高扬，回甘生津，余味悠长。

茶款名称： 金针白莲

茶类： 普洱熟茶

规格： 357 克／饼，7 饼／提

产品特点： "金针白莲"者，其芽紧细似针，金毫凸显，是为"金针"；色泽栗色泛灰白，透荷香之气，独具"莲韵"，是为"白莲"。故名之"金针白莲"。勐海茶区细茶品栗色带灰白，嫩芽多显金毫，汤色褐红，陈香纯正，显荷香，滋味醇厚，叶底色泽褐红，嫩匀。产品荣获第二届中国国际茶业博览会组委会金奖。

茶款名称：勐海早春乔木圆茶

茶类：普洱生茶

规格：357 克／饼，7 饼／提

产品特点：精选西双版纳勐海茶区高山乔木早春晒青毛茶为主要原料，采用大益独特的研配技艺和入选国家级非物质文化遗产名录的"大益茶制作技艺"精心加工而成。产品饼形端正，色泽墨绿油润，条索壮实，白毫显；汤色金黄明亮；香气馥郁；滋味醇厚，质感柔滑，口感细腻甜润，生津强烈。

茶款名称：勐海之星

茶类：普洱熟茶

规格：357 克／饼，7 饼／提

产品特点：精选勐海地区高山茶为原料，采用国家级非物质文化遗产名录 "大益茶制作技艺"适度发酵。饼形端正，松紧适宜，金毫显露；汤色红亮，陈气馥郁，滋味醇浓，韵幽味长；叶底色泽褐红，嫩匀。2005 中国国际茶博会金奖产品；2008 年"勐海之星"被作为国礼赠送给时任俄罗斯总统的梅德韦杰夫。

推介专家：

刘勤晋（国茶专家委员会副主任，西南大学教授，武夷学院特聘教授）

推介理由：

大益茶业源起 20 世纪早期的中茶公司勐海茶厂，是我国最早生产七子饼的企业之一。该茶企采用澜沧江两岸六大茶山大叶种为原料生产的生熟普洱茶，数十年如一日，坚持标准，用料讲究，工艺规范，并经严格理化检测，符合国家卫生标准，受到市场消费者和藏家的热烈追捧。其经济和社会效益堪称国内之首，品牌影响力为国内第一。特予郑重推荐。

始创于1902
大气明理 知己好茶
XIAGUAN TUOCHA

云南下关沱茶（集团）股份有限公司

　　云南下关沱茶（集团）股份有限公司位于风景秀丽、气候宜人的大理市下关，前身为创建于1941年的云南省下关茶厂。上世纪50年代，大理地区创办于20世纪初的数十家大小茶叶商号，通过公私合营全面并入下关茶厂。苍山洱海优良的生态环境，大理地区悠久精湛的制茶技艺，为下关沱茶的优良品质提供了得天独厚的条件。目前，公司拥有当今世界先进的茶叶加工设备和一大批专业技术人员及管理人才，成为农业产业化国家重点龙头企业和国家扶贫龙头企业，国家边销茶定点生产和原料储备企业。2007年，公司被国家农业部认定为"国家茶叶加工技术研发分中心"。

　　公司产品包括各种紧压茶、绿茶、花茶、袋泡茶等共四大类近200个品种。其中创制于1902年的"松鹤（图）"牌下关沱茶，是拥有百年历史的知名品牌，从上世纪80年代起先后三次荣获国家质量银质奖，三次荣获世界食品金冠奖；获国家质检总局原产地标记产品注册，被评为"中国茶叶名牌"。2011年3月，国家商务部公布的第二批"中华老字号"，下关沱茶榜上有名；同年5月，国务院公布的第三批非物质文化遗产名录中，下关沱茶制作技艺荣耀入选；2014年，"下关"牌商标被认定为"中国驰名商标"。现如今，在大理市银桥镇的苍山脚下，一块占地面积304亩的公司扩建项目工程建设正在如火如荼地进行，下关沱茶正以崭新的面貌迎接更加辉煌的明天。

企业联系方式

地址：云南省大理市下关镇建设西路13号
邮编：671000
电话：0872—2151902
传真：0872—2170761
邮箱：xgtc1902@163.com
网址：www.xgtea.com
购买热线电话：0872—2143161/4008601902
电商平台：http://xiaguanchaye.tmall.com

茶款名称：沱之源沱茶
　　　　　（100 克盒装）

茶类：黑茶（普洱茶）
产品特点：该茶是普洱生茶中一款品质上佳的茶中精品。品质特征：碗臼状，松紧适度，色泽尚绿润，条索清晰显毫；香气纯正持久，汤色橙黄明亮，滋味醇和回甘，叶底黄绿嫩明亮。沱茶，因始创于茶马古道重镇云南下关而得名。1902年，下关一些茶商在"姑娘团茶"的基础上经过不断改进，创制定型成外形碗臼形的沱茶。

茶款名称：云南下关砖茶
　　　　　（250 克便装）

茶类：黑茶（普洱茶）
产品特点：云南下关砖茶为下关的传统产品，是云南省至今唯一的国家边销茶定点生产企业的专供茶叶产品，历史上也长期被称为"紧茶"，多次获得"中国茶叶名牌""云南省名牌产品"等荣誉。茶品呈长方形砖块，坚实端正，厚薄均匀，色泽尚乌有毫。香气纯正，汤色橙红尚明，滋味浓厚。

茶款名称：松鹤（图）牌云南沱茶
　　　　　（100 克盒装）

茶类：黑茶（普洱茶）

产品特点：云南沱茶选用云南大叶种加工的优质晒青毛茶为原料，经拼配、筛制、发酵、蒸揉而成。品质特征：呈碗臼状，松紧适度端正；色泽红褐乌润显毫，香气陈香浓纯，汤色红浓明亮，滋味醇厚回甘，叶底褐红均匀，有弹性。本品于 1975 年开始试制，1976 年开始批量出口，1986 年、1987 年、1993 年三次荣获"世界食品金冠奖"。曾通过云南茶叶进出口公司经我国香港出口到以法国为中心的欧洲国家，为集中体现普洱茶保健功能的代表性茶品，是法国及昆明医学院早起关于普洱茶功效研究的样本茶。

茶款名称：下关沱茶（100 克甲级）

茶类：黑茶（普洱茶）

产品特点：下关沱茶（甲级）是云南下关沱茶（集团）股份有限公司生产的传统名优产品，是下关有持续百年生产历史的茶叶产品，也是我国沱茶类产品中的标志性产品，为茶叶界的代表作，注册商标：下关牌、松鹤（图）牌。选用云南大叶种加工的上等晒青毛茶为原料，采用下关独特的拼配技艺和入选国家级非物质文化遗产名录的下关沱茶制作技艺精制而成。品质特征：碗臼状，色泽绿润，条索肥壮，白毫显露；香气浓纯，汤色橙黄明亮，滋味醇厚，叶底嫩匀。

其于 1979 年、1983 年和 1987 年 3 次被评为云南省优质产品；1981 年、1985 年、1990 年 3 次被国家经委、国家质量奖审定委员会评为"国家质量银质奖"；并获"中国茶叶名牌""首届云南省名牌产品"等荣誉。

推介专家：

周红杰（国茶专家委员会副主任，云南农业大学普洱茶学院副院长）、刘勤晋（国茶专家委员会副主任，西南大学教授，武夷学院特聘教授）

推荐理由：

"沱之源"茶品，2010年为庆祝下关沱茶制作技艺入选国家级非物质文化遗产名录特制，100克沱之源是在其基础上于2012年开始生产的具有强烈生命力的沱茶。云南下关砖茶为下关的传统产品，在紧茶基础上研制定型，为边销茶代表性产品，所使用的"宝焰牌"商标为云南省著名商标。松鹤牌内销甲级沱茶及外销沱茶是具有百年生产历史的驰名海内外黑茶珍品。以上产品，因其原料基地处云南高原2000米海拔高山茶区，环境清洁，生态良好，产品选料严格，品质稳定，深受消费者青睐。在我国西南及欧卅市场畅销不衰。国内销售额仅次于大益品牌，应为中华好茶之佼佼者。特予推荐。

云南普洱茶集团
YUNNAN PUER TEA GROUP

云南普洱茶（集团）有限公司

    云南普洱茶(集团)有限公司位于驰名中外的"普洱茶都"——云南省普洱市宁洱县(古普洱府原址)的普洱山下、龙潭池畔，是原国营普洱茶厂，其历史可以追溯到 1729 年成立的清贡茶厂。1975 年 4 月，云南当地政府在清朝普洱贡茶厂的旧址上建立了"普洱茶厂"。建厂之际，就被指定为云南省计划经济年代普洱茶四大生产厂家之一，其出口唛号尾数为 4。

    现已成为云南省农业产业化重点龙头企业，是一家历史悠久从事茶叶种植、加工技术推广、茶文化传播及茶叶营销的集团公司，拥有五个子公司、四个分公司、六大生态茶园基地和九个茶叶初制所。集团自营的 6 大生态茶园基地，分别为板山皇家贡茶园、会连有机茶园、白草地有机茶园、竹山生态茶园、大黑山生态茶园、凉水箐生态茶园，土地总面积约 4.5 万亩，茶园面积 2.7 万多亩，茶树均生长于海拔 1500-1800 米的高山，独享天地之精华。其中，板山基地为清代皇家贡茶园，原始森林内生长着大量古茶树和古茶树群落。

    公司已经通过 QS 认证、有机食品认证、绿色食品认证及 ISO9001：2000 国际管理体系认证，先后获得"云南省农业产业经营优秀龙头企业""云南省优强民营企业""AAA 信用企业"等荣誉称号，公司拥有自营出口经营权。

企业联系方式

地址：云南省普洱市宁洱县宁洱镇西门龙潭旁
邮编：665199
电话：0879-3209888
传真：0879-3209099
邮箱：pecha@puercha.com.cn
网址：http://www.puercha.com.cn
购买热线电话：400-848-9899
电商平台：www.tdteay.com

茶款名称：板山御贡

茶类：黑茶（普洱茶生茶）

产品特点：原生尚品，百年御贡。本茶品精选清代皇家贡茶园——板山明前肥壮茶菁。
茶菁揉捻适度，条索中等紧结，芽叶完整，茶叶醇厚耐泡。具备突出的板山茶特点；
香气花香雅致，滋味鲜甜浓爽；而且此茶苦涩较轻，但茶味十足，饮后齿颊留香。口
感特点：名山茶菁，油润显毫，花香雅致，滋味鲜爽。产品规格：357克／饼，7饼／提，
4提／件。

茶款名称：会连臻味

茶类：黑茶（普洱茶生茶）

产品特点：自然传奇，返璞归臻。本茶品精选现代大树茶园——会连肥硕茶菁。茶菁
揉捻适度，条索粗壮，显白毫，芽叶完整，茶味醇厚耐泡。会连原料，却具备突出的"易
武"茶特点：香扬水柔，滋味厚润，在后期转化过程中类似于易武茶，有口感上升期。
口感特点：条索肥硕，滋味厚润，甘美回味，香聚杯中。产品规格：357克／饼，
7饼／提，4提／件。

茶款名称：金枫青饼

茶类：黑茶（普洱茶生茶）
产品特点：此产品选取肥硕粗壮、油润显毫的芽叶，采用手工加工工艺，使得条索稍粗大，茶饼压制紧结，使茶饼压制成型之后，产生内紧外松的效果，一方面可以让新茶时期的香气可以最大限度的保留，一方面让金枫在后期的存放过程中，茶品的转化创造了有利条件。"金"的寓意是产品选料的优秀品质和精心加工的工艺，"枫"的寓意是茶品在岁月的轮回中积淀，最后获得如枫叶至秋而红的转变。 口感特点：芽叶肥硕，油润显毫，滋味鲜浓，香气馥郁，回甘生津，典藏珍品。产品规格：357克／饼，7饼／提，6提／件。

茶款名称：435红丝带青饼

茶类：黑茶（普洱茶生茶）
产品特点：首创三位数的唛号，"4"代表原国营普洱茶厂时期的代号，"3、5"代表选用原料的综合等级，饼面压了一根红色丝带，以纪念普秀首创的三位数唛号茶。选用云南勐海地区大叶种晒青毛茶为主料，拼配陈年茶菁。口感特点：饼形规整显毫，香气高纯雅致，口感丰富，滋味协调，经久耐泡。产品规格：357克／饼，7饼／提，12提／件。

茶款名称：玉莲金针散茶

茶类：黑茶（普洱茶熟茶）

产品特点："城畔荷风，玉莲幽香，金针嫩蕊，气韵清心。"玉莲金针，条索纤细，金毫突显，汤色红艳透亮。"金针"：原料精选满布金毫的针型嫩蕊，制成的干茶金黄显毫。"玉"：茶叶泡开后，表面润度好，有光泽。"莲"：带有似莲幽香，荷香。入口醇润绵甜，似藕之浓滑，又兼荷之幽香，堪称传统普洱茶之珍品。口感特点：口感醇甘，两颊绵润，荷香萦绕，独具莲韵。产品规格：100 克／盒，10 盒／提，6 提／件。

推介专家／社团负责人：

周斌星（国茶专家委员会委员，云南农业大学茶学系教授）／刘伦（普洱市茶业局副局长）、包忠华（普洱茶文化专家）、普洱市茶业局

推荐理由：

板山御贡：饼形尚周正，稍紧，芽叶条索稍弯曲，色泽墨绿偏黄，香气显露；茶汤汤色黄绿明亮，香气浓尚纯，滋味浓烈刺激，苦涩感强，叶底黄绿明亮。

会连臻味：饼形端正，松紧适度，芽叶粗壮匀整，白毫显露，色泽墨绿；茶汤汤色绿黄明亮，香气浓艳，滋味浓醇鲜爽，叶底黄绿明亮，柔软尚匀齐。

金枫青饼 2013：饼形周正，松紧适度，芽叶粗壮匀整显毫，色泽墨绿偏黄，香气显露；茶汤汤色黄绿明亮，香气尚浓尚纯，滋味浓醇，稍显涩，叶底黄绿明亮柔软。

红丝带青饼 435：饼形周正，松紧适度，芽叶条索细紧，白毫尚显，色泽墨绿稍黄，香气尚显；茶汤汤色黄亮，香气尚浓纯，滋味浓烈刺激性强，稍显涩，叶底黄绿明亮，尚柔软，尚匀齐。

玉莲金针普洱熟茶（散茶）：宫廷级别，干茶条索细紧尚匀齐，芽毫显露，色泽褐红乌润，陈香悠长显露；茶汤汤色红浓明亮，香气浓尚纯，略带堆味，滋味醇正，叶底红褐油润，尚匀齐。

经审评后，认为所推荐普洱茶芽叶粗壮、滋味浓醇、香气浓纯、叶底明亮尚匀。同意推荐。

茶御茶祖
CHAYUCHAZU
PUERTEA

云南茶祖茶业有限公司

云南茶祖茶业有限公司坐落于中国茶城普洱市木乃河工业园区，注册资金 3000 万元，年产茶叶 3200 吨，是一家以专业生产、销售传统普洱茶为主的茶叶综合性企业。

公司以澜沧江流域少数民族尊奉、祭祀"茶祖"的传统为名，以制造健康普洱茶为出发点，以传承和发扬传统普洱茶制作工艺为核心，以良好的社会责任感坚持走能源消耗低、环境污染少的现代化发展思路。近百年来，从一个家庭式的少数民族茶作坊开始，在传统与现代的融合中不断创新、发展、壮大。在业界独家成功应用太阳能技术，建成国内目前唯一的无烟普洱茶生产厂，实现了生产过程污染的零排放，是迄今建设标准较高、设施较完善的标杆茶企业。

公司致力于产品"原生态、原产地"，建立了遍布云南各主要茶区的原料供应基地。其产品多样化及口感丰富性在行业中名列前茅，有收藏、定制、消费三大系列，茶祖珍品、茶祖一品、茶祖名品、茶祖尚品等经典普洱茶产品最大限度地满足了各阶层、各地区的不同需求。

公司携手高校、汽车等行业和单位，不断创新合作与经营理念，致力于弘扬和发展茶文化，共同研制、开发了许多经典产品，获得两项国家专利。尤其近年来，在昆明、成都、郑州等大型茶叶交易会中，参展的产品屡获殊荣，有些产品甚至勇夺桂冠，6 个产品被云南博物馆收藏。

企业联系方式

地址：云南省普洱市木乃河工业园区
邮编：665000
电话/传真：0879-2858026
邮箱：chazutea@163.com
网址：http://www.chazutea.com
购买热线电话：0871-65738941、0879-2858309
电商平台：淘宝、京东、天猫

茶款名称：名品茶祖（普洱茶生茶）

茶类：黑茶

产品特点：该茶品选用云南普洱、临沧、版纳三大茶区优质老树晒青毛茶为原料，经茶祖匠人们采用科学的技术精心调配，并结合现代清洁化、无烟化及传统手工石磨生产压制而成。该产品外形条索肥硕，内质汤色金黄明亮，口感属中性茶，滋味浓重甘爽，香高气扬，甘韵强烈，口感苦涩味偏低，适合品鉴和收藏。

茶款名称：名品茶祖（普洱茶熟茶）

茶类：黑茶

产品特点：本产品选用云南普洱、临沧、版纳三大茶区优质老树晒青毛茶精心发酵配制而成。外形规整，松紧适度，内质香气成纯馥郁，滋味醇厚润滑，汤色红艳明亮，得到业界众多专家首肯。是不可多得的普洱茶品鉴、收藏之上品。

推介专家/社团负责人：

张宝三（国茶专家委员会顾问，云南省人大原副主任，云南省普洱茶协会原会长）/刘伦（普洱市茶业局副局长）、包忠华（普洱茶文化专家）、普洱市茶业局

推荐理由：

这两款产品以云南普洱、临沧、版纳三大茶区优质老树晒青毛茶为原料，经科学的技术精心调配而成，并且将"太阳能技术"应用到茶叶加工之中，结合传统手工石磨生产压制而成。因此，此产品集聚了三大茶区的优点，结合传统茶的加工工艺，让消费者可以同时感受三个茶区茶叶的滋味，是非常具有特色的茶产品。

李記穀莊 ®

始于：一九00

谷庄简介
Gu Zhuang Introduction

普洱景谷李记谷庄茶业有限公司位于云南省普洱市景谷县景谷乡（小景谷），是一个以生产普洱茶为主的现代制茶企业。为了继承和弘扬谷庄祖业的普洱茶文化，在当今社会和谐发展的大好形势下，谷庄第四代传人李明（李其明）先生在谷庄发源地"小景谷"投资近千万元建成一座具有明清时代风格、现代化管理模式的谷庄茶厂。

李记后代矢志秉承先人制茶工艺、弘扬李记茶业遗风，注入现代卫生、生态标准，光大优质谷庄辉煌，塑造一个诚信的品牌，让普洱茶走向世界，让社会品尝到原汁原味的老树普洱茶。

李记谷庄始建于清光绪二十六年（1900年），其团茶（谷庄茶）奠定了云南沱茶的雏形，是云南沱茶的始创地。百年以来，李记谷庄一直秉承诚信为本，正本清源的理念。传承百年制茶技艺，融入现代化科学技术，结合现代化企业经营理念，严把质量关，专注茶业品质。

以茶为媒介，以消费者为核心，为消费者用心做好茶。

为弘扬中国传统文化，为中国茶叶继续扬名于世界，矢志不移。

文献记载 THE LI'S GUZHUANG TEA IN LITERATURE

"沱是由团转化而来。云南沱茶产、制历史悠久。沱茶原产于云南省景谷县，又称'谷茶'。谷庄沱茶多采用景谷县附近地 区生产的滇青揉压"。—陈宗懋主编《中国茶经》第249页。

"沱茶为历史名茶。创制于1902年前后。"沱茶由蒸压团茶演变而来。沱茶原名'谷茶'，因原产地在滇西南之景谷县而得名。"原产于景谷县的谷庄沱茶又名姑娘茶，有说其形如称砣，'沱'与'砣'同音"。—《中国名茶志》第856页。

"沱茶由景谷县姑娘茶演变而来，碗状的沱茶创造于清光绪二十八年。原料为一、二级滇晒青毛茶各占50%。"

百年沱茶 源自谷莊

清光绪二十六年（1900年），景谷街人李文相创办制茶作坊，用优质晒青毛茶作原料，土法蒸压月饼形团茶，又名谷茶。光绪二十八年……该茶畅销并被誉名沱茶。团茶（谷茶、谷庄茶）奠定了沱茶的雏形，景谷成为云南沱茶的原产地。—《景谷县志》第218页。

"公、侯、伯、子、男"的封号出自中国，《管子》曰："天子有万诸侯也，其中有公侯伯子男焉，天子中而处。"古代周朝用作对王公大臣的分封。

谷庄普洱茶经家传谷茶制艺精制而成。由于当地大叶种老茶树产量有限，谷庄普洱茶每年限量生产120吨。其产品按品质特征分为一公爵号、二侯爵号、三伯爵号、四子爵号和五男爵号共五个等级。

茶款名称：[李记谷庄] 2013年公爵号金瓜沱（生）500克

茶　　类：普洱茶生茶

产品特点：原料采用无量山百年以上大叶种老树晒青毛茶制作而成，条索肥硕有峰苗、白毫显露，色泽黄褐油润，香气清甜高扬，汤色黄亮，滋味醇厚甘甜、绵滑，回甘持久，叶底匀嫩。

推介专家：周红杰（国茶专家委员会副主任、云南农业大学教授、普洱茶学院副院长）

推荐理由：该企业秉承先人制茶工艺，弘扬茶业遗风，注入现代卫生、生态标准，严把原材料购进关、严把卫生标准关、严把加工规范关、严把出产检验关，塑造诚信品牌，服务社会。

正本清源 品牌经营 价值共享 共同发展

发展战略： 创建中国普洱茶高端消费品牌

产品战略： 正本清源、行业领先

服务战略： 秉承先人制茶工艺 弘扬李记茶业遗风服务社会

市场战略： 引领市场需求

Carrying on the tradition, cultivating a famous brand, customers and striving for common development

Development strategy: Creating China's high-end Pu'er tea brand for the consumers

Product strategy: Carrying on the tradition and striving to lead the tea industry

Service strategy: Inheriting the forefather's tea-making technology the tradition of tea-making profession of the Li's Guzhuang Tea Firm serving the society

Market strategy: Guiding demands of the market

侯爵號

　　以普洱市景谷县景谷镇无量山系大叶种老树晒青毛茶一芽二叶为原料，在传统工艺中融入现代卫生标准，生茶经土法锅杀、晒青、优选压制而成。其特点：醇厚亲和，味香酽浓、柔顺润滑，中庸中尽显和润与绵长。

　　熟茶经土法锅杀、晒青、渥堆发酵后优选精制而成。其特点：具有老茶树之味源，暖心温情中尽享宾客之共融。

侯爵號

▪300克盒装沱茶▪

▪1千克礼盒装砖茶▪

▪500克罐装散茶▪

萃取四山八岭　郁郁老树茶

　　加工原料来源于云南省普洱市景谷县景谷乡无量山系，大叶种老树晒青毛茶。云南大叶种老树茶对形成普洱茶的品质有重要作用，其形状特点是芽长而壮，白毫特多，银色争辉，叶片大而质软，新稍生长期长，持嫩性好,所含的茶多酚、儿茶素、咖啡碱、茶氨酸和水浸出物含量都高于一般中小叶种茶。普洱茶在后发酵过程中，在酶促作用以及微生物和水的湿热作用下，其内含物发生了一系列的氧化、聚合、分解、降解和缩合反应，茶多酚、儿茶素、游离氨基酸等都大量减少，因此，茶树品种中内含基质茶多酚、氨基酸等重要化合物含量越高，越有利于优质普洱茶的形成。

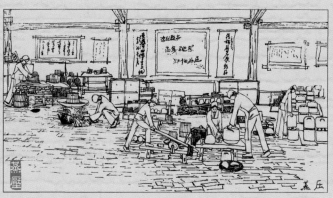

将分量好的青毛茶装甑。高温水汽蒸之，时据量而定，待至柔软后即时起甑，入模具以压制冷后脱模定行分装。

待鲜叶萎凋后，起火备锅，锅温两百之上，叶量为两公斤为宜，入锅炒之。抛闷结合，多抛少闷，时据情而定，叶至柔软，略带粘性，暗绿消失，即时出锅，忌叶枯焦，若老叶及时揉捻，嫩叶待凉后揉之，不宜过重，反复以致成形。

谷庄商号
MOTTO OF GUZHUANG TEA FIRM

谷庄商号承载着李记榖莊的百年名号，继承和发扬着先人制茶之精髓，在这里您能了解传统普洱茶的制茶工艺，也能体验到原汁原味、高品质的老树普洱茶，我们将不断提升，并竭诚为您服务！

百年泡茶
源自谷庄

生产部
电 话：0879-5381888
传 真：0879-5381555
地 址：云南省普洱市景谷县景谷镇茶乡路6号

销售部
服务热线：400-0871-289
0871-65718886
地 址：云南省昆明市盘龙区金星小区颐园路19号

百年老字号
雲南老字號
云南省著名商标

鳳凰沱茶

李世亨

天地玄黄　宇宙洪荒　凤栖梧陵　茶生无量　无量之巅　凤凰沱茶　制茶有道　道法自然

云南南涧凤凰沱茶厂，成立于2005年6月，是一家集茶叶研发、生产、销售为一体的茶叶生产企业。2015年，投资1.2亿元，占地38亩的新厂房在南涧县食品园区落成，新的茶叶研发基地及生产厂区不仅可以大大的提高茶叶生产数量和品质，同时新厂区的建设将为所有"鑫凤凰"客户提供更大的仓储和物流平台，让全世界的茶友都能做到足不出户享受普洱茶的美味。

云南南涧凤凰沱茶厂于2006年5月通过了"食品生产许可（QS）"认证，成为云南省第十家通过此认证的茶叶企业，同时获得了ISO9001:2000国际质量管理体系认证和食品质量安全认证，2007年凤凰沱茶系列产品通过"绿色食品"认证，2009年"鑫凤凰"商标被评为"云南省著名商标"，"云南名牌农产品"等荣誉称号，并在2011年7月首届"云香杯"名优普洱茶评比会上，"鑫凤凰"牌凤凰生沱、凤凰熟沱荣获金奖。2008年，鑫凤凰成为北京奥运会制作专用黄金白银的指定收藏纪念茶，在中国的百年奥运梦想中留下了闪光烙印，现正承担制作普洱茶标准实物样。

"种出世上最优质的普洱茶叶，沏出世人最钟情的普洱沱香"，这是鑫凤凰人最高的茶道境界。从无量山上万余亩"鑫凤凰"基地到南涧城边斥资上亿元建设的生产车间，鑫凤凰人正以传承千载的愚公精神，致力于打造经典生态绿色食品，打造一个属于世界的"鑫凤凰！"

道凤凰沱茶　悟百味人生　｜　云南南涧凤凰沱茶厂　｜　地址：中国云南大理南涧县　邮编：675700　电话：0872-8740327　｜　传真：0872-8740160　邮箱：175086358@qq.com　网址：www.fhtc.cn

中华好茶上榜推荐

茶款名称： 鑫凤凰牌云南凤凰沱茶（生）

茶　　类： 普洱茶生茶

产品特点： 鑫凤凰牌云南凤凰沱茶（生），系采用云南大理南涧无量山海拔2000米的大叶种晒青毛茶为原料，经传统制茶工艺与现代科技精
制而成。其特点：外形条索秀丽、白毫显露；内质汤色黄绿明亮、滋味浓醇回甘，香气清香高长，叶底匀嫩。

茶款名称： 鑫凤凰牌云南凤凰沱茶（熟）

茶　　类： 黑茶（普洱茶）

产品特点： 鑫凤凰牌云南凤凰沱茶（熟），系采用云南大理南涧无量山海拔2000米的大叶种晒青毛茶作原料，经传统制茶工艺与现代科技精
制而成。外形条索肥硕、色泽红褐油润、显金毫；内质汤色红浓明亮、滋味醇厚甘滑，香气陈香浓郁，叶底红褐匀嫩。

推介专家： 周红杰（国茶专家委员会副主任、云南农业大学教授、普洱茶学院副院长）

推荐理由： 该企业是云南省农业产业化省级重点龙头企业，市场营销网点遍及全国各地，近10年的发展历史中，秉承质量至
上、消费者至上的理念，坚持兢兢业业做茶、诚信经营。鑫凤凰品牌赢得国内外消费者的认可，产品销往我国云
南、广东、深圳、北京、上海、西安、兰州、浙江、安微、台湾、香港等地，以及韩国、马来西亚、新加坡等国。
鑫凤凰牌云南凤凰沱茶（生）是云南南涧凤凰沱茶厂的知名品牌，是沱茶中代表佳作。精选大理南涧无量山海
拔2000米的大叶种晒青毛茶为原料，加工制作精致，是普洱生茶中一款品质上佳的茶中精品。鑫凤凰牌云南凤凰
沱茶（熟）精选大理南涧无量山海拔2000米的大叶种晒青毛茶为原料，应用多种有益菌组合、经微生物固态发酵，
精致加工而成。是普洱熟茶中一款风味独特、品质上佳的茶中精品。

〔购买热线电话〕 400-960-9580

茶
TEA

茶，本是一片树叶，最初与人类相遇时，被当做一味解毒的药方。几千年前，它经由中国人的双手，

变为一道可口的饮品。它步入了唐朝诗人的殿堂，它成为游牧民族的生命之饮。

它藏进僧侣的行囊，远渡重洋，并在那里上升为一种生活的信仰。

它登上大航海时代的货船，与瓷器、丝绸一道，满足着欧洲人对东方古国的想象。

它走过漫长的旅程，生命历经枯萎、重生、绽放，

或许只是为了提醒匆忙行走的人们，

在明知不完美的生命中，也可以感受到完美。

哪怕，只有，一杯茶的时间。

雲南易武同慶號

龍馬圖標

本莊向在雲南久歷百年字號所辦易普洱督辦易武正山陽春葉細嫩勻而葉色金黃而濃厚水味香令人芳然出自天然真偽同慶老號啟明今加內票以

始創于乾隆元年

【易武同慶號】是一家具有279年历史的老字号茶企，历经沧桑中断近60年，于2004年复业制茶。"易武同庆号"元宝茶，清中期曾被朝廷列为贡茶，并赐有"瑞贡天朝"牌匾以示褒奖。

复业十年来，企业获有云南老字号及云南省著名商标。茶品多次荣获国际、国内茶叶评比金奖，而深受广大茶人的喜爱。

茶园基地：西双版纳易武乡落水洞、大漆树、蛮砖
普洱景迈芒景村布朗同庆茶叶合作社

加工基地：西双版纳易武同庆号茶厂
普洱景迈同庆号茶厂

展示中心：广州市荔湾区芳村葵蓬洲生园围2号 广州国际茶叶交易中心

天猫网售：易武同庆号旗舰店

网址：www.ywtq.cn　QQ：130600830　关注微信号：ywtqh108

同慶號 易武落水洞(生)餅茶

茶类： 黑茶（普洱茶）

产品特点：同庆号易武落水洞生饼采摘标准以一芽二叶搭配，采用纯手工石磨压制而成，是真正的天然无污染的生态养身保健茶品。因其制作精良，地域香气明显，口味醇正，回甘显著，留香持久，汤甜水柔，是普洱茶中的上品。易武普洱茶品饮后口留余香，回味幽长。

推介专家：周红杰（国茶专家委员会副主任、云南农业大学教授、普洱茶学院副院长）

推荐理由：易武茶山是传统普洱茶的主产地，茶园面积和茶产量长期居于古六大茶山之首。易武茶也因其芽叶肥硕，汤甜水柔，长期存放后茶韵更足而被推崇为普洱茶上品。此款茶品是出自具有典型地域特征的落水洞茶区，因其特有的古茶树群落、地缘优势以及同庆号传统制茶手工工艺造就出更具特色的优质茶品。

宜良祥龙茶厂

    宜良祥龙茶厂注册成立于 2003 年，厂址位于昆明市宜良县匡远镇金星村委会小坡脚村，核心技术管理工作人员和厂房设备都来源于原云南省茶叶进出口公司宜良茶厂。领头创办人白文祥于 1989 年毕业于西南农大食品学系茶叶专业，毕业后在云南省茶叶进出口公司宜良茶厂工作，历任普洱茶车间生产操作工人，质量审评室主任，生产审检科科长，技术副厂长职务。1998 年到 2003 年任云南省茶叶进出口公司普洱茶加工部经理，参与和主持加工内、外销普洱茶万余吨，是云南省人事厅高评委评定的制茶专业高级工程师。

    宜良祥龙茶厂核心工作人员，都已取得国家高级评茶师、评茶员执业资格证书，具有深厚的制茶技术理论和生产实践经验，企业培养了一批具有良好素质、操作规范的熟练工人。决策管理层人员具有HACCP（危害分析和关键点控制）和 GMP（良好的生产工艺流程和操作规范）质量控制模式管理理念，从原料的选购验收、加工工艺流程、员工操作规范、产品检验和入库贮运等系列环节都进行了系统有效的关键点控制和全程管理。

    传承宜良茶厂 70 年茶叶精加工历史，开拓创新、锐意进取，为消费者精心制作高质量的普洱茶品是宜良祥龙茶厂永恒的追求。

企业联系方式

地址：昆明市宜良县匡远镇金星村委会小坡脚村
邮编：652100
电话：0871-67592857
传真：0871-67598896
邮箱：1770306262@qq.com

茶款名称：参香甘韵

茶类：黑茶（普洱茶）
产品特点：由品质优越的原生态乔木大叶种老树晒青毛茶，经云南茶仓陈化十年以上。
具有显著人参香气特点，滋味浓厚醇和、绵密滑润挂杯、古韵幽长。

茶款名称：古韵生津

茶类：黑茶（普洱茶熟茶）
产品特点：由品质优越的原生态乔木大叶种晒青毛茶原料发酵后，经云南干仓陈化十
年而成。具有陈韵优雅，滋味浓厚、回甘绵滑、经久耐泡的品质特点。

推介专家：
刘勤晋（国茶专家委员会副主任，西南大学教授，武夷学院特聘教授）
推荐理由：
云南宜良祥龙茶厂乃由原生产"中茶"牌普洱茶之"中茶云南省公司宜良茶厂"改制后下岗职工自愿
入股组成之股份制企业。主要生产传统市场颇受欢迎的各种口味普洱砖、饼、沱及散茶。经本人长期
考察：该厂生产以上产品，严格选料，用心加工，精细拼配，得到传统市场认可，且价格合理，适宜
国内外广大饮者消费水平。茶厂注重品质及卫生管理，该厂广告不多，规模不大，但市场稳定，回头
客众多。其产品位列优质普洱茶之前列，特作中国好茶之推荐！

云南双江勐库茶叶有限责任公司

　　云南双江勐库茶叶有限责任公司（勐库戎氏），成立于 1999 年 6 月，前身为始创于 1974 年的云南双江茶厂。历经 16 年的努力，现已发展成为一家集茶叶种植、初精制加工、科技开发和产品销售为一体的农业产业化国家重点龙头企业。多年来，公司一直秉承"家传祖法，信誉戎氏"的企业灵魂，不断开拓进取，使勐库戎氏挤身于中国茶叶百强和中国普洱茶十大品牌之列。

　　公司现拥有双江、永德两个环境优越、设备先进、工艺领先、管理严谨的茶叶加工厂，具备年生产加工 1 万余吨的现代化茶叶加工设备。在当地首创"公司＋协会＋基地＋农户"模式，现仅双江就整合可采摘茶园达 5.4 万亩。双江主要生产"勐库"系列普洱茶、工夫红茶、CTC 红碎茶；永德主要生产"木叶醇"系列普洱茶和 CTC 红碎茶。"勐库"商标已于 2012 年获中国驰名商标，公司已通过 QS 和 HACCP 质量体系认证，已成为联合国粮农组织"有机茶生产、发展与贸易"示范基地项目实施单位和国际有机农业运动联合会 (IFOAM) 会员单位，是中国农业科学院茶叶研究所定点服务企业。产品均为国家农业部茶叶质量监督检验测试中心定点检测产品，获得国家自营出口业务经营权。董事长戎加升先生曾荣获中央电视台主办的改革开放 30 年"影响中国农村改革的 30 位中国三农先锋"称号和中国茶叶行业年度经济人物。

　　勐库良种，世界名茶。正因为有了享誉中外的勐库茶，戎氏在传承的基础上使茶与生活、茶与文化更加贴近，用生态、有机、健康、安全的系列茶品诠释了"茶为国饮"的生活真谛。

企业联系方式

地址：云南省双江县沙河乡允景路 1189 号
邮编：677300
电话：0883-7643288
网址：www.ynmkrs.com

茶款名称：勐库茶魂

茶类：普洱茶（生茶）

产品特点：勐库茶魂精选勐库茶区优质茶园所产的早春一芽一叶、一芽二叶鲜叶为原料，叶肥，松紧适度，茶条清晰，自然美观。茶汤金黄剔透，香高悠长，滋味浓厚，回甘生津持久。其体，其味、其香均是勐库大叶种茶之魂。2011年"云茶杯"勐库茶魂荣膺金奖，彰显了戎氏普洱茶生茶的行业地位，续写戎氏普洱的云茶之魂传奇！

茶款名称：木叶醇年份茶

茶类：普洱茶（熟茶）

产品特点：其选料和工艺都堪称完美，是勐库戎氏普洱熟茶中的极品。此茶芽头多、金毫显露、油润有光泽，汤色深红明亮，入口甘甜润滑，滋味醇厚浓稠，甘味生津持久，陈香纯正。常饮具有降血脂、降血糖、消食养胃之功效，还能促进新陈代谢，尤其对长久胃寒、积食不化者有明显改善作用。

推介专家：
刘新（国茶专家委员会委员，中国农业科学院茶叶研究所研究员）
推荐理由：
勐库茶魂原料来自勐库大叶种普洱茶区原产地。勐库戎氏系普洱制茶世家，世代传承独自的戎氏制茶技艺，所创的这款茶色香味堪称普洱之经典。
木叶醇为勐库戎氏2014年首推第一款真正意义上的年份普洱熟茶。不同于传统熟普，此茶精选好料制作，以戎氏独创本味制茶法保留原生茶性，箱式发酵确保卫生安全，存储环节标准化、规模化、专业化，静置三至十年才出世。
勐库茶叶全年每批次均检测，消费安全放心。

云南滇红集团股份有限公司

　　云南滇红集团股份有限公司（简称滇红集团）前身系创建于 1939 年的顺宁实验茶厂，1954 年随县名更改为云南省凤庆茶厂，是中国名茶滇红的诞生地。1996 年，云南省凤庆茶厂经云南省体改委批准，整体改制为滇红集团。现有总资产 5.67 亿元，拥有茶园基地 3.07 万亩，其中 2 万亩通过瑞士 IMO 有机茶认证、1.2 万亩通过国际雨林联盟认证，初制加工厂 73 个，原料基地和初制加工厂分布在凤庆县和耿马县。

　　滇红集团一直是国家出口红茶定点生产企业，是国家扶贫龙头企业、云南省农业产业化重点龙头企业、云南省林业产业省级龙头企业和全国茶叶行业百强企业，是国家红茶一套样"标准实物样"制样单位。公司于 1983 年注册的"凤"牌商标是云南省著名商标，其生产的红茶连续被认定为云南省名牌产品，2011 年 4 月份"凤牌"红茶被国家商务部授予中华老字号的称号，2012 年 4 月，滇红集团"凤"牌商标被国家工商行政管理总局正式认定为中国驰名商标。历年来，滇红工夫茶多次被评为国家银质奖，多个产品被授予金奖、茶王等称号。

　　滇红工夫特级茶在 1958 年被认定为国家外事礼茶，1986 年被作为国礼赠送来华访问的英国女王伊丽莎白二世；2013 年 11 月卡特里娜公主访问滇红将滇红集团茶科院"中国红"基地授牌为"中英友好茶园"。滇红集团茶叶科学研究院有着 30 多年的历史，拥有大规模的茶树良种资源圃，保存有全国各地 300 多个茶树良种，征集保存了 400 多份茶树育种材料，为企业可持续发展搭建了一个独一无二的研发平台。

　　为做强做大滇红茶产业，"滇红集团整体搬迁工程"建设项目 2009 年 7 月在云南省发改委立项，并被列入云南省 2010 年"一百个"开工建设重点项目和 2011 年"一百个"在建工程重点项目。该项目总占地面积 354 亩，总投资 2.7 亿元。项目分两期建设，一期投资建设标准化厂房 6 万平方米，规划建设滇红茶、绿茶、普洱茶标准生产线各一条；二期投资建设茶博园和开发茶粉、茶多酚等茶产品深加工项目。该项目于 2010 年 1 月份全面开工建设，2012 年 3 月份顺利投入试生产，2013 年已正式全面投入生产。

企业联系方式

地址：云南省临沧市凤庆县小北门 27 号
邮编：675900
总部地址：云南省临沧市凤庆县凤山镇南城新区（滇红生态产业园区内）
电话：0883—4212999
邮箱：dianhong@dianhong.com
网址：www.dianhong.com

茶款名称：凤庆极品工夫红茶

茶类：红茶
产品特点：该茶是滇红茶的一个里程碑，超越特级的原料精选，让传统红茶在20多年前就受到市场的追捧，多次被国际茶叶博览会定为"唯一指定红茶"。其外形条索紧直肥嫩，苗锋特别显著，金毫特显，色泽乌黑油润，汤色红浓透亮，滋味浓厚鲜爽，香气高锐持久，叶底柔嫩多芽，红匀明亮。

茶款名称：经典58

茶类：红茶
产品特点：经典58是为纪念滇红特级工夫红茶1958年在伦敦拍卖会上拍出红茶最高价，精选生态茶园中的优质原料，沿用传统制茶工艺加现代精制技术加工而成。具有条索完整紧直，苗锋秀丽，色泽乌润，芽毫特显，汤色金黄明亮，花香馥郁，叶底红匀的品质特征。

茶款名称：金针

茶类：红茶

产品特点：金针属金芽系列，因其外形直立似针而得名。金针的造型源自绿茶银针的启发，外形紧直完整，苗峰秀丽，色泽金黄，内质汤色红艳明亮，香气清新，叶底红匀。

推介专家：

刘勤晋（国茶专家委员会副主任，西南大学教授，武夷学院特聘教授）

推介理由：

滇红集团生产的凤牌工夫红茶是我国三大工夫红茶珍品，具有很高国际知名度。产品选用滇西优良大叶系良种，采摘细嫩，用料考究，外形乌黑油润，金毫显露，香气馥郁，汤色红亮，滋味醇厚，国际市场曾以普通工夫 3-4 倍价格（每吨 7，500usD）出口欧洲，轰动广交会。鉴于本人对该厂历史文化深入了解及对其产品之信心，特予推荐。

卢正浩 LUZHENGHAO TEA SINCE 1933

杭州正浩茶叶有限公司

 杭州正浩茶叶有限公司创建于 1998 年，是一家集茶园种植、生产加工、批发销售为一体的茶叶生产企业。公司坐落于杭州市风景名胜区梅家坞村，此处亦是正宗西湖龙井茶的原产地，距市中心十五公里，远避城市喧嚣，群山环绕辉映，终年气候宜茶。

 公司注册资金 100 万元，有正式员工百余人，其中高级评茶师 8 人，高级炒茶技师 16 人，其他相关专业人员 30 余人。公司内各类炒茶设备、品茶器皿、检验设施齐全，从源头为消费者确保产品质量，从根本把握消费者的产品来源。

 品牌名字和商标"卢正浩"与公司法人卢江梅的父亲名字相同，公司视品牌为企业的生命。依托独特的自然资源优势，整合现有产业资源，本着"顾客至上、以质兴企"的品质方针，始终坚持"品质第一、信誉第一"的经营宗旨，不断完善服务，锐意进取，提升市场竞争力，使"卢正浩"成为了消费者口碑相传的茶叶品牌，市场幅射面日益扩大。

 董事长卢江梅一直致力于西湖龙井茶的推广与发展，并与团队经过 8 年努力创新研制出红茶珍品"钱塘梅红"，不仅更充分地利用了西湖龙井茶，也为茶市带来了浙江的红茶，突破了一直以来闽、滇红茶占据红茶市场的状况。公司的电子商务平台于 2011 年上线，无论在天猫、京东还是 1 号店，都持续呈现稳定发展状态。公司及产品获多项殊荣，2009 年起被评为杭州市农业龙头企业，2011 年起获得杭州市名牌称号，2012 年荣选杭州市著名商标，在业界享有很高的知名度和美誉度，深受消费者信赖。

企业联系方式

地址：浙江省杭州市西湖风景名胜区梅家坞 10 号
邮编：310008
传真：0571-87097190
邮箱：81389016@qq.com
网址：www.luzhenghao.com
购买热线电话：0571-87097259 87982566
电商平台：http://luzhenghaotea.tmall.com

茶款名称：卢正浩特级西湖龙井（43）

茶类：绿茶

产品特点：卢正浩特级西湖龙井的鲜叶，采自西湖一级保护区，首批明前茶，芽叶肥嫩，由经验丰富的炒茶师傅纯手工精制完成。外形扁平挺秀、尖削，色泽嫩绿鲜润；汤色嫩绿明亮、清澈，香气嫩香馥郁持久，滋味鲜醇甘爽、顺滑，叶底嫩匀成朵、匀齐嫩绿明亮。

这款茶以特有的品种优势，丰富的内质口感，充分体现了43号这个品种在"明前特级"中的品质。颗颗芽叶于杯中绽朵，摇曳沉浮，浅绿透亮的茶汤，整体上所带来的视觉美感极具观赏性。轻饮一口，鲜爽回甘、清韵悠悠，仿佛整个江南的春天已尽揽杯中。

茶款名称：卢正浩特级西湖龙井（老茶树）

茶类：绿茶

产品特点：卢正浩特级西湖龙井（老茶树）选自西湖产区内的群体种春茶鲜叶，结合传统古法制作而成，具有它自身独特的原始味道，将群体种独特的香浓鲜醇充分展现。外形扁平、挺秀，色泽嫩绿呈宝光色；汤色嫩绿明亮，香气馥郁持久，细嗅有清幽花香，滋味鲜爽回甘，茶汁饱满生津，叶底细嫩成朵。

这款茶极具特色，老茶树特有的香气品质在这款茶上得到了充分的呈现。口感顺滑、入喉通畅，传承了最原汁原味的"老龙井"的韵味，深受老茶人喜爱。

茶款名称：卢正浩一级西湖龙井

茶类：绿茶

产品特点：本品为雨前一级西湖龙井，采摘自正宗西湖产区内春茶鲜叶——清明刚过之时的雨前头茶，为一级品质提供了保证。雨前茶的炒制手法与明前茶略有不同，为保证成品茶的品质，特由经验丰富的师傅全程监制而成。将雨前茶独特的鲜醇风韵淋漓呈现。

外形扁平挺直、芽叶秀长，色嫩绿尚鲜润；汤色嫩绿明亮，香气清嫩持久，滋味鲜醇、回甘明显，叶底匀齐成朵。这款茶具有西湖龙井雨前一级茶应有的鲜醇品质特点。

推介专家：

沈红（国茶专家委员会委员，国家一级评茶师）

推荐理由：

杭州正浩茶叶有限公司拥有浙江省杭州市著名商标，是龙头企业。多年来该企业的茶叶坚持以质取胜，多次荣获国际、国内名茶评比金奖。在业内获得好评，在消费者中有很好的口碑。茶叶销售量逐年提高，产品质量信得过。

杭州西湖龙井茶叶有限公司

杭州西湖龙井茶叶有限公司创建于1984年，位于龙井村狮峰山脚下之龙井路上，是一家实力雄厚，颇具规模的西湖龙井茶生产企业。公司1986年开始承办国家礼品茶，经过30余年的发展，如今已成为杭州市农业龙头企业、浙江省无公害示范茶厂和杭州市十佳安全加工企业。

贡牌西湖龙井茶已连续6次被评为浙江省著名商标，5次被浙江省人民政府命名为农业名牌产品，7次被评为市民十大最喜爱农产品。2006年荣获农业部首届中国名牌农产品称号，成了西湖龙井茶中唯一的中国名牌；2009年被浙江省农业厅授予"特别荣誉名茶"；2010年作为绿茶代表入驻上海世博会，成为联合国馆专用茶。2011年"贡"牌被中国品牌评价小组授予"最具传播力的茶企品牌"，同年被国家工商行政管理总局认定为中国驰名商标。

狮峰山，龙井村，贡牌西湖龙井礼天下。

企业联系方式

地址：杭州市龙井路15号
邮编：310013
电话：0571-87985538
网址：http://www.gongtea.cn

茶款名称:"贡"牌西湖龙井茶

茶类:绿茶

产品特点:"贡"牌西湖龙井茶产自"中国龙井茶之乡"、龙井茶一级保护区——杭州西湖的狮子峰、龙井、五云山、虎跑、梅家坞一带。这里气候温和,雨量充沛,光照充足,土壤微酸性,土层深厚,优越的自然条件,加上精心的培育、采摘和茶农世代相传的独特传统手工炒制方法,形成了"贡"牌西湖龙井茶超群的品质。其外形扁平挺秀、大小匀齐光滑,泡在杯中茶芽嫩绿成朵,茶汤鲜绿明亮,香气清高持久,滋味甘醇爽口。

推介专家:
刘新(国茶专家委员会委员,中国农业科学院茶叶研究所研究员)
推荐理由:
公司创建于1984年,经过30余年的发展,如今已成为"杭州市农业龙头企业"、"市十佳安全加工企业";"贡"牌西湖龙井茶已连续6次被评为"浙江省著名商标",5次被浙江省人民政府命名为"农业名牌产品",7次被评为"市民十大最喜爱农产品"。2011年"贡"牌被中国品牌评价小组授予"最具传播力的茶企品牌",同年被国家工商行政管理总局认定为中国驰名商标。"贡"牌西湖龙井茶以优秀的品质和良好的信誉赢得广大消费者的喜爱,特此推荐。

杭州顶峰茶业有限公司

　　杭州顶峰茶业有限公司创建于1997年，是集西湖龙井茶生产、手工炒制、精加工、销售为一体的私营企业。公司位于杭州西湖区转塘街道西湖茶场村，是杭州市政府认定的西湖龙井茶重点保护区之一。公司联户茶园，共有310亩无公害原产地西湖龙井茶基地和杭州市级标准化典型生产示范园、厂区设有西湖龙井茶传统手工炒制中心、精品西湖龙井茶生产线，有独立的茶叶感官审评室。公司实施了统一采摘、统一炒制、统一包装、统一品牌、统一运营的"五统一"管理体系，通过了QS认证及ISO22000质量安全管理体系认证。

　　顶峰茶业多年来在杭州莫干山路开设了西湖龙井茶专卖店（顶峰旗舰店）及西湖区优质农产品展示展销中心和顶峰茶文化体验中心，共占地面积1000平方米，环境优雅，具有一定的茶文化内涵，成为杭州具有影响、具有规模、具有特色、具有品位的茶文化、茶产业、茶经济的发展中心。在促进"杭为茶都、茶为国饮"和带动当地茶农增收增效上，起到了积极的作用。

　　顶峰茶业将自己的品牌做出杭州、上海、北京乃至全国，甚至做到海外。随着茶产业的发展，顶峰茶业建立"全价利用，跨界发展"的可持续健康发展经营理念，把公司发展提升为茶园良种化、种植规范化、基地合作化、管理规范化、营销品牌化、市场诚信化的经营新格局。目前，顶峰茶业在全国大中城市设有56家连锁店并创建自我品牌的顶峰电子商务。

　　顶峰茶业多次荣获国际国内名茶金奖及中国三绿工程放心茶中茶协推荐品牌；2011年、2012年连续荣获中绿杯中国名优绿茶金奖及中国农产品博览会金奖；2011年荣获杭州名牌和西湖区农业龙头企业；2012年荣获 浙江名牌和杭州市级农业龙头企业 及西湖区十佳标兵企业。

企业联系方式

地址：杭州西湖区转塘街道西湖茶场村
邮编：310024
电话：0571-88085307
网址：www.dingfengchaye.com

茶款名称：顶峰茶业牌九曲红梅
　　　　　（精品）

茶类：红茶
产品特点：顶峰茶业牌九曲红梅产于西湖区周浦乡一带，选自品质优异的西湖龙井茶原料制作而成。外形条索细若发丝，弯曲细紧如银钩，抓起来互相勾挂呈环状，披满金色的绒毛；色泽乌润，滋味浓郁；香气芬馥；汤色鲜亮；叶底红艳成朵。其制作工序经萎凋、揉捻、发酵、干燥精心加工而成，是优越的自然条件、优良的茶树品种与精细的采摘方法、精湛的加工工艺相结合的产物。配以具有杭州元素的外包装，将杭州历史红茶呈现得淋漓尽致。

茶款名称：顶峰茶业牌西湖龙井茶
　　　　　（精品）

茶类：绿茶

产品特点：该公司的西湖龙井茶采用国家级茶树良种龙井茶群体种和龙井43号的优质鲜叶原料，在产品加工制作上，继承和发扬传统手工炒制的技艺，来提升茶叶内在品质，达到"色绿、香郁、味甘、形美"的品质特点，走精品化途径，提升产品的附加值。优异的茶叶品质，加上精美的包装，使西湖龙井茶的品牌品位得到了更高层次的提升，从而表现出顶峰茶业的经营思路，并且能够符合消费者的需求，引领其进入顶峰茶业"源古馨月，鉴藏自然"的茶文化理念。

推介专家：

刘新（国茶专家委员会委员，中国农业科学院茶叶研究所研究员）

推荐理由：

杭州顶峰茶业有限公司集西湖龙井茶生产、手工炒制、精加工、销售为一体，在西湖区建有310亩无公害原产地西湖龙井茶基地和杭州市级标准化生产示范园，开设了1000平方米的西湖龙井茶专卖店（顶峰旗舰店）。产品源于西湖区基地，加工精湛，品质上乘，产品连续荣获中绿杯中国名优绿茶金奖及中国农产品博览会金奖。公司于2011年开始恢复性开发"九曲红梅"产品，选用品质优异的西湖龙井茶原料制作。产品推出后迅速在杭州、北京、济南、太原、上海等大中城市热销，与西湖龙井形成珠联璧合的杭州双绝，为公司荣获杭州名牌、浙江名牌做出贡献。2012年公司荣获杭州市级农业龙头企业及西湖区十佳标兵企业，特此推荐。

杭州龙冠实业有限公司

　　杭州龙冠实业有限公司（简称"龙冠公司"），是联想控股佳沃集团与中国农业科学院茶叶研究所的合资公司。根据原料及上市时间的不同，公司主营产品龙冠龙井茶分为玉莲心、金碗钉、木碗钉三大产品系列，以及老龙井、龙冠香两大副品牌产品系列。

　　龙冠公司前身是成立于1950年的地方国营杭州龙井茶场，下辖狮、龙、云、虎、梅五大龙井茶产制区，在如今广为流传的龙井茶十大炒制手法的定型和普及传播上发挥了关键作用。1958年茶场合并到中国农业科学院茶叶研究所，成为其下属茶叶试验场，1996年茶场改制，成立龙冠公司。2013年，联想控股佳沃集团并购龙冠公司60%股权，将通过在企业管理、品牌营销、全球化运营和企业文化等方面拥有独特的优势，带领龙冠公司以全新的姿态迈向更广阔的征程。

　　龙冠公司依托中茶所强大的科研实力、创新的技术手段，在新品种选择、科学种植、安全管控等方面具备领先优势。龙冠公司在种植过程中强化食品安全的理念，建立了龙冠龙井质量安全检测室，挂靠中茶所下属的农产品质量安全检测室（中国工程院陈宗懋院士领衔，国内唯一获得欧盟资质认可茶叶农残检测机构）。同时，龙冠公司坚持传承正统龙井半个世纪以来的优秀手工炒制技艺，且融合现代的管理理念，将龙井茶传统生产作业分解为可操作、可量化的26道生产工序和12道品控程序，形成一套标准化作业流程，在品种、种植、制作、品控等各关键环节，保证了龙冠龙井的优质口感与稳定品质，铸就龙冠龙井干茶挺秀、叶底柔美、滋味甘醇、汤色清碧，具有"君子风、美人韵"的独特风格，是龙井中的上品。

　　数十年如一日，用真心做好茶，龙冠公司将始终致力于为消费者提供安全、高品质的真正好茶。

企业联系方式

地址：杭州市梅灵南路10号
邮编：310008
电话：0571-86653159
传真：0571-86650315
邮箱：longguantea@163.com
网址：http://www.longguantea.com/

购买热线电话：0571-86650324
电商平台
1号店：西湖龙冠官方旗舰店
京东：　西湖龙冠官方旗舰店
天猫：　西湖龙冠旗舰店

茶款名称：龙冠龙井茶

茶类：绿茶

产品特点：龙冠龙井茶且俊且秀、亦刚亦柔，刚似出鞘宝剑、柔若美人细腰，闻之天然清香高远，而宁静如君子气度。干茶挺秀、叶底柔美、滋味甘醇、汤色清碧，具有"君子风、美人韵"的独特风格，是龙井茶的上品。

推介专家：

姜爱芹（国茶专家委员会委员，国家茶叶产业技术体系产业经济岗位专家）

推荐理由：

龙冠公司多年来坚持"好产品从种植开始"，秉承传统手工炒制技艺，实施全产业链及全程可追溯管理，持续为消费者提供安全、高品质的真正好茶。公司主营产品"龙冠龙井"系采用产自龙井茶核心产区的龙井43等国家级茶树良种优质鲜叶原料，在传统手工加工技艺基础上经过精工细作、细致筛选而成的健康饮品，为龙井茶地理标志保护产品。龙冠龙井不仅具有"色绿、香郁、味甘、形美"的品质特征，而且外形上更加突出"匀整"和"挺秀"，形成赏心悦目的视觉效果，色泽上接近嫩绿鲜活的茶叶天然本色，更加符合现代消费理念。

浙江省诸暨绿剑茶业有限公司

　　浙江省诸暨绿剑茶业有限公司，成立于1999年9月。公司系浙江省省级骨干农业龙头企业，浙江省农业科技型企业和诸暨市农业规模十强企业，是一家集科研、开发、示范、推广、生产、经营、文化、休闲旅游为一体的综合性茶叶民营企业。2008年10月被列入国家茶叶产业技术体系绍兴综合试验站依托单位，2009年4月被推举为中国针形茶联盟理事长单位。公司已通过国家有机食品、绿色食品认证、ISO14001环境管理体系、HACCP食品安全管理体系、计量检测体系与AAA级标准化良好行为认证；主导产品绿剑茶连续二届被认定为浙江省十大名茶；"绿剑"商号被认定为浙江省知名商号；"绿剑"商标被认定为中国驰名商标。公司一直以来十分重视科技创新与新产品研发，已成功开发了绿剑茶系列产品6只，茶衍生产品5个（茶袜子、茶丝巾、茶毛巾、茶香皂、茶食品），产品远销全国各大中城市和欧亚美二十多个国家与地区。

企业联系方式

地址：浙江省诸暨同山镇绿剑科技园
邮编：311808
电话：0575-87013718
网址：www.lujian.com

茶款名称：绿剑茶

茶类：绿茶

产品特点：绿剑茶产于越国故都、西施故里——诸暨市，1994年开始研制开发。绿剑茶原料采用高山生态茶园中幼嫩的单芽加工而成，成品茶形如绿色宝剑，尖挺有力，色泽嫩绿，汤色清澈明亮，滋味鲜嫩爽口，香气清高，叶底全芽匀齐，嫩绿明亮。冲泡时芽头笔立，犹如绿剑群聚，栩栩如生，赏之心旷神怡，回味无穷。绿剑茶不仅形状漂亮、品质好，还更安全、更健康。

推介专家：
刘新（国茶专家委员会委员，中国农业科学院茶叶研究所研究员）
推荐理由：
绿剑茶是由浙江省诸暨绿剑茶业有限公司自主研发的一款集饮用与观赏为一体的中高档名茶，原料采用高山生态茶园中幼嫩的单芽加工而成，成品茶形如绿色宝剑，尖挺有力，色泽嫩绿，汤色清澈明亮，滋味鲜嫩爽口，香气清高，叶底全芽匀齐，嫩绿明亮。冲泡时芽头笔立，犹如绿剑群聚，栩栩如生；赏之心旷神怡，回味无穷。绿剑茶不仅形状漂亮、品质好，还更安全、更健康。获浙江十大名茶称号，近十年在各级质量检验抽查中合格率达到100%，绿剑茶畅销国内外。

安吉龙王山茶叶开发有限公司

　　安吉龙王山茶叶开发有限公司位于有"中国竹乡"、"中国白茶之乡"之称的美丽乡村——安吉，是一家集茶叶种植、加工、研发、营销、茶文化交流推广于一体的科技型茶叶企业，是市县农业局"安吉白茶"生产技术推广示范单位、湖州市重点农业龙头企业、浙江省农业企业科技研发中心、浙江省省级标准化名茶厂。

　　公司从事安吉白茶生产加工已有20年历史，具有多年繁育经验。拥有标准化厂房3幢，面积5000平方米，具有先进的生产管理技术和操作流程。公司拥有茶园面积1100亩，订单茶园基地3000亩，茶园四周群山起伏，山清水秀，具有良好的生态环境，是市、县农业局"安吉白茶"标准化示范园区、"安吉白茶"高效生态项目示范茶场。公司在浙江大学茶学系和湖州市茶叶技术部门的合作指导下，建立了良种茶苗培养基地，年出圃各类无性系良种茶苗1500万株。公司与浙江大学、安吉县农业局合作已启动安吉白茶品质研究基地科技开发项目，为安吉白茶的产业提升和品质提升开展研究。

　　龙王山茶业依托安吉秀美山水，以推广安吉白茶及文化为己任，秉承"至诚·至善·至仁"理念，全力打造"龙王山"品牌。公司拥有先进的制茶设备和经验丰富的生产技术团队，结合安吉白茶自身的品质特性，确保安吉白茶自然的品质。不断研发出一系列品质优异的"龙王山"牌安吉白茶产品，已通过GAP认证、绿色食品认证、QS体系认证、HACCP体系认证。在大部分省份大中城市设有龙王山的直销店或特约经销店，全国各地经销商150多家。

　　公司于2011年获中国良好农业规范认证（GAP认证）；2013年获"湖州市十佳农业龙头企业""浙江省农业科技企业""浙江省工商企业信用AA级守合同重信用单位"；龙王山牌安吉白茶于2011年获浙江绿茶博览会名茶评比金奖；2013年8月获第十届中茶杯全国名优茶评比特等奖；2014年获"2014中国安吉白茶博览会最具价值品牌""2014中国茶业博览会优秀品牌""第九届浙江绿茶博览会金奖""浙江省著名商标"。

企业联系方式

地址：安吉县递铺镇长乐社区长弄口
邮编：313300
电话：0572-5668778
网址：http://www.longwangshan.com
阿里巴巴网址：http://ajlhs.cn.alibaba.com
淘宝网址：http://longwangshan.taobao.com

关注公共微信平台

进入官方网站

茶款名称：龙王山安吉白茶

茶类：绿茶

产品特点：龙王山安吉白茶以叶白、脉翠、香郁、味醇独树一帜。外形条索紧细，
形似凤羽，色如玉霜，光亮油润，香气鲜爽馥郁，滋味鲜醇，汤色鹅黄，清澈明亮，
叶底芽叶细嫩成朵，匀齐，叶张玉白，叶脉翠绿，形似兰花。

安吉白茶是由茶树基因突变而来。品种属灌木型、中叶种，分枝和发芽密度中等，主
干明显，叶片大小中等，叶狭长椭圆形，叶面微内凹，叶齿浅、叶缘平，属中芽种。
安吉白茶富含有人体所需的18种氨基酸，氨基酸含量6.25%—10.6%，为普通绿茶
的3—5倍，茶多酚含量10%左右，罕见的高氨低酚是安吉白茶香高味醇的品质基础。

推介专家：
龚淑英（国茶专家委员会委员，浙江大学茶学系教授）
推介理由：
该产品香高味醇，氨基酸含量较一般绿茶高，营养丰富。

Kaihua longding

开化县名茶开发公司

　　开化县名茶开发公司成立于 1992 年，是专业从事开化龙顶名茶科研、生产、加工及销售的省级骨干农业龙头企业、省级农业科技企业及省级示范茶厂。拥有无性系良种茶园 1350 亩，2 个占地面积 2000 余平方米的名优茶加工厂，1 个联结 1.6 万亩茶园的茶业专业合作社，属国有独资企业。公司技术力量雄厚，现有中、高级职称 10 人，一直承担全县开化龙顶名茶生产、加工技术研究与推广，并与中国农科院茶叶研究所、浙大茶学系建有良好的科研合作关系，承担他们许多项目的中试和科研试验。

　　公司产品质量一直领先于全县，是开化龙顶名茶产业的旗帜。生产的开化龙顶名茶具有独特风格，享有"杯中森林"之美誉。 2006 年在全县率先通过国家食品质量安全 QS 认证，2009 年"凯林"商标荣获"浙江省著名商标"，2010 年通过环保部"国家有机食品生产基地"认证，2012 年成为开化县首家通过 GAP（良好农业规范）认证的企业。制作、选送的开化龙顶名茶 2010 年荣获第二届开化龙顶斗茶大会金奖茶王称号、第八届国际名茶金奖，2009 年 -2014 年连续获得浙江农业博览会金奖，2011 年被评为浙江绿茶博览会名茶评比金奖，2012 年荣获浙江省·静冈县绿茶博览会金奖、"浙江省最佳城市礼品"荣誉称号、被指定为"中央国家机关接待服务推荐产品"、蝉联第九届国际名茶评比金奖。至 2014 年，公司生产的开化龙顶茶已获得 50 余次省级以上名茶评比金奖，极大地提升了开化龙顶茶产业，打响了开化龙顶茶品牌。

企业联系办法

地址：浙江省开化县城关镇芹北路 41 号
邮编：324300
电话：5070-6014030
传真：0570-6024656
邮箱：khwrm@163.com
网址：Khmccy.tmall.com
购买热线电话：0570-6014656

茶款名称：凯林牌开化龙顶

茶类：绿茶

产品特点：凯林牌开化龙顶选用优质生态的单芽及一芽一叶初展鲜叶为原料，经开化龙顶精湛的加工工艺精心制作而成。产品无污染、安全、优质，质量上乘，具有外形紧直挺秀、色泽翠绿，内质香高持久、鲜醇爽口、清澈明亮，叶底匀齐成朵的独特风格，同时还具有"干茶色绿、汤水清绿、叶底鲜绿"的"三绿"特征。经过多年的技术钻研，公司生产的单芽开化龙顶茶已经成为全国针形茶的典型代表。

推介专家：

刘新（国茶专家委员会委员，中国农业科学院茶叶研究所研究员）

推荐理由：

浙江省开化县名茶开发公司是专业从事"开化龙顶"生产、加工、销售的省级骨干农业龙头企业。公司拥有良种茶园、名优茶加工厂、省级研发中心和联结茶园 1.6 万亩的茶业专业合作社，公司生产的"凯林"牌开化龙顶茶，具有外形紧直挺秀、色泽翠绿，内质香高持久、鲜醇爽口、清澈明亮，叶底匀齐成朵的独特风格，享有"杯中森林"之美誉，深受消费者青睐。"凯林"商标荣获"浙江省著名商标"，在全省茶叶界具有较高的知名度，产品行销大江南北。

浙江省临海市羊岩茶厂

浙江省临海市羊岩茶厂（场）位于国家历史文化名城、素有"江南八达岭"之称的浙江省临海市区西北30公里主峰海拔786米的羊岩山区，交通便捷。茶场于1972年创建，为河头镇的集体企业，有茶园上万亩，年产茶叶450吨，产值上亿元。茶厂在绿茶行业率先通过ISO9001、ISO22000认证，是中茶所、农业部茶质检中心定点服务企业，被授予全国绿色食品示范企业、浙江省模范集体、省骨干农业龙头企业、省首批现代农业茶叶示范园、省标准化名茶厂、浙大茶学教学实习基地、省诚信百家企业等。同时通过国家质检总局地理标志注册。"羊岩山及图"被国家工商总局认定为中国驰名商标。

羊岩山牌茶叶质量达国际先进水平，品牌价值评估列入全国100强、全国百佳农产品品牌、中国最具影响力品牌等，是浙江省名牌产品，获国际名茶评比、省绿（农）博会金奖等。长期以来质量无投诉，送检（包括抽检）合格率100%。产品走销28个省、市（区），成为单位、顾客指定购买的品牌产品。被原世界茶联合会会长王家扬称为"江南第一勾青茶"，中国工程院院士陈宗懋考察时题写"羊岩勾青，香高味醇，实乃华茶之极品。"

2009年以来，茶场与市旅游部门合作，投资6000万元，建成了以茶叶为主题，以生态为基础，集多种功能为一体，具有时代特色的综合性茶文化园。成为浙江省休闲观光农业示范园，以及国家AAA级旅游景区、长三角城市群茶香文化体验之旅最受欢迎的示范点，2014年又被农业部授予中国美丽田园，为羊岩茶产业的腾飞奠定了坚实的基础。

企业联系方式

地址：浙江省临海市河头镇羊岩山
邮编：317034
电话：0576-85898958　85898988
传真：0576-85898888
邮箱：yangycha@163.com
网址：www.yangyancha.com
购买热线电话：0576-85898678
电商平台：淘宝网—店铺—临海市羊岩茶厂

茶款名称：羊岩勾青茶

茶类：绿茶

产品特点：羊岩勾青茶于20世纪90年代初由临海市羊岩茶厂（场）科技人员成功创制。其原料为福鼎大白茶、迎霜等良种的幼嫩芽叶，生产工艺精良。羊岩勾青茶外形勾曲，色泽绿翠，汤色黄绿明亮，尤其香高持久，滋味醇爽，口感特佳，耐冲泡，耐储藏。与历史记载"此茶经五开水，汁味尚存"完全相符。

何谓羊岩勾青？我国茶叶命名，多为茶类前加上产地。羊岩勾青，外形勾曲、色泽绿翠，产自羊岩山。青绿有缘，因此得名。凭着优异的品质和特殊的韵味，羊岩勾青成为茶界"后辈"的品牌，质量达国际先进水平。1992年至今，获省名茶、省名牌产品、中国绿色食品、国际名茶金奖、绿博会金奖等多种荣誉。羊岩勾青已通过国家质检总局地理标志注册。2013年12月"羊岩山及图"商标被国家工商总局认定为中国驰名商标。

推介专家：

童启庆（国茶专家委员会委员，浙江农业大学教授）

推荐理由：

羊岩勾青绿茶，形细且紧、呈钩形，香高持久，汤色嫩绿明亮，滋味甘醇。茶园海拔600余米，终年云雾笼罩，昼夜温差大。羊岩勾青茶生产全过程，严格实施标准化管理，率先实现名茶的机械化生产，确保品质如一、有效降低制作成本。该茶在浙江省及全国多个省份，均有较高知名度、良好口碑。茶季一到，客户订单络绎不绝。值得向全国消费者推介。

长兴富硒谷农业科技有限公司

　　长兴富硒谷农业科技有限公司成立于2008年7月，是一家集科研、生产、市场营销、农业观光为一体的新型股份制农业科技企业。公司专业从事富硒绿色有机谷物、薯类、蔬菜、水果、花卉等的种植及生态农业开发，农业新技术新产品的推广及销售，着眼长远发展，注重品牌的创立。公司涵盖农产品及茶叶的种植、加工、销售等范围的三大商标——硒土地、顾渚风光及紫金紫笋，获得国家商标局的注册。公司以科技兴农为导向，与浙江省农业科学研究院、浙江省地质调查院等科研单位建立了长期战略合作关系，为科研、生产、生态农业开发及技术推广提供了强有力的保障。

　　公司的三角富硒富锌现代农业科技园位于素有大自然氧吧之称的水口顾渚风景区，自然生态环境极其优良，著名的金沙泉位于项目区边。据浙江省地质调查院调查发现，该区土壤、水环境质量均为Ⅰ级，有效硒含量高达0.66－1.72 mg/kg，超过国家标准数十倍。此土壤生产出的农产品，有抗癌、长寿等功效。

　　公司重视科技投入，聘请浙江省农业科学研究院专家对特优农产品的种植进行技术指导。先后承包顾渚原野茶叶有限公司，开发名优富锌多硒紫笋茶，联合长兴丰收园合作社开发名优富锌多硒紫笋饼茶，并成为杭州大茗堂生物科技有限公司等多家机构农产品基地。公司设计生产的"品茗三绝"，作为中国归国留学人才基金会归国留学人才服务平台启动仪式主赞助商品进入人民大会堂。2009年10月公司生产的紫笋茶及紫笋饼茶被第二届国际校长论坛作为纪念品。

企业联系方式

地址：浙江省湖州市长兴县水口乡顾渚村
邮编：313100
网址：www.cxfxg.com

茶款名称：紫金紫笋牌富锌多硒
　　　　　迷你型紫笋茶饼

茶类：绿茶

加工企业：长兴丰收园农业合作社

产品特点：绝版迷你型紫笋茶饼，源自浙江长兴顾渚山，复归陆羽《茶经》"紫者上"、"笋者上"的情结，营造当年唐代品茶遗风。该茶产地系天然富硒富锌土地，以小叶种茶青纯手工制成饼茶。经过九蒸九晒九烘，去除茶碱，含茶多酚量达25%-28%。可保存时间较久，适合用85-90℃开水冲泡，如加一点盐，口感会更好。海世博会名茶评优金奖，口感独特，包装别致，是品饮或馈赠之首选。

推介专家：

杨贤强（国茶专家委员会副主任，浙江大学教授、博导）

推介理由：

长兴水口顾渚村一带地质背景、生态环境、土壤地球化学特征和土壤环境质量等较为优越，顾渚茶可称为富锌含硒生态茶。本次调查，在顾渚茶园采集了4组茶样品，对茶叶中重金属和硒含量进行分析发现，Hg、Pb、Cr、As、Cu 均低于国家农业部茶叶卫生安全限定值标准，其中 Cu、Pb 等限制性指标则明显低于全县平均值。尤为重要的是，顾渚茶中的 Zn 含量53.5-61.5mg/kg，其含量达到了有关部门制定的富锌茶叶（Zn ≥ 38mg/kg）的标准。

新昌县雪溪茶业有限公司

　　新昌县雪溪茶业有限公司是一家集产、销和服务为一体的农业龙头企业，坐落于浙东名山望海岗，平均海拔750米，山清水秀、层峦叠嶂、土壤肥沃、雨量充沛，昼夜温差大，常年云雾缭绕，生态条件十分宜茶，是新昌县第一批有机茶认证基地。企业下辖雪溪茶场1100多亩高山茶生产基地和新昌、绍兴、宁波及杭州多家茶叶专卖店。2011年基地通过省级茶叶标准化示范园区及省级大佛龙井茶精品园建设验收。2012年作为新昌县名优红茶试制场之一，成功研制出高档雪里红茶，广受消费者认可和喜爱。2013年"三和萃"牌大佛龙井茶和望海云雾茶获得浙江省名牌农产品认定。

企业联系方式

地址：浙江省绍兴市新昌县五星村望海岗
邮编：312592
电话：0575-86021123
网址：www.shctea.com

茶款名称：三和萃牌望海云雾茶

茶类：绿茶

产品特点：三和萃牌望海云雾为卷曲型半烘炒的名优绿茶。其外形卷曲，色泽绿润，汤色清亮，香味持久，滋味甘醇，具有典型的高山茶风味，品饮后唇齿留香，回味甘醇，久久难忘。于1984年4月试制成功，成为新昌县创制的第一只名茶。在其带动下，全县至少有八家茶叶企业生产卷曲类绿茶，成为新昌继大佛龙井茶之后的第二大名优绿茶。2007年荣获浙江农业博览会金奖，被中国茶叶博物馆列为馆藏茶叶，连续7年成为绍兴市两会指定用茶。

茶款名称：三和萃牌大佛龙井茶

茶类：绿茶

产品特点：三和萃牌大佛龙井茶为炒青类名优绿茶。在政府大力支持下，现已成为浙江省十大名茶之一，是新昌茶叶的一张金名片。大佛龙井外形扁平光滑、挺直尖削、形似碗钉，色泽嫩绿鲜润，滋味鲜醇甘爽，汤色杏绿明亮，叶底细嫩成朵匀齐。三和萃牌大佛龙井茶荣获 2008 年中绿杯全国名优茶金奖，2009 年省农博会金奖，2013年再次通过中国绿色食品发展中心产品认证。

推介专家：

童启庆（国茶专家委员会委员，浙江农业大学教授）

推荐理由：

新昌县雪溪茶业有限公司茶园地处浙东海拔 800 余米高山，周边林木茂盛、溪流交错。望海云雾系该茶场创制生产的卷曲形绿茶，外形卷曲细紧、显毫，色泽绿润，香高持久，滋味鲜洁，汤色清亮，叶底绿且明亮。该茶全程机械化加工，制作工艺合理、规范，确保成品茶品质优良，风味独特。多年来，质量稳定、价格适中，是一只老百姓喝得起的好茶。

大佛龙井，属扁形绿茶，产于中国名茶之乡浙江新昌县。曾二度入选浙江省 十大名茶称号。由雪溪茶业生产的三和萃牌大佛龙井，是其中的佼佼者。雪溪茶业公司的原料基地，遍布于海拔 800 余米高山，茶园生态环境良好、无任何污染，极宜植茶。三和萃牌大佛龙井外形扁平、色泽嫩绿、清香持久、汤色杏绿、滋味鲜醇、叶底嫩绿匀称。多年来品质稳定、价格适中，深得广大消费者喜爱。特此推介。

渝雲峽川
YU YUN XIA CHUAN

重庆市渝云峡川生态农业开发有限公司

　　重庆市渝云峡川生态农业开发有限公司是一家股份有限公司，也是重庆长城茶业有限责任公司的全资子公司，位于重庆市万州区孙家镇。本企业是重庆市农业产业化龙头企业，重庆市农业综合开发市级重点龙头企业，主要从事茶叶种植、生产加工和销售。公司拥有标准化、清洁化厂房4000平方米，办公及日常管理用房500平方米，拥有技术人才高级制茶工程师1名、研究员1名、茶叶硕士研究生2名，茶叶专业技术人员5名。

　　公司累计投入1200多万元，现已形成如下规模：

　　1. 企业自有核心茶园5000亩，其中重庆市标准示范园4000亩，核心示范园500亩，新建特色品种茶园500亩。带动辐射5000亩以上。

　　2. 新建标准化加工厂房1座，引进名优茶生产线2条，大宗茶生产线2条，全清洁化能源生产线，年加工能力200吨。

　　3. 研发高山生态绿茶产品体系两套，2013年峡川茗芽系列，2014年三峡佛印系列，均已上市销售，三峡佛印在2014年获三峡杯名茶金奖、"国饮杯"名茶评比一等奖、国际名茶金奖等荣誉称号。

　　4. 建成重庆市渝云峡川茶叶科技专家大院1座（市级），成立了万州区孙家镇茶产业技术服务中心和万州区香兰茶叶专业合作社，对当地茶农进行技术培训和产业扶持。

企业联系方式

地址：重庆市万州区孙家镇飞龙桥居委会一组一号
邮编：404076
电话/传真：023-58420072
邮箱：565482507@qq.com
购买热线电话：023-67901338
电商平台：微信公众号（长城茶业）

茶款名称： 三峡佛印

茶类：绿茶

产品特点：三峡佛印因源于重庆市万州区（三峡核心库区）佛印山而得名。三峡佛印绿茶以佛印山 800—1200 米高山生态茶园明前独芽、一芽一叶初展为原料，超脱传统绿茶定式，以先进工艺集合制茶大师手工精制而成；外形紧细显毫，色泽翠绿，香气清纯隽永，汤色绿莹清澈，滋味醇厚回甘，叶底嫩匀柔软，素有"茶从云中来，自带兰花香"的美誉。

推介专家：

刘勤晋（国茶专家委员会副主任，西南大学教授，武夷学院特聘教授）

推荐理由：

三峡佛印绿茶是长城茶业在三峡库区佛印山开发创新名优绿茶产品，其采用重庆早优绿茶良种一芽一叶为原料，外形条索翠绿显毫，色泽光润，香气清纯持久，汤色淡绿清沏，滋味醇厚回甘，叶底嫩匀柔软，是近年来重庆茶区创新大众化绿茶新产品，深受市场青睐。特予推荐。

重庆长城茶业有限责任公司

　　重庆长城茶业有限责任公司始创于 1994 年，是一家集茶业种植、生产加工、科技研发、销售推广于一体的综合性茶业公司。公司建设有 1.2 万亩生态优异的茶园基地，基地分布在重庆、四川、浙江及福建；公司市场网络完善，覆盖了北京、上海、重庆、广州等直辖市及省会城市，并通过与新世纪百货、重庆百货、百盛、卜蜂莲花等大型商超合作，建设约 260 个专业茶叶专柜。公司是重庆市农业综合开发重点龙头企业。

　　公司于 2004 年通过了 ISO9001 国际质量管理体系认证，2004 年、2006 年"渝云茶叶"被评为重庆市"消费者满意商品"。公司 2004-2005、2009 年度被评为全国食品安全示范单位，被重庆市政府命名为旅游商品定点生产企业，连续四年被中国茶叶流通协会评为全国茶叶行业百强企业，连续两年被评为重庆茶业行业十强企业，2010 年被评为重庆食品安全示范企业，是重庆市茶业龙头企业之一。

　　公司产品核心产品"渝云"牌茶叶，通过横向、纵向系列展开，现已开发绿茶、花茶系列产品 60 余种，社会影响力、知名度、美誉度不断提升，渝云商标被评为"重庆市著名商标"。渝云产品被评为全国食品安全年会指定产品，其中，"渝云贡芽"继获得"国际名茶金奖"后再创辉煌，先后获得重庆市"三峡杯"优质名茶金奖，"重庆市首届十大名茶"殊荣；"渝云特级茉莉花茶"2005 年国家质检总局抽检位居 5 强之列，得到国家质量监督部门的认可；2007 年，渝云花茶系列产品荣获"重庆名牌产品"称号。

企业联系方式

地址：重庆市江北区洋河三村 5 号中信银行大厦 18-4
邮编：401147
电话：023-67635238
传真：023-67635064
邮箱：26521205@qq.com
网址：http://www.cccytea.com
购买热线电话：023-67901338
电商平台：微信公众号（长城茶业）

茶款名称： 渝云牌红岩香雪

茶类：花茶

产品特点： 渝云牌红岩香雪花茶，是采用高山生态茶区明前早春碧螺春为原料，用优质茉莉鲜花和先进窨制工艺精制而成的特种茉莉花茶。该产品外形卷曲多毫，色泽墨绿油润，香气鲜灵持久，汤色淡黄明亮，滋味醇厚鲜爽，是花茶中的精品。

推介专家：

刘勤晋（国茶专家委员会副主任，西南大学教授，武夷学院特聘教授）

推荐理由：

渝云牌红岩香雪茉莉花茶是重庆长城茶业公司的畅销花茶，曾在国内外多次得奖。其外形秀丽，香气馥郁，汤色黄绿，滋味醇厚，定价合理。特予推荐。

• 第二部分 •

中华好茶推介国茶专家

（按汉语拼音排序）

包小村：华鼎国学研究基金会国茶专家委员会委员

1963 生，湖南华容县人，中共党员，研究员，享受国务院特殊津贴。现任湖南省茶叶研究所所长，中国茶叶学会常务理事，湖南省茶叶学会副理事长，湖南省茶业协会副会长，湖南省茶馆协会会长。1984 年毕业于湖南农学院茶叶专业，同年分配在岳阳县黄沙街茶场从事技术工作，先后任场长、书记、县农业局副局长。先后主持国家及省部级项目和课题 10 余项，获成果 4 项，在省级以上专业刊物发表论文 22 篇，出版专著 3 部。1992 年获全国科技星火带头人、省优秀农业科技工作者；1994 年被评为国务院有突出贡献专家；2008 年获全国科技市场个人金桥奖；2011 年被授予中国茶叶行业年度十大经济人物；2014 年获中国茶叶学会先进个人和湘西州科学技术合作奖。提出并组织实施科技兴茶"五个一工程"，并取得显著成效。

陈金水：华鼎国学研究基金会国茶专家委员会委员

福建长乐人，原福建省茶叶质量检测站主任，福建省茶叶公司副总经理，高级工程师。1962 年毕业于福建省福安农业专科学校茶专业（大专学历）。中国茶叶流通协会、中华茶人联谊会顾问，曾任福建省茶叶学会常务理事，福建省茶叶协会常务理事、秘书长，福建省茶文化研究会副会长，中华茶人联谊会福建茶人之家副会长。长期从事茶叶加工、审评等技术工作，多次参加主评全省名优茶评比，审定省优产品，并参加部优、国优产品评审和全国名茶评比工作，长期参加茉莉花茶工艺研究，研制联合窨花机，先后参加与起草《福建省茉莉花茶地方标准》、审定《福建省茉莉花茶标准》、制定《花茶加工工艺规程》、撰写《花茶审评》、《白茶审评》、《福建省花茶科技现状和今后一些意见》等学术论文、编辑出版了《福建茶叶》大型画册。

陈世登：华鼎国学研究基金会国茶专家委员会委员

湖南农业大学茶学学士，经济师，中国茶叶流通协会常务理事，海南省茶叶学会副理事长兼秘书长。1987年参加工作以来一直从事茶叶的国内外贸易工作，大力推销和宣传海南茶叶，扩大国内外市场份额，发起组织成立了海南省茶叶学会、海南省茶叶协会，带领和组织海南茶界人士举行茶文化宣传、茶知识培训、茶叶评比销售，以及国内外交流等各种有利于茶产业发展的活动，为了海南茶产业的壮大贡献力量。

陈兴华：华鼎国学研究基金会国茶专家委员会委员

1958年12月出生，中共党员，现任福鼎市人大常委会主任，福鼎市茶业发展领导小组组长。2006年开始致力于福鼎茶业品牌的整合和福鼎白茶的宣传推广工作。近年来，福鼎市两次成功举办中国白茶文化节，承办第三届海峡两岸茶业博览会中国茶业国际高峰论坛、中国白茶高峰论坛、第八届中国茶业经济年会等活动；成立中国白茶研发中心、中国国际茶文化研究会白茶研究中心、全国茶叶标准化技术委员会白茶工作组、福鼎白茶陈宗懋院士工作站；多次组团参加北京、上海、广州、深圳、厦门、香港、济南、西安、武夷山等地的茶博会。福鼎白茶先后获得中国驰名商标、中国世博十大名茶、中国名牌农产品、国家地理标志保护产品、国家地理标志证明商标、中国最具影响力茶品牌、奥运五环茶、中国申奥第一茶、中华文化名茶、中国人民解放军三军仪仗队特供用茶等荣誉称号。福鼎白茶制作技艺被列入国家级非物质文化遗产名录。福鼎也因此先后被授予中国白茶之乡、中国名茶之乡、茶叶科技示范基地、中国茶文化之乡、茶叶科技创新示范县、全国十大产茶县（市）、中国茶叶产业发展示范县（市）等荣誉。

程启坤：华鼎国学研究基金会国茶专家委员会顾问

教授，现任中国国际茶文化研究会名誉副会长兼学术委员会主任。曾任中国农业科学院茶叶研究所所长、中国茶叶学会理事长、世界茶联合会会长、中国国际茶文化研究会副会长等。自1960年以来一直从事茶叶生化、茶叶加工与品质鉴定、茶文化的研究工作。对茶叶品质化学、茶叶加工和深加工利用、茶文化等具有专长。1980年以来获国家、部、院科技成果奖10项；1961年以来发表著作30余部，主要有《陆羽茶经解读与点校》、《赏鉴名优茶》、《茶叶优质原理与技术》、《饮茶的科学》、《中国茶文化》、《中国绿茶》、《饮茶与健康》、《茶的营养与保健》、《世界茶业100年》、《中国茶经》、《饮茶悟养生》、《茶及茶文化二十一讲》及《中华茶文化》多媒体光盘等，发表论文200多篇。近十几年来，从事茶文化的研究工作，参与组织大型国际茶文化研讨会和国家职业技能高级茶艺师和茶艺技师培训。1992年开始享受国务院颁发的政府特殊津贴。

杜晓：华鼎国学研究基金会国茶专家委员会委员

四川江油人，1963年10月生，工学博士，四川农业大学茶学系教授、博士生导师。中国茶叶学会感官审评专家委员会委员，国家茶叶质量监督检验中心（四川筹）主任，《四川茶叶》编委。四川省学术与技术带头人后备人选，四川省茶业科学与工程重点实验室主任，四川农业大学茶学学科负责人，茶学国家级特色专业项目负责人，四川省优秀科技特派员，四川省茶叶学会顾问，雅安市茶叶学会理事长，蒙顶山茶业研究所所长，雅安藏茶研究中心主任，四川省茶叶主产县15个茶叶科技示范专家大院首席专家。"川红茶业"集团公司技术总监。长期从事茶学科研与教学工作，在茶叶精深加工、茶叶品质检验的基础理论和前沿问题，以及天然产物化学与制备工程方面具有专长。先后参加国际合作科研1项、国家级科技项目2项，主持省攻关（重点）课题6项、主研省级应用开发项目18项。从事天然产物化学研究，成功分离17个成分，并鉴定其分子结构，在国际上首次报道了3个新化合物的分子结构。在"茶多酚"与"浓缩茶"提制技术、"边销茶降氟"关键技术、四川茶叶质量安全管控技术及"川红工夫"恢复与技术创新等方面开展了大量基础性研究工作，其中许多技术已经产业化开发与应用。获四川省政府"普通高校优秀教学成果奖"二等1项，获省政府省科技成果奖三等1项，获宜宾市科技成果奖一等1项，荣获省科技特派员先进个人称号，获得授权国家发明专利2项，在国内外重要及核心学术期刊发表论文60余篇，其中5篇为SCI、EI收录，出版专著《天然产物制备工程》1部，主编出版教材4部。

龚淑英：华鼎国学研究基金会国茶专家委员会委员

浙江大学教授，研究生导师，国家茶叶产业技术体系茶叶品质评价岗位科学家，全国茶叶标准化技术委员会委员，全国感官分析标准化技术委员会委员，中国茶人联谊会副理事长，中国茶叶学会感官审评分技术委员会副主任委员。1982年毕业于浙江农业大学茶学系，从此开始了"学茶、研茶、教茶、品茶、评茶、推广茶"的人生之路。任教近30年，为本科生、研究生博士生主讲《制茶学》、《茶叶审评与检验》、《中华茶文化》、《茶文化研究》等多门课程，已培养研究生30多人、本科生1000多人。主持的"浙江大学评茶师培训"培养国内外学员3000多人，在国际上有良好声誉。主编（或副主编）并出版《品茶与养生》、《中国茶谱》、《中国茶产品加工》等著作9本、编写《茶叶审评与检验》等教材3本，发表学术论文80余篇，获得国家发明专利5项，编写国家标准、行业标准5个，地方标准3个。获省部级科技进步奖、厅局级科技进步奖等多项奖励。在茶叶感官分析领域研究成绩突出。连续多届参与中国茶叶学会、中国茶叶流通协会、中国茶人联谊会、世界茶联合会等国内有影响力单位组织的中茶杯、中绿杯、国饮杯、国际名茶评比等全国性乃至国际性名茶评比并担任专家组长。2008年被农业部聘任为现代农业（茶叶）产业技术体系茶叶品质评价岗位科学家。

龚自明：华鼎国学研究基金会国茶专家委员会委员

1966年出生，湖北鄂州市人，二级研究员，湖北省农科院果树茶叶研究所副所长、湖北省茶叶工程技术研究中心主任、国家茶叶产业技术体系名特茶加工岗位专家，中国茶叶学会常务理事，湖北省茶叶学会副理事长，第五届湖北省农作物品种审定委员会委员。主要从事名优茶加工、夏秋茶资源综合利用及茶树安全优质高效栽培技术研究，主持国家、省部级项目40余项，发表论文50余篇。获得国家授权专利20余项，制定标准21项，荣获湖北省科技进步二等奖4项、三等奖4项，省科技成果推广三等奖3项，全国农牧渔业丰收奖二等奖1项。曾多次被国家科委等部门授予"国家科技扶贫先进工作者"等称号。

郭雅玲：华鼎国学研究基金会国茶专家委员会委员

教授，福建农林大学茶叶研究所副所长，茶学系副主任，硕士生导师。国家一级评茶师、加工师、茶艺师。系农业部全国农业机械化与设施农业工程技术专家库专家、国家茶叶产业技术体系岗位专家、中国茶叶学会感官检验分析专业委员会委员、第六届《茶叶科学》编委。福建省农业厅品种审定组（茶叶）委员、福建省名优茶评审委员、福建省茶叶学会闽台茶叶研究会副会长。在校主讲课程:《茶叶加工学》、《名优茶制作》、《茶叶审评与检验》、《茶叶检验技术》、《茶文化学》、《茶艺学》、《茶学研究进展》、《茶叶品质化学》、《茶文化专题》、《特种茶加工与品质形成机理》等。承担主编的书籍:《漫话福建茶文化》、《茶文化与茶艺》。参与完成各类参编参撰的教材与书籍主要有:《中国茶经》、《茶叶审评与检验》、《评茶员教材》、《茶叶审评与检验技术》、《中国茶谱》、《茉莉花产业配套生产技术》、、《中国名茶志》等。承担省部级类科研项目多项，研究方向有茶叶加工与质量评价、茶资源与茶文化。参与制定、修订、审定茶叶类的国家标准和福建省地方标准工作 7 项。曾获省、市科技进步奖 3 个，福建省教工委优秀成果奖 3 个，选育茶树新品种 1 个，专利授权 1 个。被评为福建农林大学优秀教师、福建省茶叶学会先进工作者、茶叶审评贡献奖、福建省巾帼建功标兵。

杲占强：华鼎国学研究基金会国茶专家委员会委员

创业镐头创始人，曾担任北大纵横咨询事业部总经理，搜狐网、《中外管理》等多家杂志媒体的特聘管理顾问，是中国移动、航天科技、久其软件等十余家企业的常年管理顾问；北京大学企业软实力研究课题组专家成员；中国人力资源公益论坛特聘教授；中国 MBA 商学联盟项目专家组成员；北京师范大学校外导师；曾被国际管理学会授予第五届杰出管理成就奖。

蒋俊云：华鼎国学研究基金会国茶专家委员会委员

江苏常州人，1938年5月生，中共党员，1959年毕业于浙江杭州茶叶专科学校。1960年任连云港林业局技术员，努力发展茶叶生产。十五年后，1974年10月进入流通领域常州土产公司任主办业务（副科级）；1984年5月调入常州棉麻分公司组建茶麻科及常州茶叶公司，先后任科长及经理；1999年5月退休后，进入常州瑞和泰食品公司到2013年12月止；2014年进入大隆汇商贸公司，主管茶叶业务技术。自1988年8月8日成立常州茶叶行业管理协会至今27年，长期任职协会副会长兼秘书长。高级工程师，国家高级（一级）评茶师，中国管理科学院终身研究员，中国茶叶学会会员，中国茶叶流通协会理事，中华茶人联谊会理事，常州老科协会员。新中国60周年茶事功勋人物之一，对江苏常武地区及连云港市发展茶叶生产作出了重要贡献。

刘勤晋：华鼎国学研究基金会国茶专家委员会副主任

1939年7月出生于四川成都一个世代书香世家。20世纪60年代初毕业于西南农学院园艺系，后留校任教。80年代中期赴日本留学，回国后长期在西南农大从事茶学教育与科研工作：先后担任《制茶学》、《茶学研究进展》、《茶文化学》、《制茶技术理论》等博/硕士及本科生教学。培养博士9人、硕士30余人、本专科生数百人。先后担任西南农业大学茶叶研究所所长、食品科学学院院长、教授、博士生导师；2006年获聘组建民办福建天福茶学院，并任首任校长；2009年从西南大学退休。现受聘任川茶产业技术研究院院长，福建武夷学院特聘教授，并任中国国际茶文化研究会高级顾问兼学术委员会副主任。曾先后获全国星火先进科技工作者，农业部教书育人先进个人，优秀留学回国人员等称号，有多项科研成果获部省奖历，并被评为国家农业部有突出贡献中青年专家，首批享受国务院特殊津贴。2009年荣获西南大学建国60周年突出贡献奖，重庆市食品行业建国60年功勋人物等荣誉称号。主编与参编主要著作有：《中国茶业大辞典》（中国轻工出版社）、《中国茶经》（上海科技出版社）、《茶文化学》（中国农业出版社）(1,2,3版)、《名优茶加工》（中国高等教育出版社）、《中国普洱茶科学读本》（广东旅游出版社）、《茶叶加工学》（中国农业出版社）、《茶经导读》（中国农业出版社）、《普洱茶的冲泡与鉴赏》（中国轻工出版社）。在国内外权威期刊和国际学术会议上先后发表论文60余篇，4篇为SCI收录。

刘秋萍：华鼎国学研究基金会国茶专家委员会委员

1953年生于上海。中国茶道专业委员会常务理事，上海茶叶学会常务理事、副秘书长，上海茶馆专业委员会主任，中国高级评茶师，中国国家级裁判（茶艺），中国茶宴第一人，中国国际品牌协会授予2013年度陆羽奖国际十大杰出贡献茶人。长期从事茶文化的教育培训工作，1993年创办中国第一家茶宴馆——秋萍茶宴。1994年创建第一套经典茶宴"西湖十景"，深受国内外各界人士的赞赏，并在1995年中央电视台《话说中国茶文化》栏目中被列为"中国一绝"，被多家媒体赋予"可以吃的文化""中国第九大菜系"等美誉。秋萍茶宴2012年被评为全国十大特色茶馆。2000年与上海教育电视台合作拍摄《中国茶道》，担任总策划，带摄制组走遍全国17个省，中央电视台、日本NHK，朝日电视台，香港亚洲电视台等数十家电视台都有专访报道。数年来坚持在清华大学、复旦大学等校园传播茶文化，为上海海关、上海旅游局、金融行业等在干部管理培训中讲授茶道。2011年开始筹备建立国茶博物院、国茶研习院、国茶宴，率其专业团队以传承和弘扬中国茶文化为责任和目标，致力于中国上千个品种茶叶的研究和学习，营造良好的茶文化传播渠道，推动茶行业健康有序发展，推动中国的茶文化事业。

沈红：华鼎国学研究基金会国茶专家委员会委员

教授级高级工程师，国家一级评茶师，国家职业技能鉴定（评茶员／茶艺师）高级考评员，西湖龙井茶专家，荣获"新中国60周年茶事功勋人物"和"中华优秀茶教师"称号。原任职于中华全国供销合作总社杭州茶叶研究院和国家茶叶质量监督检验中心。现担任浙江省十大名茶评委、北京国际茶博会评委、上海茶博会评委等。从事茶叶事业四十余年。主持狮峰特级龙井茶的原料采购、拼配、检验，三次蝉联国家金质奖，获终身荣誉奖。主持完成浙江茶叶外销龙井茶的原料组织和检验工作，合格率达100%，荣获世界第27届食品评选会最高荣誉奖——金棕榈奖。受国家劳动部委托，主编《茶叶加工与检验》教材。主持制定《茶叶标准样制备技术条件》《茉莉花茶》等国家标准。参与《红茶》《绿茶》、《白茶》、《黄茶》国家标准编写。主持制定浙江省地方标准《西湖龙井茶》。主持制作历年西湖龙井茶实物标准样。担任历届西湖龙井茶名茶评比主评，担任历届西湖龙井茶炒茶王比赛主评。为西湖龙井茶的发展作出了贡献。教育培训国内外初、中、高级评茶员／评茶师，为社会培养专业人才。

刘仲华：华鼎国学研究基金会国茶专家委员会副主任

1965 年 3 月生，湖南衡阳人，博士。湖南农业大学教授、博士生导师、茶学学科带头人和植物资源工程学科创始人，我国茶叶科学领域优秀中青年科学家。现任国家植物功能成分利用工程技术研究中心主任、教育部茶学重点实验室主任、国家茶叶产业技术体系深加工研究室主任、国家农产品加工技术研发中心茶叶分中心主任。兼任国务院学位委员会园艺学科组成员、中国茶叶学会副理事长、中国国际茶文化研究会副会长、中国茶叶流通协会副会长兼专家委员会主任、国家茶叶标准化技术委员会顾问、湖南省茶叶学会理事长。主要从事茶叶深加工、茶叶加工理论与技术、茶与健康、植物功能成分利用等研究方向，并取得了卓著的成就：研究构建了茶叶功能成分和速溶茶的绿色高效提制技术，为我国茶叶资源高效利用、茶叶深加工产业快速发展及国际影响力的提升提供了强劲的技术支撑；通过黑茶加工技术创新、产品创新和健康功能研究发掘，提高了黑茶品质、消除了质量安全隐患、实现了产品多元化，使湖南黑茶由单一边销向内销和外销市场快速拓展，产业规模与效益增长了 50 多倍，并引领和支撑中国黑茶产业整体快速健康发展；采用现代生命分析化学、细胞生物学、分子生物学领域的先进理论与方法，以中国六大类茶类标志性品牌为对象，通过体外实验到动物实验，从化学物质组学、细胞生物学、基因组学和蛋白质组学角度，探讨了茶的保健养生功效及作用机理，为茶叶以健康元素为消费驱动力提供了有效的科学支撑，为我国茶叶产销平衡发展起到了十分积极的作用。以第一完成人获得国家科技进步二等奖 1 项、湖南省科技进步一等奖 3 项、湖南省科技进步二等奖 1 项、湖南省科技进步三等奖 1 项，以第二完成人获湖南省技术发明二等奖 1 项。先后发表学术论文 400 多篇，其中第一作者和通讯作者 230 篇，SCI 收录论文 40 多篇，获得授权国家发明专利 45 项；主编和参编专著与高校教材 8 部。先后获得国家新世纪百千万人才、全国农业科研杰出人才、教育部创新团队领衔人、全国优秀科技工作者、国务院特殊津贴专家、湖南省光召科技奖、湖南省科技领军人才、湖南省优秀专家、湖南省十大杰出青年科技创新奖等荣誉。

石中坚：华鼎国学研究基金会国茶专家委员会委员

生于中国乌龙茶之乡——广东潮州市。现为韩山师范学院文化人类学与民俗学教授、经济与管理学院副院长。长期从事地域经济与文化研究，出版专著2部，发表论文50多篇，主持完成各类课题10多项，为潮州传统文化，特别是工夫茶文化的发掘、保护与弘扬做了一些实际工作；坚持把茶文化的研究成果与专业教学融合，促进校企的深度合作，为当地社会培养实用型的茶文化专业人才；指导学生开展不同方向的茶文化课题研究，指导学生对茶的品评、茶具的设计与茶艺的演绎等方面实践，提升学生的专业能力；坚持通过弘扬传统茶文化，促进潮州凤凰单丛茶的产业化发展。

危赛明：华鼎国学研究基金会国茶专家委员会委员

福州人，1962年9月出生。高级工程师，国家高级评茶师，商务部对外援助物资项目评审专家，国家科技专家库专家。现任中国茶叶股份有限公司副总经理、福建茶叶进出口有限责任公司总经理、全国茶叶标准化技术委员会花茶工作组副组长、福建农林大学茶叶经济研究院特聘研究员、校外研究生指导教师、客座教授，福建铁观音研究院特聘研究员，福建对外经济贸易职业技术学院客座教授。长期从事茉莉花茶、乌龙茶、白茶等福建特种茶的技术和业务工作。发表专业论文有：《茉莉花污染对花茶农药残留量的影响》、《茉莉花茶保质期与保存期研究》、《不同光质萎凋对乌龙茶品质形成的影响》、《中国无公害茶叶发展的现状与趋势》、《福建茶叶出口现状与发展对策》等。担任《海峡茶产业报告2010》副主编，《白茶——科学技术与市场》编委会成员。在食品安全保障上，他带领的福建茶叶进出口有限责任公司是对日本出口茶叶保持100%合格率的企业。在行业影响力上，他身为中国食品土畜进出口商会副会长及商会茶叶分会副理事长，每年与商会出访日本时，都作为与日方交流茶叶农残及信息通报方面的首席发言人。还多次为商会茶叶分会拟定各种管理办法、标准，受中国茶叶流通协会委托行文卫生部，将国家茶叶铅含量标准由2ppm提高到5ppm，与国际接轨。被评选为2007年度中国茶叶行业年度经济人物、福建农林大学杰出校友。

童启庆：华鼎国学研究基金会国茶专家委员会委员

教授，博导，毕业于浙江农业大学茶叶专业。曾任原浙江农业大学茶学系主任，中国茶叶学会副秘书长和浙江省茶叶学会副理事长，现任中国国际茶文化研究会顾问等职。长期从事茶学教学和科研，主讲过十余门课程，主编全国统编教材《茶树栽培学》；培养了国内外硕士生和多个方向的博士生；主持多项省级及国家自然科学基金课题，曾获科技成果进步奖，并多次在国际会议上交流，曾出访日本、韩国、德国、印度尼西亚、新加坡、马来西亚，以及我国台湾地区。1980 年以来，致力于茶文化领域的研究和开拓，在国内率先组建茶道教室，最早开展国内外茶道培训及茶道表演等。出版多部茶文化影像制品，以及《习茶》、《生活茶艺》、《影像中国茶道》、《图释韩国茶道》和主编茶艺师培训教材。

吴雅真：华鼎国学研究基金会国茶专家委员会委员

福建厦门市人，1949 年 8 月 28 日出生，毕业于上海复旦大学文博专业。曾就职于福建省博物馆任馆员，是中华茶人联谊会福建茶人之家常务理事、福建省茶叶学会张天福茶学研究分会常务理事、别有天茶艺居董事、雅真海峡茶艺学校校长。1990 年创编了十八道泡法的"闽式工夫茶"；这套传统的泡法从开始流传至今已 20 余载，一直是乌龙茶的主流泡饮方式。曾多次出访日本、欧洲各国，受到各界人士的好评，被授予"中国茶道表演艺术家"称号。近几年来，一直致力于茶文化研究及茶艺表演的创编，举办茶艺培训班，为企业培养一批批的人才。为大田、周宁、宁德等县市，为企业中闽魏氏、春伦茶叶组建茶艺表演队。为福建职专院校策划茶艺技能大赛，为五届海峡两岸茶艺电视公开赛创编茶艺及担当全程茶艺顾问及大赛评委，被评为优秀工作者，获校企合作创作佳绩"突出贡献奖"、"张天福茶叶发展基金会"颁发的 2011 年度"张天福茶叶发展贡献奖"。参与创编《漫话福建茶文化》。所著茶文化丛书《雅真茶艺》之《乌龙悠韵》及《红茶雅颂》已由福建人民出版社出版。

杨贤强：华鼎国学研究基金会国茶专家委员会副主任

1939年生人，浙江大学教授、博士生导师。曾任全国高等农业院校教学指导委员会茶科组委员、农业部茶叶化学工程重点实验室和教育部茶学重点实验室学术委员会主任、浙江省政协委员、致公党浙江省常委、浙江省侨联常委。长期从事茶叶生物化学的教学和科研，多项研究成果获省、部级奖励，3次获全国归侨、致公党界别的先进个人，受中央领导人接见，获国务院特殊津贴。2003年退休后，据不完全统计，在境外6国（地区）、境内的国务院参事室和6省10余所高校做学术报告，并10余次在国际茶产业高峰论坛上作专题报告。领导的团队指导或协助获发明专利5项，获食健批文十余项。其中领衔的"细胞破碎术在茶叶加工中的应用"通过浙江省重点课题验收；指导的"茶叶有效成分终端产品研发"获首届中国茶叶学会科技奖唯一的一等奖；协助发明的专利设备无偿赠与宁波一农场使用后使其产品品质明显提高一举获得全国"中茶杯"金奖和银奖。2014年6次亲临茶厂、茶园指导，并将发现的问题指导中国茶叶加工研究院写成研究课题获得科技部门的资助。鉴于他做了大量卓有成效的工作，取得了一系列重要研究和开发成果，对提高茶叶的社会效益和经济效益、延长茶产业链、推动整个茶产业的发展作出了重要贡献，入选为当代杭州著名茶科学家。

杨秀芳：华鼎国学研究基金会国茶专家委员会委员

研究员，高级评茶师，原浙江农业大学茶学专业硕士研究生毕业。现任中华全国供销合作总社杭州茶叶研究院副院长兼浙江省茶资源跨界应用技术重点实验室常务副主任，中国茶叶学会常务理事，中国茶叶流通协会专家委员会副主任委员，全国茶产业技术创新联盟副秘书长和专家技术委员会委员，全国茶叶标准化技术委员会委员和国家食品标准专家工作组成员，全国茶标委黑茶工作组副组长，全国茶标委边销茶工作组副组长，国际ISO/TC34/SC8茶叶分技术委员会联合秘书处技术助理，浙江省茶产业创新联盟技术委员会副主任委员，浙江省茶叶产业技术创新与推广服务团队首席专家，浙江省"12.5"农业科技重大转化工程项目咨询专家，中国茶叶学会产学研合作工作委员会首批咨询专家，《中国茶叶加工》杂志副主编。曾任国家茶叶质量监督检验中心主任工程师、技术负责人，中华全国供销合作总社杭州茶叶研究院院长助理兼生化技术研究所所长、科技处处长等职，长期从事茶叶品质化学、茶及制品质量安全与标准化、茶资源利用等研究工作。主持或作为主要完成人完成省部级以上鉴定或验收的项目20余项，主持完成或正在主持地方政府及企业委托的横向项目10余项，主持或作为主要完成人完成国家标准制修订15项。取得国家发明专利5项，发表论文50余篇，参编《评茶员》、《饮茶与健康》、《茶学学科发展报告2009-2010》等著作。

姚国坤：华鼎国学研究基金会国茶专家委员会顾问

教授，1937年10月生，浙江余姚人。1962年毕业于浙江农业大学（今浙江大学）茶学系。毕业后一直从事茶及茶文化的科研与教学工作，曾任中国农业科学院茶叶研究所研究员、科技开发处处长，兼任浙江省茶叶学会副会长。现为中国国际茶文化研究会学术委员会副主任、浙江农林大学茶文化学院副院长、浙江省茶文化研究会副会长、世界茶文化学术研究会副会长、中国茶叶流通协会专家委员会副主任委员。

1972-1975年期间，赴马里共和国担任农村发展部茶叶技术顾问；1983年赴巴基斯坦共和国考察和建立国家茶叶实验中心。2002年出任浙江树人大学茶文化专业负责人，是全国最早设置的高等院校茶文化专业。2006年至今，担任中国第一个以本科生为招生对象的浙江农林大学茶文化学院副院长。上世纪70年代以来，多次赴日本、韩国、巴基斯坦、马里、马来西亚、新加坡等国，以及香港、澳门等地区进行学术交流，讲授茶及茶文化。曾组织和参加过20多次大型国际学术研讨会。4次获得过国家级、省级、部级科技进步奖。公开出版独著、合著《中国茶文化》、《茶文化概论》、《中国茶文化遗迹》、《图说世界茶文化》等60余部，主编大专院校应用茶文化专业教材《茶文化概论》、《茶叶对外贸实务》等6部，公开发表茶及茶文化学术论文《优化型茶树的形成特点和定向调控》、《论茶为国饮的历史依据及现实意义》、《唐代陆羽煮茶法复原研究》等180余篇，科普文章140余篇。多次获得社会荣誉：被家乡余姚市人民代表大会常务委员会授予"乡贤楷模"称号；中国农学会、中国林学会、中国科普作家协会等5个国家级社团授予"80年代以来有重大贡献的科普作家"称号；中国国际品牌协会等3个国家级社团授予中国茶行业特别贡献奖；因在茶业和茶文化方面做出的贡献，受到国务院奖励，并颁发证书，享受国务院政府特殊津贴。

余悦：华鼎国学研究基金会国茶专家委员会委员

江西省社会科学院首席研究员，中国茶文化重点学科带头人，江西省中国民俗文化研究中心主任，江西省中国茶文化研究中心副主任，《中国国粹》主编。国家二级研究员，享受国务院特殊津贴专家，享受江西省人民政府特殊津贴专家。担任南昌大学人文学院中文系、赣南师范学院历史文化与旅游学院教授、硕士研究生导师；兼任中国国际茶文化研究会常务理事，中国民俗学会常务理事、茶艺研究专业委员会主任，万里茶道（中国）协作体副主席，法门寺文化研究会副会长，江西省民俗与文化遗产学会会长，江西茶业联合会副会长等。在中国传统文化与茶文化、民俗文化研究方面，成果显著。主持全国和省级以上课题 16 项；独著和主编著作 60 余部，发表论文 180 多篇；担任《茶艺师国家职业标准》总主笔，主编全国《茶艺师》培训鉴定教材；出版著作和发表论文 680 多万字，主编和编辑书刊 3200 万字；38 次获得全国、华东地区和省级成果奖和著作奖。其论文多次被《新华文摘》、人大复印资料、《中国社会科学文摘》、《高校文科学术文摘》转载；学术观点，被美国、法国、日本、韩国和中国学者广泛引用。

张瑞端：华鼎国学研究基金会国茶专家委员会委员

生于壶艺世家，自幼耳濡目染，对茶具有特殊的感情。现为广东工艺研究所壶艺研究中心主任，广东省工艺美术大师，潮州裕德堂壶艺传人，艺品行、荆瀛轩创始人，是潮派壶艺的代表人物。随着对壶艺追求层次的提升，近年积极倡导茶具与茶文化的深度融合，拓展茶文化领域的研究，对茶叶的营销有独到的运营模式，对茶品的制作、品评研究也是颇有心得。集茶具、茶品与茶文化研究于一体，研究成果丰硕。其作品不仅在当地享有盛誉，而且在北京、上海、广州、深圳等经济发达地区也有一定的影响力。

张星显：华鼎国学研究基金会国茶专家委员会委员

现任汉中市茶产业办公室主任，研究员，是陕西省十大茶业突出贡献人物、陕西省三五人才、陕西省重点领域顶尖人才、新中国60周年茶事功勋人物、汉中市委市政府有突出贡献的拔尖人才、汉中市十大科技带头人、陕西茶叶现代产业体系岗位专家。自参加工作以来，一直从事茶叶技术推广、行政管理、课题项目实验研究等工作。具有丰富的理论知识和实践经验，尤其是在茶园管理、茶叶加工、产品包装、茶叶深度开发等方面具有很高的理论水平和实践经验。近年来，在良种选育、品牌整合、产品研发、茶叶标准化生产、清洁化加工，茶叶深加工等方面进行了创造性的实验研究获得成功，并在汉中市大面积推广应用。先后获得国家、省、市茶叶重大科研成果奖十多项，发表论文20余篇，是省内具有较大影响力的茶叶技术专家和学术带头人之一。

张为国：华鼎国学研究基金会国茶专家委员会委员

陕西汉中人，国家一级评茶员，陕西茶产业发展战略联盟理事长，陕西省十二届人大代表，现任陕西东裕生物科技股份有限公司总经理。先后被评为2005年度陕西经济百杰人物，"时代先锋2007"陕西年度经济人物，2007年度陕西食品行业功勋人物，2010年被陕西省政府授予"陕西茶业十佳突出贡献人物"荣誉称号，2010年被中华合作时报社授予"新中国60周年茶事功勋人物"荣誉称号等。1992年，从大型国有企业下海到陕西伟志集团工作，历任经营厂长、副总经理、副总裁兼总裁助理，长期从事伟志集团营销策划及销售网络发展管理工作。2003年，离开伟志集团到全国贫困县陕西西乡县创办了陕西东裕茶业有限公司。肩负着"用品牌复兴陕西绿茶"的历史使命，凭借着对社会的高度责任感，带领企业打造自主品牌，锐意进取，不断创新，使企业迅速步入全国茶叶行业百强企业、全国食品工业龙头企业。

张义丰：华鼎国学研究基金会国茶专家委员会副主任

研究员，江苏省丰县人。毕业于北京大学地理系，同年分配到中国科学院地理科学与资源研究所工作。现任中国科学院地理科学与资源研究所旅游规划中心总规划师；建设创新型国家战略推进委员会副主任；中华环保联合会能源环境专业委员会副会长；北京农研沟域经济发展促进中心主任；广东海洋大学海岛开发与保护研究中心主任等。主要学术成果："沟域经济"理论创始人，"岱崮地貌"理论创始人，提出"茶旅一体化""农游一体化"等学术观点与实践模式。主要研究领域：生态文明建设、茶叶地理学、山区发展、农业与乡村发展、区域旅游规划等。

郑廼辉：华鼎国学研究基金会国茶专家委员会副主任

1956年7月生，祖籍福建长乐，1980年2月毕业于福建农学院茶学专业。现任福建省农业科学院茶叶研究所副所长，教授级高级农艺师，九三学社社员，宁德市政协二届、三届委员。2009-2011年安溪县挂职任科技副县长。先后主持、参加国家科技部、农业部项目4项，主持、参加省级科技计划项目7项。主持（参与）完成5项成果："乌龙茶做青工艺与设备研究" 1991年获福建省科学技术二等奖；"绿色食品茉莉花茶标准化生产技术体系研究"2007年获福建省科学技术二等奖；"轻发酵乌龙茶初制加工技术规程（DB35/T 1083-2010）"2012年获福建省标准贡献三等奖；"茉莉花茶窨制新工艺、设备研究及中间试验"1993年获农业部科技进步三等奖；"华安县五季茶栽培及加工技术标准化研究"2005年获漳州市科学技术二等奖。主（参）编16部专著，其中的《福建乌龙茶》一书获全国科普作品三等奖；发表学术论文50多篇。2005年被福建省科协授予"优秀教师"称号；2007年获"福建省巾帼建功标兵"称号；2008年获"海西时代女性"称号；2009年获"第五届福建省十大杰出女性提名奖"；2009年获福建省"三八"红旗手称号。

郑宗林：华鼎国学研究基金会国茶专家委员会副主任

陕西西乡人，硕士研究生学历，国家一级评茶师，高级工程师；西北农林科技大学、西北大学、华中农业大学、汉中职业技术学院兼职教授，陕西理工学院特聘教授；中国农业国际合作促进会茶产业委员会副主任，陕西省茶文化研究会副会长，汉中市茶业协会会长。历任陕西镇巴县县长、县委书记，汉中市政府副市长、市人大常委会主任。著有《汉中茶文化》、《汉中茶科技》等书，发表了《发展茶产业、壮大茶经济、弘扬茶文化》、《陕西茶业与丝绸之路》、《茶与茶产业》、《汉茶赋》等文章。

周红杰：华鼎国学研究基金会国茶专家委员会副主任

教授（二级），硕士生导师，云南省中青年学术技术带头人，云南省高等学校教学名师，云南省云岭产业技术领军人才。现任云南农业大学普洱茶学院副院长、云南普洱茶研究院副院长。国家基金项目和成果评议专家；全国专业标准化技术委员会委员。主持国家自然科学基金、国家科技支撑项目、云南省应用基础研究重点项目等16项。获奖教学成果一等奖2项、三等奖1项；云南省科技进步一等奖1项、三等奖2项，中国茶叶学会科学技术奖二等奖2项、三等奖1项。获授权专利24项，软件著作权2件，发表论文150余篇；主编和参编《云南普洱茶》、《云南普洱茶化学》、《普洱茶健康之道》、《普洱茶与微生物》、《普洱茶加工技术》等著作22部。2005年被评为首届"全球普洱茶十大杰出人物"，并获"茶马奖"，2010年获首届中华茶商大会"全国弘扬茶文化突出贡献奖"，2012年获弘扬云南茶文化促进云南茶产业发展"功勋奖"，2013年云南省教育厅授予"周红杰名师工作室"，2014年中国西部茶叶科技领军人物，2014年云南省首批云岭产业技术领军人才。

第三部分

附录

本画册作为首届中华好茶国茶专家团队推介活动入选产品的正式产品目录，由华鼎国学研究基金会国茶文化专项基金管理委员会、国茶专家委员会编辑，中国商业出版社出版，全国新华书店发行，茶馆茶庄茶企销售系统、星级宾馆酒店同步发放。画册开本为国际大16开，设计精美，品质高端，全彩印刷，软精装。

画册具有极高的权威性，极强的指导性、实用性和极具吸引力的知识性、可读性，是迄今为止中国首部顶层设计、为民为企服务的茶消费——中华好茶推介推广大型工具书。将作为首次全国范围茶产品大型推广活动——中华好茶国茶专家团队推介活动的文字资料载入我国茶业发展史册，将作为我国茶产品制作技术进步发展的档案提供大量宝贵素材，将是成功经验相互交流的宽广平台，对弘扬茶文化引导茶消费、推动中国茶业健康可持续发展，具有重大意义。

画册内容丰富，既是中华好茶产品目录，又是一部茶叶实用知识教科书。在阐述国茶专家推介中华好茶要义的同时，图文并茂地介绍中华好茶的产品特点及其生长环境、制作工艺、生产企业面貌及文化由来，介绍中华好茶的国茶专家推介理由及国茶专家专长和科研方向，提供采购服务热线。

本画册用途：一是入选中华好茶的重要历史佐证，生产企业的荣誉；二是各地图书馆馆藏、茶科研院校及涉茶单位研究行业情况的宝贵资料；三是汇聚国茶专家推介的中华好茶及其生产企业的数据库，是茶产品传承创新的记录，具有重要的参考价值；四是茶产业链终端门店业务人员进销茶叶的必备工具书；五是全国广大老百姓了解茶叶、选购好茶的消费指南。

华鼎国学研究基金会是国家民政部批准、国务院参事室主管的非公募基金会。其国茶文化专项基金管理委员会于 2012 年 12 月正式成立。主旨是：弘扬中华茶文化，推动国茶研究及传播，促进中外交流，振兴中国茶产业。其国茶专家委员会于 2013 年 12 月 8 日在国务院参事室召开成立大会，主要工作是为茶行业提供技术支持和项目把脉，为茶产业茶文化发展建言献策。

一、近年大事记

1. 2013 年 4 月，在京启动"弘扬国茶文化，我们在行动！——'中华好茶走向世界'系列活动"。旨在"国茶"旗帜下，整合全社会力量共同关注、促进中国茶业的发展，积极推动中华文明走向世界。同时制作了《中华好茶走向世界》大型画刊。

2. 2013 年 9 月，国茶文化专项基金管理委员会启动编印《国茶简报》工作。呈送国务院参事室参事和涉茶中央主管部委领导，并发寄国茶专家委员会专家及各省、市、县茶区政府主管部门、茶叶协会学会、龙头茶企、重点销售终端的负责人。

3. 2013 年 11 月，中国国茶基金网 www.zggcjj.com 正式上线，与广大网上读者见面。围绕基金会主旨，及时发布国茶发展大事要事、行业资讯和国家有关政策，汇集业界知名专家学者专题论文及科研成果以弘扬茶文化、服务行业，借助国茶专项活动专栏介绍顶层设计思路及其出发点与落脚点。

4. 2013 年 12 月，在国务院参事室召开国茶专家委员会成立大会，国务院参事、农业部原副部长刘坚任国茶专家委员会主任，国茶专家委员囊括了公认的全国茶界各省茶科所、茶院校的顶级知名人士，以及文化界、医学界和地质界的知名专家 130 余人。

5. 2014 年 2 月底，由华鼎国学研究基金会、国茶文化专项基金管理委员会、国茶专家委员会、中国国学基金会网、中国国茶基金网共同主办的"首届中华好茶国茶专家团队推介活动"启动。目的是：通过顶层设计由国茶专家联袂各地茶社团推出中华好茶，共同引导市场茶消费，督导企业确保茶叶质量，推动中国茶产业健康可持续发展，并激发茶企创新活力，提供中华茶文化复兴正能量。

6. 2014 年 3 月中旬，借全国两会契机，制作了一期《国茶简报》两会特刊。采访了茶界 4 位全国政协委员和 4 位全国人大代表，围绕"聚焦全国两会茶界代表委员茶议题"和"国茶专家解读两会热门话题食品安全"话题，发出行业的有力声音，探讨了茶界面临的难题和解决途径。

7. 2014 年 4 月中旬，华鼎国学研究基金会、中国农业国际合作促进会和北京驻京联谊会共同主办，国茶专家委员会协办、国鼎文化科技公司承办的"第四届中国国际茶业及茶艺博览会中国名茶产区政府分管市（县）长联席会议"在全国农展馆举行。就会议主题"可溯三合一平台助推三农、破解茶企茶农融资困境和销售难题"，央视记者采访了国务院参事、农业部原副部长、国茶专家委员会主任刘坚，央视网播出了采访视频。

8. 2014 年 8 月 19 日，由华鼎国学研究基金会等单位主办、国茶专家委员会协办的第九届文博会文化与经济融合系列活动之"国茶文化成果巡礼暨 2014 中国地理标志（原产地）茶叶品牌推介活动"在京启动。活动以"弘扬国茶文化，做强地标品牌"为主题，欲借助文博会国家级平台优势，吸引更多的观众关注茶文化茶产业，促进地理标志（原产地）茶叶品牌良性发展，促进中华好茶推广，增强中国茶文化软实力和茶产业市场竞争力。为了使推介活动办得更有价值，国茶文化专项基金管理委员会还针对当前国内茶行业所面临的急需解决的问题，启动了"弘扬国茶文化 做强地理标志（原产地）茶叶品牌"全国茶区专项调研工作。

9. 2014 年 9 月 12 日，由中央国家机关美术协会、农业部直属机关党委、国务院参事室机关党委等单位主办，华鼎国学研究基金会国茶文化专项基金管理委员会、国茶专家委员会协办的"我心中的祖国"——刘坚书画艺术展，在农展馆拉开帷幕。展示了刘坚书写的"中华好茶走向世界"等墨宝，用书画形式抒发了我们的抱负和情怀，展示了我们的奋斗目标和愿景蓝图。邀请在京国茶专家出席了本艺术展开幕式，召开了在京国茶专家小型座谈。

10. 2014 年 12 月 11 日－14 日，"国茶文化成果巡礼暨 2014 中国地理标志（原产地）茶叶品牌推介活动"落地文博会（制作了《国茶简报》文博会特刊）。在主会场中国国际展览中心 8 号馆，推出中华好茶及重点茶企展览展示专馆专区；在分会场集典美术馆，举办了"2014 中国名家书画展暨国茶文化成果巡礼活动"，国茶专家委员会主任、农业部原副部长刘坚出席活动并代表主办方致辞，国茶专家委员会委员、故宫博物院研究员于富春作了"紫砂陶艺是海上丝绸之路的文化使者"的主题讲演，并举行了于富春创意制作的"圆梦壶"首发仪式。该壶品以刘坚书写的"中华好茶走向世界"字幅和茶乡山水画为蓝本镌刻壶面，不但祝福中华好茶传播到世界各地，而且希望同时传递中国文化的理念。

11. 2015 年 2 月 15 日，华鼎国学研究基金会国茶专家委员会秘书处组织在京国茶专家品茗团聚。总结 2014 年国茶专家委员会的重点工作，制定 2015 年工作计划，分析目前茶叶市场情况和行业发展情况。共祝新年新气象，并向辛勤工作在全国各地的国茶专家表达诚挚问候。各位专家围绕新年工作畅所欲言，积极出谋划策。提出观点："茶产业要发展，只靠一个行业的力量是不够的，必须融合科技、文化、金融、互联网之力，跨界聚合力量。""拓展茶叶市场，只靠企业在茶叶的生产加工上、产品品质上下功夫，在渠道建设上做文章也是不够的，需要智慧，要把茶的道理讲透，用好的理念和办法吸引消费者喜爱茶、离不开茶，让喝茶成为一种不可或缺的生活方式。"

12. 2015 年 5 月 5 日，"首届中华好茶国茶专家团队推介活动"推出的中华好茶名单正式公布于中国国茶基金网。历经长达 1 年多在中国国茶基金网上公示、国茶专家投票推选和该活动评委会评委最终投票评选，我国各地 150 家重点龙头茶企的 300 余款优秀产品榜上有名。自此，中华好茶将成为茶叶优秀品质的象征，通过企业严把产品质量关、恪守质检标准及国茶专家跟踪指导等措施，确保其持久的含金量；将成为品牌，受到茶界内外广泛尊敬；将成为市场的风向标，引导茶消费，得到多渠道推广；还将成为中国茶企共同发展的平台，主办方同步组建中华好茶企业发展联盟，协调成员企业相互勉励，携手共进，推动中华好茶走进全国广大百姓之家、走向世界，让消费者喝上放心茶，促进中国茶产业健康可持续发展。

二、业务范围

· 建立公益基金及茶业项目基金，从事国茶文化研究项目的管理与运作；

· 上传下达，反应行业基层难题，传达顶层设计思路，解读国家有关政策，指导行业发展；

· 选择优秀茶乡，进行国茶文化旅游城乡试点建设；

· 组织国茶专家推介推广中华好茶，打造中华好茶品牌，推动中华好茶走向世界；

· 组织公益专家团队，科技下乡，为茶区茶企服务；

· 发布行业信息，举办国际订单市场对接会；

· 争取各方金融支持，助茶农增收、茶商发展、茶企升级；

· 申请立项，助推茶产业做大做强、茶文化大繁荣大发展；

· 开展各种形式国茶文化领域的各类讲座、论坛、教育与培训；

· 承接政府有关部门及国内有关法人、自然人委托的项目咨询、课题研究及其他第三方服务事项。

三、资源优势

· 国务院参事室直接领导；

· 与农业部、商务部、全国供销合作总社、国家质检总局等主管茶叶部门对接；

· 有金融机构、文史馆书画院、人民日报等主流媒体作为战略合作伙伴；

· 有一流的最具权威性的国茶专家团队做专业的坚强后盾；

· 有权威的国学基金会网站、中国国茶基金网、《国茶简报》等媒体快捷传达信息；

· 有强大的中华好茶企业发展联盟互动平台。

陆羽国际集团
Luyu International Group

　　陆羽国际集团源自茶圣故里湖北，2013年集团正式改制成立，在北、上、广、深、汉、港、天门等地经营有陆羽国际茶经楼博物馆、「名茶第一会，茶道第一会」陆羽会、和陆羽国际茶业交易中心，集团以弘扬中国茶文化为使命，成为中国传统品牌的传承与创新的代表性企业。

茶经楼博物馆
Tea Classics Museum

　　茶经楼，因茶圣陆羽所著《茶经》一书而冠名，它位于湖北天门市西湖陆羽故园内，重建于古覆釜洲头；集茶圣故里之灵气，融朝圣观光与博物馆之功能；巍峨于江汉，声振于荆楚，彰显着博大精深的华夏文明，被誉为"世界茶文化第一楼"。

陆羽会
Luyu Club

　　1300年陆羽，30年陆羽会。陆羽会，茶生活、茶社交。陆羽会是陆羽国际集团茶文化传承与创新品牌。致力打造全球华人高品质O2O社交平台，联结高品质人、茶、地的移动茶空间。

陆羽国际茶业交易中心
LUYU INTERNATIONAL TEA EXCHANGE

陆羽茶交所注册资本1亿，股东包括湖北省级交易所龙头光谷联交所、国家级高新区东湖高新区，全国和全省龙头茶企以众创形式加入，湖北企业家联合会集体支持，陆羽国际集团和陆羽基金具体运作。

茶交所与200家中国最优秀的茶企达成战略合作关系，建立中国茶样本指数企业库。不仅为优秀企业提供茶检测和交易，更为其提供茶文化品牌战略咨询、茶频道宣传、茶金融服务等。

陆羽茶交所作为中国首家"互联网+茶"交易和金融平台，旨在为亿万茶人服务，为世界奉献健康中国茶。"中国好茶在哪里----陆羽茶交所"。

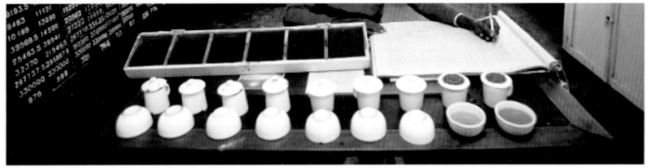

茶博馆/MUSEUM

茶学院/COLLEGE

茶频道/CHANNEL

茶检测/TEST

茶交所/EXCHANGE

茶金融/FINANCE

陆羽会全国高铁贵宾厅移动茶室：

上海虹桥站（大厅南14号）　　　广州南站（广州南站西平台）

深圳北站（高铁A9悦途贵宾厅）　　郑州东站（二层商务贵宾厅）

长沙南站（广发贵宾厅）　　　　杭州东站（广发贵宾厅）

苏州北站、宁波站、湖州站、宜兴站、德清站、长兴站、溧阳站、武汉站

陆羽会全国茶文化中心：

陆羽会武汉文化中心：湖北省武汉市武昌区汉街南路J2-2-6号

　　　　　　　　　　　湖北省武汉市光谷资本大厦2楼

联系电话：027-87731666

陆羽会天门文化中心：湖北省天门市文学泉路39号

联系电话：0728-5258488

陆羽会深圳文化中心：深圳市福田区沙嘴路金地工业区126栋4楼

联系电话：0755-82031234

陆羽会北京文化中心：北京市朝阳区建国路88号SOHO现代城1号楼0101室

联系电话：010-85897567

陆羽会上海文化中心：上海市徐汇区小木桥路538弄1号楼104室

联系电话：021-61176446

漢中仙毫

漢中紅

茶

汉中
中国名茶之乡

汉中市位于陕西省西南部，北依秦岭，南临川渝，属南北气候的过渡带。汉中产茶始于商周、兴于秦汉、盛于唐宋、繁荣于明清，是茶叶原生地和优生区，也是茶文化的重要发祥地之一。古巴蜀地区是中国茶的摇篮，汉中茶区属古老的巴蜀茶区的北缘，茶区土壤偏酸土层深厚，有机质含量高且富含对人体有益的天然锌、硒等微量元素。茶园多立于竹木繁茂、雨量丰沛、碧水蓝天、景色秀丽的大巴山北麓海拔800—1600米的缓坡地上，冬无严寒，夏无酷暑，气候温和，是地球上同纬度地带中最适合茶树生长的地方。"纬度高、海拔高、云雾几率高、富含锌硒、远离污染"的优良生态环境，使汉中茶具有"香高、味浓、耐泡、形美、保健"五大特点，自古至今都是贡茶名优茶的知名产地。

2007年12月，国家质检总局发布了"汉中仙毫"质量技术标准，并以国家质检总局178号文公告"汉中仙毫"受国家地理标志产品保护。公告中称："汉中仙毫具有外形微扁挺秀匀齐，嫩绿显毫，香气高锐持久，汤色嫩绿清澈鲜明，滋味鲜爽回甘，叶底匀齐鲜活，嫩绿明亮，且富含天然锌、硒等微量元素的独特品质。"

近年来，"汉中仙毫"在北京、西安、上海、深圳、杭州等国内国际茶博会上均斩获多项金奖，得到知名茶叶专家、参展商、茶叶企业和广大消费者的高度赞誉。2013年在第31届巴拿马国际博览会上，汉中仙毫荣获绿茶类唯一金奖。2014年在第十一届中国国际茶业博览会上，"汉中仙毫"荣获本届茶博会绿茶类27枚金奖，占博览会名优绿茶类金奖总数（30枚）的90%，"汉中红"茶荣获本届茶博会名优茶类唯一特别金奖，凸显茶博会一大亮点。2015年汉中仙毫品牌价值达到17.35亿元，跻身中国茶叶区域公用品牌前20强，成为实至名归的中国名茶。

目前，全市八个产茶县，涉及112个乡镇，894个村，茶园面积已发展到100万亩，投产茶园达60万亩，总产量达3.79万吨，茶叶综合产值近200亿元。茶叶生产企业900个，经销企业810个。为做大做强汉中茶产业，汉中市规划到2020年，建成150万亩高产密植生态茶园，全部投产后总产量将达到10万吨以上，产值将超过500亿元。届时，茶产业将成为汉中富民强市的支柱产业。

漢中仙毫 荣获第31届巴拿马国际博览会金奖

漢中仙毫 蝉联第10届、第11届
中国（北京）国际茶业博览会特别金奖

汉中市茶业协会　　汉中市茶产业办公室

联系电话：0916-2623185